AF474888

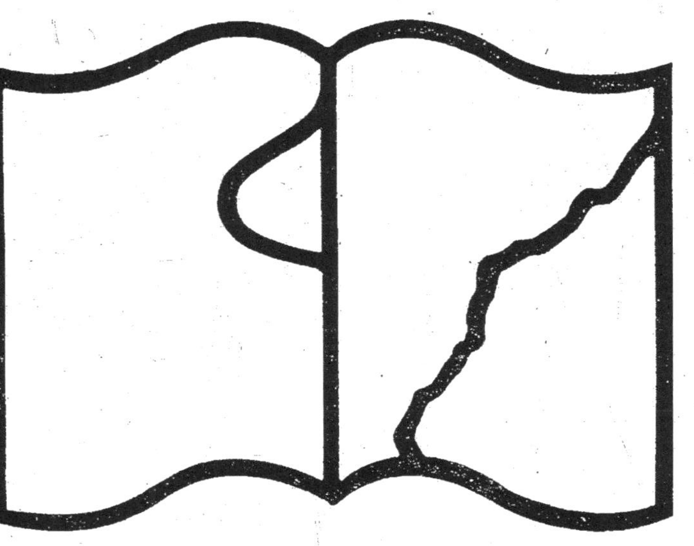

Texte détérioré — reliure défectueuse

NF Z 43-120-11

Contraste insuffisant
NF Z 43-120-14

K. 1175.
2. G.
C.
7066

DICTIONNAIRE
DESCRIPTIF
DE L'ITALIE,

SERVANT D'ITINÉRAIRE ET DE GUIDE

AUX ÉTRANGERS QUI VOYAGENT DANS CE PAYS;

PAR J. BARZILAY,

Ancien professeur à Ferrare, interprète-expert assermenté près le tribunal de commerce du département de la Seine.

Un volume in-12 de près de 400 pages.

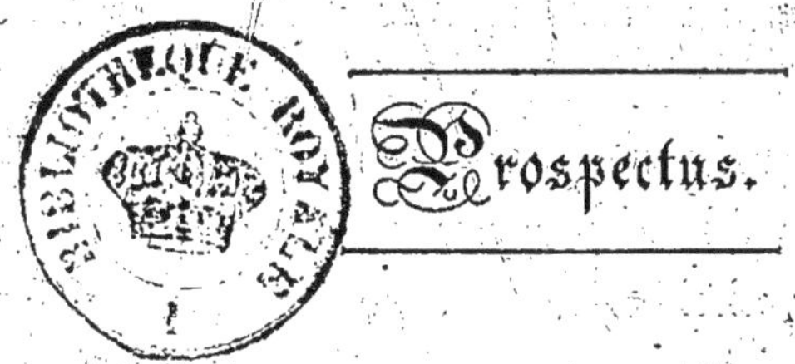

L'UTILITÉ de cet ouvrage ne saurait être contestée; il est indispensable et à l'étranger qui voyage en Italie, et à l'homme de lettres qui, du fond de son cabinet, aime encore à parcourir cette contrée délicieuse, patrie des beaux-arts et berceau des lettres.

Muni de cet ouvrage, l'étranger, parcourant

les villes, bourgs, villages, montagnes; visitant les fleuves, rivières, lacs, etc., connaîtra de suite ce que chaque endroit renferme d'intéressant, soit en chefs-d'œuvre d'architecture, de peinture et de sculpture, soit en objets les plus curieux d'histoire naturelle. Il lui offrira le tableau des principales productions de cette riche contrée, ses manufactures, sa population, les grands hommes qui l'ont illustrée; les longitudes et latitudes de toutes les villes, plusieurs traits historiques qui s'y rattachent; la valeur des monnaies en argent de France, etc.

On y a joint plus de 50 tableaux donnant les distances en milles, l'itinéraire des routes de postes, les relais, le nombre de postes à payer d'une ville à une autre, et le temps qu'on met en route.

Pour se convaincre que cet ouvrage doit nécessairement offrir des avantages sur tous les autres livres publiés jusqu'à ce jour, il suffit de dire que les itinéraires, guides et autres descriptions de l'Italie ne citent que trois à quatre cents endroits, tandis que le nôtre en offre la description de plus de quatorze cents, y compris les îles de l'Adriatique et de la Méditerranée, appartenant ou ayant appartenu à l'Italie, ainsi que les villes les plus remarquables de l'Illyrie, de l'Istrie et de la Dalmatie.

ON SOUSCRIT A PARIS,

Chez Truchy, libraire, boulevard des Italiens, n° 18;
L'Auteur, rue Montmartre, n° 144.

Le prix de la souscription est de 4 fr. jusqu'au 10 octobre prochain ; à cette époque, le prix sera de 5 fr.

Nota. *Le papier et les caractères seront conformes à ceux du présent* Prospectus.

On trouve aussi chez le même libraire,

La carte routière de l'Italie, par *Brué*; une feuille grand-aigle. Prix : 6 fr.

Cette carte est tout à la fois routière, physique et politique. Les différentes espèces de routes y sont tracées, et les relais de poste indiqués avec leurs distances intermédiaires.

A PARIS, DE L'IMPRIMERIE DE RIGNOUX,
Rue des Francs-Bourgeois-S.-Michel, n. 8.

DICTIONNAIRE

GÉOGRAPHIQUE ET DESCRIPTIF

DE L'ITALIE.

On trouve chez le même libraire :

CARTE ROUTIÈRE DE L'ITALIE, par *Brué*, une feuille grand-aigle, prix. . . . . 6 fr.

Cette jolie carte est tout à la fois routière, physique et politique; elle offre la Suisse, l'Illyrie, une partie de la Bavière, s'étend jusqu'à Vienne, et donne les points de départ des pays limitrophes; on y a tracé les différentes espèces de routes, les relais de postes avec leurs distances intermédiaires.

DICTIONNAIRE ITALIEN-FRANÇAIS, par *Barberi*, composé sur la dernière édition de la CRUSCA, Paris, 1822, 2 volumes in-16°, prix. . . . . 10 fr.

Un grand assortiment de *Livres anglais*, dont on peut se procurer le catalogue à ladite librairie.

Les Exemplaires seront signés de la main de l'Auteur :

DE L'IMPRIMERIE DE RIGNOUX.

DICTIONNAIRE
GÉOGRAPHIQUE ET DESCRIPTIF
DE L'ITALIE,

SERVANT D'ITINÉRAIRE ET DE GUIDE AUX ÉTRANGERS QUI VOYAGENT DANS CE PAYS;

DIVISÉ EN DEUX PARTIES :

1re PARTIE, contenant la description d'environ quinze cents endroits remarquables, soit par leurs vues ou sites pittoresques, soit par leurs antiquités, histoire, monumens, eaux thermales, production, industrie, commerce, et curiosités naturelles et artificielles, précédée d'un aperçu général de l'Italie.

2e PARTIE. 1° Des instructions pour les voyageurs, les règlemens de postes des différens pays; la valeur des monnaies d'Italie, évaluées en argent de France;

2° Le tableau comparatif des mesures itinéraires des divers pays; les hauteurs des principaux points élevés;

3° Les tableaux des routes de postes; l'indication des bonnes auberges, etc.

PAR J. BARZILAY,

Ancien professeur à Ferrare, interprète-expert assermenté près le tribunal de commerce du département de la Seine.

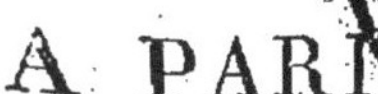

BIBLIOTHEQUE ROYALE

A PARIS,

Chez TRUCHY, à la librairie française et anglaise, boulevard des Italiens, n° 18;

L'AUTEUR, rue Montmartre, n° 144.

1823.

INTRODUCTION.

L'Italie est assurément le pays qui représente à la fois le plus de souvenirs de faits et de choses intéressantes pour les savans, les hommes de lettres, les artistes, etc. Rome offre à notre imagination le Capitole, le Vatican, le courage de la république romaine, les vertus de quelques empereurs et les crimes de tant d'autres. Le midi de l'Italie nous rappelle les antiques Samnites, les délices de Capoue, de Baja et la retraite de tant d'hommes illustres; la Toscane nous offre le souvenir de la splendeur du siècle des Médicis, et la gloire paisible de Léopold; Gênes, Pise et Venise laissent des monumens immortels de ce que peut seul le génie du commerce et de la navigation.

L'Italie, appelée le Jardin de l'Europe, est une presqu'île séparée de la France, de la Suisse et de l'Allemagne par les Alpes, dont les cimes arides semblent lui servir de barrières naturelles, et forment un contraste frappant avec la verdure éternelle des Apennins, chaîne de montagnes qui sépare l'Italie dans toute sa longueur.

Elle a 250 lieues de long, 155 dans sa plus grande largeur, et 35 dans sa plus petite; et, dans l'espace de 10,908 lieues carrées, elle possède une population de 19,400,000 âmes. L'air pur et sain y appelle continuellement les étrangers de tous pays; le climat, du côté du nord, est variable; dans le royaume de Naples, on jouit d'un printemps éternel. Les bestiaux, les bêtes fauves, les blés, vins, huiles, bois, herbages, fruits; en un mot, tout y est excellent. Il y a un grand nombre de rivières dont les principales sont le Pô, l'Adige, l'Adda, le Tessin, l'Arno, le Tibre, la Trebia, le Taro, le Reno, le Panaro, le Garigliano, le Volturno, etc. On trouve en abondance dans ce pays, dont la soie est la plus grande richesse, des mines d'or, d'argent, des carrières de marbre, d'albâtre; des eaux thermales, des pétrifications; des volcans; du soufre, de l'alun.

Les Italiens sont spirituels, civils, aimables, sobres, prudens, politiques, amateurs passionnés des beaux-arts, guerriers; Les femmes sont en général belles et aimables. La langue italienne, fille aînée de la latine, a beaucoup de douceur, de délicatesse et d'énergie ; elle est très-propre au chant, et agréable dans la bouche des dames.

Autrefois l'Italie était divisée en plusieurs petits états: la république de Gênes, le Piémont, la Toscane, l'état de Parme, les états de l'Église, le duché de Modène, de Milan, la république de Venise, le duché de Massa, de Mantoue, la république de Saint-Marin, le royaume des Deux-Siciles. On ajoute à l'Italie les îles de Sardaigne, de Malte, celles de la mer de Toscane et du golfe de Venise.

Lorsque les Français conquirent l'Italie en 1796, elle fut ainsi divisée: le Piémont, le duché de Gênes, la Toscane, la campan e de Rome jusqu'à Terracine, formèrent d'abord plusieurs républiques; mais ensuite furent réunis à la France en départemens. La Lombardie, les états de Venise, la Romagne, la Marche d'Ancône, formaient la république Cisalpine qui, en

1805, fut érigée en royaume dont Milan était la capitale. Dans les dernières guerres, l'Italie fut rendue célèbre par une multitude de faits d'armes qui s'y passèrent. Voici l'organisation actuelle de l'Italie :

	POPULATION.
1° Le royaume Lombard-Vénitien....	4,065,000.
2° Duché de Lucques...........	131,000.
3° Duché de Modène...........	375,000.
4° Duché de Massa............	20,000.
5° Duché de Parme............	383,000.
6° États sardes...............	3,814,000.
7° États de l'Église............	2,425,000.
8° La république de Saint-Marin....	7,000.
9° Le grand-duché de Toscane......	1,264,000.
10° Royaume des Deux-Siciles......	6,766,000.
11° Malte (aux Anglais).........	150,000.

DICTIONNAIRE
DESCRIPTIF
DE L'ITALIE.

BIBLIOTHÈQUE NATIONALE RF DÉPÔT LÉGAL

A.

Abano, village du Padouan, renommé par ses fontaines d'eau chaude, fort célèbres chez les anciens.

Abruzze, province du royaume de Naples, d'environ 36 l. de long, bornée E. par le golfe de Venise, N. et O. par la Marche d'Ancône et la Campagne de Rome. Il y a, dans cette province, outre les Apennins, deux montagnes considérables : *Monte-Cavallo* et *Monte-Maiello;* le sommet de cette dernière est toujours couvert de neige. L'Abruzze est divisée en Abruzze ultérieure et Abruzze citérieure ; le pays est tempéré et très-fertile en blé, vin, riz, huile, amandes, autres excellens fruits et très-bon safran. Les voyageurs doivent se garder des ours et des loups, qui abondent dans les bois. Il s'y trouve aussi une quantité considérable de gibier de toute espèce. Les habitans sont très-commerçans.

Accino, village du Pisan, d'où part un très-bel acquéduc qui porte l'eau à Pise.

Acerenza. *Voyez* Cirenza.

Acerno, petite ville du royaume de Naples, peu remarquable. C'est la patrie d'Antoine Agellius.

Acerra, jolie pet. ville du royaume de Naples, dans la Terre de Labour, à 2 l. de Naples. Elle est très-agréable par sa situation pittoresque.

Achéron, lac embelli par les poëtes, près les ruines de Cumes, aujourd'hui lac Fossano.

Acqua che parla, nom d'une fontaine de la Calâbre citérieure; elle porte ce nom pour avoir, dit-on, prédit la destruction de Sybaris.

Acquapendente, petite ville de l'état du pape, dans le territoire d'Orviette, sur une montagne pleine de trous. Le peuple est grossier, paresseux et sans conscience envers les étrangers. A la porte de la ville du côté de la Toscane, on voit de très-belles cascades auxquelles elle doit son nom. C'est la patrie de Grégoire Lête, historien de l'empereur Charles-Quint, et du fameux pape Sixte V, etc. Long. 9. 28. lat. 42. 45. 23.

Acqua puzza, source d'eau sulfureuse qui se jette dans les Marais-Pontins; elle forme des concrétions ou croûtes comme la fontaine de Tivoli.

Acquaria, pet. ville du duché de Modène,

renommée par ses eaux médicinales, ce qui la rend très-fréquentée.

Acquaviva, ancienne ville du royaume de Naples, qui n'offre de curieux que ses ruines.

Acqui, petite ville du Piémont, près d'Alexandrie; elle renferme 12 à 13,000 habitans. En 1794, les Français y remportèrent une victoire sur les Autrichiens et les Piémontais. Ses bains sont commodes et sa situation agréable. Elle est sur la rive septentrionale de la rivière de Bormia, à 10 l. N. O. de Gênes. Long. 6. 25. lat. 44. 40.

Adda, rivière de la Suisse, qui traverse le Milanais et se jette dans le Pô, près de Crémone; elle est très-rapide et charrie de l'or; elle est navigable depuis 1777.

Aderno, petite ville de la Sicile, au pied de l'Etna.

Adige, fleuve qui prend sa source au pays des Grisons, et se jette dans la mer Adriatique, à 8 l. de Venise. Ce fleuve est célèbre par des faits d'armes qui ont eu lieu sur ses bords. Son courant est fort rapide.

Adria, très-ancienne ville, dans le Ferrarais; elle a donné son nom au golfe Adriatique et à l'empereur Adrien. Autrefois c'était un port de mer; aujourd'hui la mer s'en est éloignée de cinq milles. Elle est à 5 l. de Ferrare. Long. 7. 58. lat. 45. 14.

Adriani, village près de Tivoli, bâti par l'empereur Adrien.

Ætna. *Voyez* Etna.

Agathe (Sainte), pet. ville près de Capoue, dans le royaume de Naples. On y voit les ruines de l'ancienne ville de Minturnes, parmi lesquelles on remarque les restes d'un magnifique amphithéâtre. L'auberge de cet endroit est dans une situation très-agréable, au milieu de divers jardins entourés de riantes collines.

Agnano, lac du royaume de Naples, auprès duquel se trouvent des bains médicinaux, connus sous le nom de bains d'Agnano. Ce lac est très-curieux : il a un demi-mille de diamètre, et paraît bouillonner sur ses bords, mais l'eau n'a aucune chaleur; quand ce lac est plein, le bouillonnement est plus fort : on attribue ce phénomène à des feux souterrains. Cependant on y pêche d'excellentes tanches.

Agnano (Monte d') produit des plantes curieuses, et, dans le voisinage, des carrières d'un marbre fort estimé.

Agno ou Anio, fleuve du royaume de Naples.

Agora, petite ville près de Bellune, au N. de Feltri.

Agosta, ville forte de la Sicile, avec un bon port, à 5 l. de Syracuse. Elle fut abîmée en 1694 par un tremblement de terre qui l'a séparée de la terre ferme; elle a été rebâtie depuis peu. Long. 14. lat. 37. 17.

AGRI, rivière du royaume de Naples.

AIELO, pet. ville du royaume de Naples dans l'Abruzze ultérieure.

AJACCIO, jolie pet. ville sur la côte occidentale de l'île de Corse. C'est la patrie de *Napoléon Bonaparte*. Cette ville, ainsi que l'île, est sous la domination de la France.

ALA, ville du Tyrol italien, ayant 4,000 âmes de population; elle est très-renommée pour la fabrication du velours.

ALATRI, pet. ville de la Campagne de Rome, sur une colline très-agréablement située. Cette ville est fort ancienne. Long. 12. 15. lat. 41. 13. 48.

ALBANO, c'est la première ville qu'on trouve en sortant de Rome, sur la voie Appienne, anciennement *Albanum-Pompeii*, bâtie sur les ruines d'Alba-Longa, lieu de délices des seigneurs romains, qui vont y passer les vacances de la *Curia*. Cette petite ville, sur le bord du lac qui porte son nom, est peu peuplée; on y remarque plusieurs monumens de l'antiquité, entre autres, les ruines d'un grand mausolée, surmonté de cinq pyramides, qu'on appelle le tombeau des Curiaces, et un autre mausolée, dépouillé de tout ornement, que l'on croit être le tombeau d'Ascagne, fils d'Énée. C'est au pied de la montagne d'Albano, que l'empereur Domitien avait bâti un vaste palais, où il donnait des combats de gladiateurs, des jeux scéniques, etc. Il croît aux environs d'Albano un champignon fort délicat, d'un goût très-agréable, à tête ronde et qui a quelquefois un pied de diamètre; on le réserve pour la table du pape et pour les princes romains. C'est le territoire qui produit le meilleur vin du pays latin. L'empereur Barberousse a ruiné cette ville; mais elle fut rétablie depuis. Elle est à 4 l. de Rome. Long. 10. 2. Lat. 41. 43. (*Voyez* Lac d'Albano.) Il y a une autre ville de ce nom dans la Basilicate, au royaume de Naples, remarquable par sa fertilité.

Albe, à 8 l. de Turin, remarquable par son commerce. C'est la patrie d'Innocent Ier. Elle fut fondée par Pompée.

Albienga, petite ville du Piémont, près de Gênes, remarquable par son produit considérable de chanvre et d'huile; la plaine, plantée d'oliviers, est très-bien cultivée, mais l'air n'y est pas sain. Vis-à-vis la ville est la petite île d'Albenga.

Albisola, village du Piémont, qui n'est remarquable que par sa situation pittoresque.

Albona, pet. ville de l'Istrie, sur le golfe de Carnero, dans la mer Adriatique; son territoire est peu fertile, et le climat malsain.

Alcamo, pet. ville de la Sicile, dans la vallée de

Mazara, au pied du Bonifati, à 10 l. S. O. de Palerme.

Alessano, pet. ville du royaume de Naples, à 7 l. d'Otrante.

Alexandrie de la Paille, belle et forte ville du Piémont, sur le Tanaro, célèbre dans l'histoire des guerres d'Italie par les siéges qu'elle a soutenus. Son surnom de la Paille vient, dit-on, de ce que ses premiers murs furent construits à la hâte avec de la paille et du bois. Sa citadelle, au nord, est regardée comme une des meilleures de l'Italie. La ville n'est pas très-grande; elle renferme 12,000 habitans. Les plus beaux édifices sont le palais public et la cathédrale, d'architecture gothique, qui cependant n'a rien de remarquable. Les églises de Saint-Alexandre de Servi, de Saint-Ignace, de la décollation de Saint-Jean-Baptiste, la collégiale de Saint-Laurent, et Sainte-Marie-de-Casa-Grande, méritent d'être vues. Le théâtre est moderne et beau. Les habitans d'Alexandrie sont commerçans et industrieux. Il y a deux foires par an, en avril et en octobre, qui attirent beaucoup d'étrangers. Presque au sortir de la ville, on passe le Tanaro, et on voyage au milieu d'une plaine agréable. Il faut visiter, entre Alexandrie et Novi, l'abbaye del Bosco des Dominicains; on y voit de beaux tableaux. Alexandrie est la patrie de Georges Marule. Long. 6. 12. 30. lat. 44. 54. 30.

Alfidena, ancienne ville du royaume de Naples, dans l'Abruzze citérieure, fameuse dans la guerre des Samnites.

Algajola, pet. ville de l'île de Corse.

Alicata, ville de la Sicile, renommée par ses bons vins et par les grains qu'on y charge. Sur le mont Alicata, près de cette ville, était autrefois le château Daedalion et le taureau de Phalaris.

Alife, ancienne ville dans le royaume de Naples, dans la Terre de Labour, à 5 l. de Capoue; elle est presque ruinée.

Alpes (les), hautes montagnes qui séparent l'Italie de la France et de l'Allemagne; elles commencent, du côté de la France, près Monaco, et se terminent au golfe de Carnero, qui fait partie de celui de Venise.

Altamura, pet. ville du royaume de Naples. On y trouve des mines de sel.

Altavilla, pet. ville du royaume de Naples, sur le Selo.

Altemonte, pet. ville du royaume de Naples, dans la Calabre citérieure. On trouve aux environs de cette ville beaucoup de mines d'or, d'argent et de fer.

Alvernia. *Voyez* Arno.

Amalfi, ancienne ville du royaume de Naples, dans la principauté citérieure. Elle fut saccagée en 1135, par les Pisans, qui en rapportèrent les *Pandectes*, appelées Pisanes et ensuite Florentines. Les habitans, qui faisaient un grand trafic dans le Levant, bâtirent à Jérusalem, près du Saint-Sépulcre, une chapelle qui a été le berceau des chevaliers de Saint-Jean-de-Jérusalem, aujourd'hui chevaliers de Malte. L'invention de la boussole est incontestablement due à un de ses citoyens, nommé Flavius Gioia, au commencement du quatorzième siècle. Elle n'a habituellement que 1,000 habitans. Le corps de saint André, apôtre, repose dans une église de cette ville. Elle est sur la côte occidentale du golfe, à 5 l. de Salerne. Long. 12. 19. lat. 40. 35.

Amalia. *Voyez* Amelia.

Amantea, pet. ville et château fort de la Calabre citérieure, dans une position assez agréable.

Amato, rivière de la Calabre ultérieure.

Amatrice, pet. ville du royaume de Naples, dans l'Abruzze ultérieure.

Ambrozio (Saint), grand village du Piémont près de Suze. La nouvelle église est bâtie sur les dessins d'un simple maçon; elle est de figure octogone, et d'un bon goût. On voit à peu de distance, sur une montagne élevée, la fameuse abbaye de San-Benedetto.

Amelia, ancienne ville des états du pape, dans le duché de Spolette. Elle est sur une montagne, entre le Tibre et la Nera, dans un territoire agréable et fertile, à 8 l. S. O. de Spolette, 18 N. de Rome. C'est la patrie de Sextus Roscius Amerinus, célèbre comédien. Long. 1. 18. lat. 42. 33. 32.

Amfora. Petite rivière des États de Venise.

Aminterne, petit village de l'Abruzze. C'est la patrie de Salluste l'historien.

Amone, petite rivière qui a sa source dans l'Apennin, et se jette dans le Pô, près de Ravennes.

Anagni, pet. ville près de Rome. C'est dans cet endroit que Nogaret fit prisonnier Boniface VIII, qui avait excommunié Philippe-le-Bel, roi de France; et ce fut alors que Sciara Colona donna à Boniface ce soufflet devenu si célèbre. Les habitans d'Agnani prirent les armes et délivrèrent le pape, qui mourut à Rome de dépit et de fureur. Boniface eut une grande envie d'excommunier, puisqu'il excommunia même les habitans d'Anagni, ses libérateurs et ses compatriotes. Cette petite ville, située sur un mont, est la patrie de quatre papes: Innocent III, Grégoire IX, Alexandre IV et Boniface VIII.

Ancisa, pet. ville de la Toscane, célèbre pour avoir été le lieu de la naissance de François Pétrarque.

Ancône, ancienne ville, grand port de mer, capitale de la Marche d'Ancône, dans les états du pape, fondée par des Syracusains qui fuyaient la tyrannie de Denys. Cette ville était une des plus fortes d'Italie; elle est située sur une colline, et s'étend jusqu'au bord de la mer. De ce côté, elle offre une superbe perspective en forme de croissant. Les fortifications étaient magnifiques. La grande citadelle de *Capo de monte*, était digne d'être vue; elle dominait sur toute la ville du côté de la terre et de la mer. Les Autrichiens l'ont démantelée en 1814. Cette ville est célèbre par le siége que 600 Français, commandés par le général Monnier y ont soutenu en l'an 1800, contre les Autrichiens, les Turcs, les Napolitains et 10,000 insurgés commandés par le fameux général Lahosse, qui y trouva la mort. La rade du port est belle et commode; les droits de franchise rendent cette ville une des plus commerçantes et des plus fréquentées de l'Adriatique. Les grains, les laines et les soies forment les principaux objets de son commerce d'exportation. Le môle est un superbe ouvrage; à partir du rivage, il a 2,000 pieds de long sur 68 de hauteur; l'entrée est ornée d'un ancien arc de triomphe qui se trouve aujourd'hui plus haut et hors de la promenade; il fut élevé en l'honneur de l'empereur Trajan; il est bien conservé, et les proportions en sont justes et régulières. Il y en a un autre élevé en l'honneur de Benoit XIV, par Vanvitelli, qui construisit le môle, et acheva le lazaret pentagone, inférieur au môle, qui fut bâti sous Clément XII, lequel déclara Ancône port libre. Cette ville, vue du côté de la mer, présente un coup d'œil étonnant par sa forme d'amphithéâtre; mais dans l'intérieur, elle est laide et sale. La principale rue est étroite. La nouvelle rue *Strada nova*, sur le bord de la mer, est fort belle. La Loggia, servant de bourse, est un édifice superbe, orné de statues et de fresques de Pellegrino Tibaldi, et d'autres maîtres célèbres. La cathédrale de Saint-Syriaque, protecteur de la ville, est située sur la pointe du cap, où était autrefois le temple de Vénus; ce fut aussi dans cet endroit que la ville prit son origine. Dans cette église, on remarque des peintures de Pierre de la *Francesca*, de *Lippi* et du *Guerchin*. Dans l'église de Saint-Dominique, sur la grande place, on voit les tombeaux du poëte *Marullo* et de l'historien *Turcagnota*, ainsi qu'un tableau représentant le Christ avec divers saints, par le *Titien*. On remarque, dans différentes églises, un saint François de *Porcini de Pesaro*, une vierge du *Titien*, une sainte avec un ange de *Guerchin*. On dit que les murs de la rue *delle Concie* ont été découverts par un tremblement de terre. Il faut examiner les fontaines *dei* 13 *Canelli* et celle *de' Cavalli*. Les femmes d'Ancône sont belles, aimables et gracieuses. La population de cette ville est de 20,000 âmes. La cire d'Ancône est estimée pour sa blancheur. Cette ville est à 47 l. N. q. E. de Rome. Long. 11. 15. 37. lat. 43. 37. 54.

Andria, petite ville très-fertile du royaume de Naples, dans la terre de Bari, à 2 l. de *Barletta*.

Ange (Saint), pet. ville, mais très-forte du royaume de Naples, dans la Capitanate, à 2 l. de Manfredonia. Il y a encore deux petites villes de ce nom dans le royaume de Naples, et une autre sur une montagne très-fertile en huile de la première qualité d'Italie.

Anghiera, superbe petite ville dans le duché de Milan, sur le bord oriental du lac Majeur; elle est située sur une hauteur qui domine le lac; on y voit les ruines d'un vieux château fort. *Voyez* Boromées (les Iles).

Anglona, petite ville peu considérable du royaume de Naples, dans la Basilicate.

Anguillara, pet. ville fertile, près de Rome. Il y a une autre petite ville de ce nom, sur l'Adige, à 3 l. de Rovigo.

Anio. *Voyez* Agno.

Annone, fort, dans le duché de Milan.

Anpaja, petite ville du royaume de Naples, dans la principauté ultérieure. C'est le *Caudium* des Romains.

Antio ou Anzio, promontoire près de Rome.

Il y avait autrefois une ville, qui fut détruite.

ANTIVARI, ville forte de la Dalmatie sur le golfe de Venise.

ANTRE (de la Sybille). *Voyez* AVERNE.

ANZA. rivière de Lombardie.

AOSTE, ancienne ville, autrefois *Augusti Prætoria*, dans le Piémont. C'est la patrie de saint Anselme, archevêque de Cantorbéry. Elle est remarquable par plusieurs monumens romains, entre autres on y voit, dans un faubourg, un arc de triomphe élevé à la gloire d'Auguste. Son sol est très-fertile. Elle est à 20 l. de Turin. Long. 5. 10. lat. 45. 38.

APENNINS, grande chaîne de montagnes très-fertiles, qui divisent l'Italie dans toute sa longueur, depuis les Alpes jusqu'à l'extrémité du royaume de Naples. Toutes les rivières d'Italie y prennent leur source. On y trouve des carrières de marbre et d'albâtre.

AQUA-NEGRA, bourg du Mantouan, remarquable par la jonction de la rivière de Chiese avec l'Oglio.

AQUA-TACCIO, petite rivière de la Campagne de Rome, qui se jette dans le Tibre à 1 mille de Rome.

AQUILA, ville du royaume de Naples, capitale de l'Abruzze ultérieure, avec un bon château. Elle fut presque ruinée par le tremblement de terre de 1703, qui fit périr plus de 2,000 personnes, et par celui du 13 octobre 1762. Un village appelé Poggio, près de cette ville, fut entièrement englouti. Elle est sur la rivière Pescara. Long. 11. 30. lat. 42. 25.

Aquilée, pet. ville du Frioul, près de la mer, à 9 l. de Trieste, très-florissante avant l'existence de cette dernière ville. On y voit encore quelques débris de son ancienne splendeur. Elle fut détruite de fond en comble par Attila, en 452, et ruinée de nouveau, en 590, par les Lombards.

Acquino, ville du royaume de Naples, dans la Terre de Labour. C'est la patrie du poëte Juvénal et de saint Thomas d'Aquin ; on y montre la maison où ce saint est né.

Arassi, pet. ville maritime très-peuplée, dans l'état de Gênes. Elle est très-marchande, et on y fait la pêche du corail.

Arbia, petite rivière d'Italie, dans la Toscane.

Arcetri, village près de Florence. Ce fut dans cet endroit que le célèbre Galilée fut jugé et enchaîné par l'Inquisition, pour avoir soutenu que c'était la terre et non le soleil qui tournait sur son axe.

Arco, pet. ville et château dans le Tyrol italien. Son commerce consiste principalement en goudron.

Arcole, village du Véronnais, sur l'Adige, célèbre par la grande bataille qui s'y donna en

1796, où les Français remportèrent une victoire complète sur les impériaux.

Arezzo, ville de la Toscane, remarquable par son antiquité, bien bâtie et dans une situation agréable, au pied d'une colline. Elle a donné naissance à plusieurs hommes illustres, entre autres à Mécène, à Pétrarque, à Pierre et Guy Arétin, à Léonard Arétin, historien, à Césalpin, qui fut le premier qui eut une idée de la circulation du sang et classa les plantes, à Jules III, pape, au fameux Concini, maréchal d'Ancre, et à François Albergotti. Les rues de cette ville sont commodes et pavées en dalles de pierre. On voit sur la place un superbe édifice appelé les Loges, et élevé sur les dessins de Vassari; il comprend la douane et un portique de 400 pieds de long. On voit, dans les églises, de fort bons tableaux; on admire, entre autres, à l'abbaye des moines du *Mont-Cassin*, un repas d'Assuérus, superbe ouvrage de *Vassari*, et une bannière peinte par le même, représentant d'un côté saint Roch, et de l'autre une peste. C'est dans cette même église que se trouve la fameuse coupole en perspective, peinte avec une parfaite illusion, par le jésuite *del Pozzo*. Dans la cathédrale, qui est un vaste temple gothique du 13e siècle, dessiné par *Margaritone*, on remarque le grand autel et le tombeau de l'évêque *Guido Turlutte de Pietra Mala*, dessinés par Jean de Pise. Aux Olivetains, on voit les ruines d'un amphithéâtre romain, que le chevalier Laurent *Guazzesi* a rendu célèbre. L'église de la Piève semble une ruine d'un ancien temple du temps des païens; la porte d'entrée n'est pas au milieu de la façade, et les fenêtres n'ont ni ordre ni symétrie. Cette ville a été prise d'assaut et saccagée par les Français en 1800. On y compte de 7 à 8,000 âmes. Elle est située à 11 l. N. E. de Sienne. Long. 9. 38. lat. 43. 25.

Argenta, pet. ville du Ferrarais, près les vallées de Commacchio; l'air y est mauvais, mais le pays est très-fertile.

Agostoli. *Voyez* Céphalonie.

Ariano, pet. ville du royaume Naples, dans la province de Bénévent. Son territoire et la fertilité du sol offrent aux naturalistes de quoi satisfaire leur curiosité.

Ariano, pet. ville dans le Ferrarais, renommée par la grande quantité de chanvre qu'on y cultive.

Ariola, pet. ville du royaume de Naples, très-fertile.

Arno, rivière de la Toscane qui prend sa source dans les Apennins, passe à Florence et à Pize, pour aller se jeter dans la mer. Au delà de l'Arno, il y a trois monastères qui méritent d'être vus : le premier est celui de Vallombreuse, à environ 20 milles de Florence, célèbre pour être le berceau des moines de Vallombrosains. Le bois de sapin qui l'environne est superbe, et Milton le peint ainsi dans ses vers :

Thick as autumnal leaves that Strowthe brooks
« In Vallombrosa where th'Eturian shades
« High over-archd' embower......

A une hauteur considérable est un ermitage, dit *le Paradis*, d'où l'on a une superbe vue qui s'étend jusqu'à la Méditerranée. Les moines y conservaient plusieurs raretés en tableaux, petits ouvrages d'écaille, etc.

Au milieu d'une vaste solitude, à 25 milles N. E. de Vallombreuse, vers la source de l'Arno, dans le Casentin, existe le monastère des Camaldules, où saint Romuald, d'après sa fameuse vision de Classe près Ravennes, établit l'ordre des Camaldules.

En montant presque au sommet de l'Apennin, appelé *Poggio alle Scale*, on trouve une retraite monastique appelée le Saint-Ermitage, où l'on jouit d'un très-beau point de vue. Les solitaires y ont une bonne bibliothéque de livres classiques, une riche collection de manuscrits enrares et de parchemins antiques. Dans les environs, la chaîne des Apennins est si élevée, que du sommet de plusieurs ces montagnes, on découvre les deux mers qui entourent l'Italie.

A 20 milles de Camaldoli et à 30 d'Arezzo, on trouve l'Alvernia, c'est-à-dire le troisième monastère qui servit de retraite à Saint-François; il est occupé aujourd'hui par les Franciscains réformés. Dans l'église, située sur la cime la montagne, on remarque de très-beaux bas-reliefs de *Luc de la Robbia;* l'orgue est un des plus célèbres d'Italie. On montre aux étrangers une chapelle où l'on dit que saint François reçut les stigmates. On trouve sur le lieu même la description de ces trois sanctuaires. On loge toujours chez les religieux qui exercent avec plaisir l'hospitalité envers les voyageurs. On doit à Léopold la culture des pommes de terre en Toscane, ce prince ayant, dans une de ses visites, obligé ces religieux à cultiver cette plante dans un certain espace de terrain.

Arona, ville avec un bon château, dans le duché de Milan, sur le lac Majeur, située très-agréablement. Elle a donné naissance à saint Charles Borromée. A quelques pas de la ville, sur une colline, on voit son superbe colosse en bronze fondu, dans le nez duquel une personne peut rester assise commodément. Les principaux édifices de cette ville méritent d'être vus, pour leur beauté et leur architecture, *Voyez* Borromées (les îles).

Arone, petite rivière dans les états du pape.

Arpino, pet. ville dans le royaume de Naples, dans la Terre de Labour. C'est la patrie de *Marius* consul, et de *Marcus Tullius Cicéron.*

Arqua, village près de Padoue. En y passant,

voyageurs, jetez quelques fleurs sur le tombeau de Pétrarque.

Arquata, petite ville du Piémont. Il y a une autre ville de ce nom dans la Marche d'Ancône.

Arsa, petite rivière de l'état Vénitien.

Arzignano, bourg assez considérable, dans le Vicentin, entouré de pâturages fertiles. Il est renommé par ses laines très-belles et d'une qualité excellente, et par le commerce qui s'en fait.

Ascoli, pet. ville très-agréable et très-fertile, dans la Marche d'Ancône, états du pape. Elle est située sur une montagne, au bas de laquelle passe le Tronto, à 20 l. S. d'Ancône. C'est la patrie du pape Nicolas IV. Long. 11. 14. 15. lat. 42. 51. 24.

Ascoli-di-Satriano, ville du royaume de Naples, dans la Capitanate, bâtie sur les ruines de l'ancienne *Asculum*, à 15 l. de Bénévent. Long. 26. 13. lat. 41. 8.

Ascona, bourg sur le lac Majeur, dans le canton Tessin.

Asinara, petite île à l'occident de la Sardaigne, à 7 l. N. de Sassari; elle a 10 l. de tour; les montagnes dont elle est couverte sont remplies de sangliers, de cerfs, de bœufs, buffles, et de faucons. Long. 6. lat. 41.

Asola, petite ville très-agréable, dans le Bressan.

Asolo, jolie petite ville assez peuplée du Trévisan, sur une montagne très-fertile, à la source de la rivière de Mouson, à 7 l. N. O. de Trévise, 4 l. N. E. de Bassano.

Assise, belle ville dans les états du pape, près Spolette, bâtie sur le flanc d'une montagne très-pittoresque; sa population est de 4,000 habitans. C'est la patrie de saint François, de sainte Claire et de l'immortel Métastase. Les églises méritent d'être vues pour les belles peintures qu'elles renferment, surtout celles du Saint-Couvent, où l'on conserve, dit-on, les dépouilles mortelles de saint François, et la nouvelle église des Réformés. On voit aussi dans cette ville un beau portique de l'ancien temple de Diane, occupé aujourd'hui par les Philippins. Près d'Assise, est la poste de Notre-Dame-des-Anges, ainsi appelée à cause de l'église voisine, dédiée à la Vierge, vaste temple d'architecture de *Vignola;* c'est là qu'est la Porziuncula, célèbre par le pardon qu'accorda le pape Honorius. Les pèlerinages qui se faisaient autrefois à cette église sont incroyables; on y a vu plus de cent mille pèlerins à la fois. On y voit aussi avec plaisir un vaste couvent. Elle est à 8 l. de Spolette, 28 l. N. de Rome. Long. 10. 16. lat. 43. 4. 22.

Asti, belle et ancienne ville du Piémont, près de Turin. Les habitations des gens riches sont bien bâties, mais la ville est peu peuplée. On remarque les palais, *Frinco*, *Bistanio*, *Massetti* et *Rovero*. Les rues sont étroites, ce qui donne à la ville un air fort triste; le peuple est pauvre et sans commerce; les fortifications sont peu importantes. Il y a quelques églises qui méritent d'être vues, principalement le dôme d'architecture moderne, Saint-Segond, Notre-Dame la Consolée, et Saint-Barthelemy hors de la ville. On montre à Asti une tour où l'on prétend que saint Segond fut enfermé. Cette ville peut se vanter avec raison d'avoir produit le Sophocle moderne, *Victor Alfieri*, le père de la tragédie italienne. Elle est à 8 l. E. de Turin. Long. 8. lat. 44. 50.

Astura, petite ville près de Rome, jadis port de mer. C'est dans cette misérable ville que le dieu de l'éloquence, Cicéron, fut décapité par ordre d'Antoine. On y voit les ruines d'un château qui appartient aux *Frangipani*, dans lequel l'infortuné Conradin, dernier duc de Souabe, fut fait prisonnier.

Atena, pet. ville du royaume de Naples, dans la principauté citérieure, renommée par sa fertilité.

Atino, autrefois ville et maintenant bourg, dans le royaume de Naples près de l'Apennin.

Atri, pet. ville dans le royaume de Naples, sur une montagne escarpée à 2 l. de la Mer

Adriatique, 4 l. S. E. de Téramo, dans l'Abruzze ultérieure.

Aulla, petite ville de la Toscane, avec un fort appelé Brunette, bien plus moderne que la ville.

Avella, grand bourg dans le royaume de Naples, dans la Terre de Labour.

Avellino, ville du royaume de Naples. Entre cette ville et Bénévent sont les *Fourches Caudines*, endroit célèbre par la victoire que les Samnites y remportèrent sur l'armée romaine, qu'ils forcèrent, ainsi que les deux consuls qui la commandaient, à passer sous le joug. Cette ville a été presque ruinée par un tremblement de terre. Elle est à 5 l. de Bénévent, à 10 l. de Naples. Long. 12. 36. lat. 40. 54.

Averno, lac du royaume de Naples, dans la Terre de Labour, près de Puzzuolo, célèbre par ses fréquentes exhalaisons. Auprès de ce lac est l'antre de la Sibyle de Cumes; autrefois les rochers qui l'entouraient étaient couverts de bois impénétrables. C'est dans cet antre que Virgile fait descendre Énée. Ce lac est poissonneux à présent, et on y trouve beaucoup d'oiseaux de rivière. (*Voyez* Grotte de la Sibylle.)

Averse, petite ville de délices près de Naples, très-agréable et bien bâtie, située dans une belle plaine, à 3 l. de Naples. La grande rue qui la traverse est belle et ornée de superbes édifices. Elle fut célèbre sous les Romains, sous le nom d'Attella, par les spectacles et les débauches qu'on y faisait. Averse fut détruite par Charles d'Anjou. C'est dans son château qu'Andreasso, roi de Naples, fils de Charles II, roi de Hongrie, fut étranglé sous le règne de la reine Jeanne Ire, sa femme. On peut considérer Averse comme un faubourg de Naples.

Aviliana, pet. ville et château fort du Piémont, près de Suze.

Avola, pet. ville du val de Noto, renommée par ses raffineries de sucre.

B

Baccano, jolie pet. ville dans le voisinage de Rome, célèbre par la défaite de Fabius, dans la guerre de Rome contre les Véiens.

Bagnacanalle, pet. ville fort commerçante de la Romagne, près de Faenza.

Bagnara, pet. ville du Royaume de Naples, dans la Calabre ultérieure, sur le bord de la mer. Cette malheureuse ville a été entièrement détruite, avec ses environs, par le tremblement de terre du 5 février 1783. On y voit encore ses ruines. Long. 14. lat. 38. 24.

Bagnarea, pet. ville dans les états du pape, à 2 l. S. d'Orviette. C'est la patrie de saint Bonaventure. Long. 9 47. 37. lat. 42. 38. 9.

Bagni della poretta, bourg connu par ses bains chauds. *Voyez* Poretta.

Baja, ville ruinée du royaume de Naples, près de Pouzzol. Elle a un bon château, qui défend l'entrée d'un des meilleurs ports de la Méditerranée. Cet endroit était célèbre chez les Romains, par les eaux qu'ils venaient y prendre et ils en avaient fait un séjour de plaisir et de volupté. Les dames romaines venaient y passer l'automne. César et Néron y avaient des palais. Il y règne encore un printemps éternel; l'hiver n'y fait jamais sentir ses rigueurs. C'est à Baja que se forma le fameux triumvirat de César, de Lépide et d'Antoine. Adrien y finit ses jours. Le palais de Pison est un des mieux conservés. Dans le vallon, on voit de superbes ruines et quelques temples antiques.

Baldo, montagne très-curieuse, dite *Monte-Baldo*, près de Brescia; elle est presque suspendue sur le beau lac de la Garde. Cette montagne était autrefois très-renommée pour ses bois de construction et ses rares plantes médicinales. Aujourd'hui elle n'offre plus qu'un sommet aride.

Barberino, petite ville de la Toscane, à 7 l. N. de Florence, agréablement située sur le bord de la rivière de Sièvre.

Barco, plaine près de Pavie. On voit à droite les restes d'un grand parc des ducs de Milan, qui fut construit par Jean Galeazzo *Visconti*, pour y enfermer des bêtes fauves. Cette plaine est célèbre par la perte de la bataille dans laquelle François Ier fut fait prisonnier, le 24 février 1525.

Bardi, ville et château du duché de Parme, sur le Taro, à 10 l. de Parme. Il y a une autre ville de ce nom située dans la vallée d'Aoste en Savoie.

Barga, pet. ville de la Toscane, très-agréablement située sur la rivière de Serchio.

Bari, ville du royaume de Naples, capitale de la terre de Bari. Ses fortifications sont très-remarquables, ainsi que le port et l'église de Saint-Nicolas, où l'on dit que les os de ce saint sont conservés. La province de Bari est très-fer tile, et produit en abondance des huiles, de amandes, des citrons, des oranges et le mei leur safran. Ce pays est aussi renommé par l grande quantité de ses salines. La ville de Ba est à 50 l. de Naples. Long. 15. 5. lat. 41. 15.

Barlette, jolie et forte ville du royaume d Naples, dans la terre de Bari, bâtie sur les ruin de Cannes, ville célèbre par la défaite des R mains. Sa population n'est pas proportionnée sa grandeur. Son château est très-remarquabl et l'un de ceux qu'on appelle les quatre châtea d'Italie. Elle est située sur le golfe de Venis à 10 l. O. de Bari, 40 l. E. q. N. de Naples. Lo 12. 58. lat. 41. 18.

Basentelle, petite ville de la Calabre.

Basiento, rivière du royaume de Naples, qui prend sa source dans la Basilicate, et se jette dans le golfe de Tarente.

Basilicate, province du royaume de Naples, l'ancienne Lucania. Elle abonde en blé, vin, huile, safran, coton, miel, oranges et citrons. Elle est bornée par la Capitanate, la Calabre citérieure, les terres de Bari et d'Otrante, le golfe de Tarente et les deux principautés. Cirenza en est la capitale.

Bassano, belle ville de la Lombardie vénitienne, située à l'entrée d'un vallon fertile. La Brenta en arrose les environs du côté de l'ouest. Les collines, entre Bassano et les Alpes, offrent un coup d'œil riant, et produisent en abondance un vin délicieux. Les habitans de ce pays se distinguent par leur industrie et par leur commerce; on y fabrique des draps de laine et des étoffes de soie. Les étrangers ne doivent pas négliger de visiter l'imprimerie et la librairie de Remondini, établissemens très-remarquables, et qui occupent un très-grand nombre d'ouvriers. Dans les maisons et dans les églises de cette ville, on voit de bons tableaux, et principalement de Jacques Dupont, dit *le Bassan*, et de ses fils, qui ont enrichi leur patrie d'un grand nombre de leurs ouvrages. Cette ville a donné aussi naissance au tyran *Ezzelin*, à *Buonamico* et à *Aldo*

Manuzo, aux *Carrares*, etc. Cette ville est célèbre par la bataille que Bonaparte gagna sous ses murs sur les Autrichiens, le 8 septembre 1796. Avant de sortir de la ville, on peut observer le pont sur la Brenta, construit sur les dessins de *Barthelemy Ferracino*, vers le milieu du 18e siècle, l'ancien, qui était de *Palladio*, ayant été renversé par l'inondation de 1748. Elle est située à 6 l. de Vicence. Long. 10. 20. lat. 45. 42.

Bassento, rivière de la Calabre citérieure, qui se joint au Crate.

Bassignana, grand bourg du Milanais, au confluent du Pô et du Tanaro. Ce bourg est fameux par la bataille qui s'y est donnée le 25 novembre 1745.

Bastia, capitale et chef-lieu du département de la Corse faisant partie du royaume de France.

Bastiano (San), village considérable du Piémont, bien bâti, ayant une population de 500 âmes.

Battaglia, village entre Rovigo et Padoue, fameux par ses eaux minérales.

Bauli, petit canton entre Baja et Misène. On voit près de là le tombeau d'Agrippine. De chaque côté du chemin qui conduit à Bauli, sont des voûtes de 12 à 15 pieds de longueur sur 10 de largeur, remplies de niches de même grandeur, où l'on mettait les urnes cinéraires. Il paraît qu'il y avait des voûtes destinées à certaines familles. On y voit plusieurs tombeaux avec de superbes bas-reliefs.

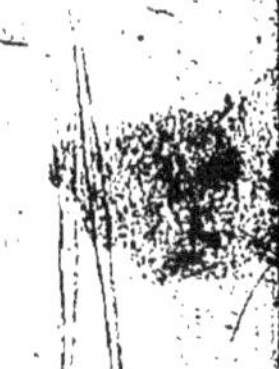

Belbo, rivière près de Final de Gênes : elle se jette dans le Pô, près d'Alexandrie.

Belcastra, ville du royaume de Naples, dans la Calabre ultérieure. Sa position sur une montagne à 3 l. de la mer est superbe. Long. 16. 5. lat. 39. 6.

Belgerati, village sur le lac Majeur, audessus duquel on jouit d'une des plus belles vues qui existent.

Belgioioso, bourg et château magnifique, à 4 l. de Pavie, appartenant au prince de ce nom.

Belgrado, petite ville dans le Frioul, près d'Udine.

Belice, grande rivière du *Val-di-Mazara*, en Sicile, qui se jette, entre Mazara et Sciacca, dans la mer d'Afrique.

Belleforte, pet. ville sur le Taro, dans le duché de Parme.

Bellinzona, ville de la Suisse italienne, du canton de Tessin, à 2 l. du lac Majeur. Elle est environnée de hautes montagnes qui rendent sa position fort triste.

Bellune, jolie pet. ville dans les états vénitiens, sur la Piava. Elle a donné son nom au maréchal Victor, actuellement ministre de la guerre en France. Le Bellunais abonde en fer. C'est la patrie de *Valianus Boziani* et du célèbre *Titien*

Vacelli, un des plus grands peintres d'Italie. Long. 10. 45. lat. 46. 9.

BELMONTE, pet. ville et château de la Calabre. Elle est fameuse par ses beaux marbres, appartenant à la maison *Belmonte Pignatelli*. Elle est située sur la mer de Toscane.

BELVÉDÈRE, beau château dans la Calabre citérieure. Il y a plusieurs beaux villages de ce nom en Italie.

BENE, petite ville du Piémont, avec titre de comté. Cette ville est à 3 l. N. de Mondovi, sur un terrain fertile.

BENEDETTO (SAN-), petite ville du Mantouan, très-agréable et bien peuplée, près du Pô. Il y a dans cette ville une abbaye de bénédictins, dont l'église mérite d'être vue : l'orgue est très-estimé et le monastère est très-vaste. Il s'y fait un grand commerce de riz, chanvre, soie et blé. Elle est à 5 l. de Mantoue.

BÉNÉVENT (autrefois *Malévent*), belle et charmante ville, très-vaste, riche et bien peuplée, située dans le royaume de Naples, capitale de la principauté ultérieure. Elle appartient à l'Église depuis 1053, époque à laquelle elle fut cédée par l'empereur Henri III, dit le Noir, à Léon IX, en échange de Bamberg. Cette jolie ville a beaucoup souffert des tremblemens de terre et surtout de celui de 1783. Elle renferme beaucoup de curiosités antiques, de beaux bâtimiens, et, dans les églises, de beaux tableaux. Cette ville est peu peuplée, mais ses habitans sont industrieux, libres et courageux. C'est la patrie du fameux grammairien *Orbitius* et du pape Grégoire VIII. La situation de la ville est magnifique, placée au milieu d'une vallée fertile et agréable, près du confluent du Sabato et du Calore, à 10 l. de Capoue, et à 12 l. N. E. de Naples. Long. 12. 40. lat. 41. 9.

Bentivoglio, beau château près de Bologne, qui donne son nom à la famille Bentivoglio.

Bergamasque, province dans le royaume Lombard-Vénitien, pays peuplé et fertile. Les habitans sont très-industrieux à faire valoir les productions de ce pays, qui consistent en bestiaux, marbres, fer, tapisseries, et meules de moulin. Le langage est le plus grossier de l'Italie. La capitale est Bergame.

Bergame, grande ville, ancienne et bien fortifiée, du royaume Lombard-Vénitien. Sa population, de 28 à 30,000 âmes, et n'est pas en proportion de sa grandeur : beaucoup d'habitans de cette ville l'abandonnent pour aller à Milan et ailleurs chercher des ressources. La cathédrale est vaste et bien bâtie; elle renferme de bons tableaux modernes de l'école vénitienne. On y conserve les corps de plusieurs saints, et entre autres celui de saint Alexandre, proteteur de la ville. Les meilleurs tableaux sont à Sainte-Marie-Majeure, où l'on en voit de *Léonard Bassan*, de *Jules Romain*, du chevalier *Liberi*, de *Lucques Jordan*, de *Malinconico*, de *Tiepoletto*; on voit aussi quatre tableaux en marqueterie très-estimés dans leur genre. Dans cette église est le mausolée du capitaine *Collione*, le premier qui ait employé le canon en rase campagne. A Saint-Augustin, on voit le tombeau du fameux Augustin *Calepino*, dont le Dictionnaire fit tant de bruit, et qui est regardé comme le patriarche des compilateurs de vocabulaires. Dans les palais *Terzi*, *Massoli*, *Moroni* et de *Sozzi*, on voit aussi de très-bons tableaux. Le commerce de cette ville consiste en laine et soie; ses manufactures de draps sont très-estimées, et particulièrement les draps de soie. Les principales denrées y sont le vin, l'huile, le blé, et des fruits excellens. Il y a beaucoup de bestiaux dans la campagne. Le masque dit l'Arlequin, n'est autre chose qu'une imitation du maintien, de la prononciation et du patois des Bergamasques, qui ont beaucoup d'esprit et de finesse : ils aiment leur industrie et le commerce; vivant dans un pays très-sain, ils sont robustes et bien faits : les femmes sont aimables. Cette ville est aussi la patrie de *Calepio*, des *Albani*, de *Rossiati*, et de Jean-Pierre *Maffei*. Elle est à 10 l. N. E. de Milan, 11 N. O. de Brescia. Long. 7. 12. 15. lat. 45. 41.

BERNARD (le grand Saint-), montagne de la Suisse, entre le Valais et le val d'Aoste, à la source de la Drance et de la Doire. Il y a sur le sommet, qui est toujours couvert de neige, un hospice où les religieux reçoivent fort humainement, et *gratis*, tous les voyageurs pendant trois jours : il a été fondé au 10e siècle, par *Bernard de Menthon*, gentilhomme savoyard, qui en a fondé un plus petit sur le petit Saint-Bernard. Dans les temps nébuleux et orageux, les religieux se dispersent pour secourir les voyageurs; des chiens qu'ils ont dressés les aident à découvrir ceux ensevelis dans la neige. L'armée française franchit cette montagne en 1800, avec son artillerie et ses bagages.

BERSELLO, ville du Modenais, près du confluent de la Linza et du Pô.

BERTENORO, petite ville très-fertile de la Romagne, à 6 l. de Ravenne.

BERZETTO, petite ville du Parmesan. On y fait beaucoup de fromages très-estimés.

BEVEGNIA, petite ville des états du pape, sur la Timia.

BEVILACQUA, petite ville près de Véronne, berceau des comtes Bevilacqua.

BIAGRASSO, village du Milanais, sur la Ticinella, à 4 l. de Milan. Les Français furent complétement battus en ce lieu, l'année 1524, et le chevalier Bayard y perdit la vie.

Bicenza, village dans le royaume de Naples, autrefois une ville à 2 l. de Salerne.

Bicoque, village à 1 l. de Milan. C'est là que Lautrec fut défait, en 1522, par l'armée impériale, parce que ses troupes n'étaient pas payées.

Bieta, petite ville du Piémont, fort riche et bien peuplée.

Bisaccia, jolie petite ville du royaume de Naples, dans la principauté ultérieure. Cette ville est très-agréable par sa position et sa fertilité. Elle est à 6 l. d'Ariano.

Bisagno, rivière de l'état de Gênes. Elle prend sa source aux Apennins, et se jette dans le golfe de Gênes, près de la ville de ce nom.

Bisceglia, ville dans la terre de Bari, au royaume de Naples, près du golfe de Venise. Ses églises ont quelques tableaux. On voit dans le palais de l'évêché des inscriptions antiques.

Bisentina, île très-agréable du lac de Bolsena, dans les états du pape, à 3 l. d'Orviette.

Bisignano, ville du royaume de Naples, dans la Calabre citérieure, avec un bon fort sur une montagne où la ville est située, et qui présente un coup d'œil agréable; à 7 l. de Cosenza. Long. 14. 10. lat. 39. 37.

Bitetto, petite ville du royaume de Naples, à 4 l. de Bari.

Bitonto, très-jolie ville du royaume de Naples, dans la terre de Bari. On y voit d'anciens monumens et des inscriptions antiques. Les Espagnols, commandés par le duc de Mortemart, gagnèrent, près de cette ville, le 25 mai 1734, une bataille qui les rendit maîtres du royaume de Naples. Elle est située dans une belle plaine très-fertile, à 3 l. S. de la mer Adriatique, à 4 l. de Bari. Long. 14. 22. lat. 41. 13.

Bivona, petite ville de la Sicile, dans le val de Mazarra, située très-agréablement, sur une montagne, à 10 l. de Palerme.

Bivona, ville dans la Calabre ultérieure, à 6 l. O. de Squillace. Elle a été renversée par le tremblement de terre du 5 février 1783.

Bizzini, petite ville de la Sicile, dans le val de Noto. Son commerce la fait prospérer.

Bobbio, petite ville du Piémont, sur la Trebia. L'abbaye est un bâtiment très-ancien.

Bocchetta, une des plus hautes montagnes qui forment la chaîne des Apennins, passage important du Piémont dans les états de Gênes. On conseille aux voyageurs de descendre de voiture, et de faire le trajet à pied. Du haut de la Bocchetta, on a une superbe vue sur toute la ville de Gênes et sur la campagne adjacente. Du point le plus élevé de cette montagne coulent deux sources assez abondantes, qui forment des ruisseaux : près de là le voyageur instruit peut examiner les riches carrières de marbres de diverses couleurs.

Bocino, pet. ville du royaume de Naples, dans la principauté citérieure, près du confluent du *Selo* et du *Negro*, à 6 l. de Conza. Ce pays est fertile, bien riant et très-agréable.

Bogna, rivière de la Lombardie, près de Domo d'Ossola. Elle donne son nom au val *Bognasca*.

Bojano, petite ville du royaume de Naples, dans le comté de Molise, sur le Tiberno, au pied de l'Apennin, à 15 l. N. O. de Bénévent. Un grand tremblement de terre, qui eut lieu le 26 juillet 1805, a renversé près de la moitié de cette malheureuse ville, et beaucoup de monde y a été enseveli. Sa situation est agréable et ses environs sont très-fertiles. Long. 12. 8. lat. 41. 30.

Bolca. *Voyez* Véronne.

Bolgari, village de la Toscane, près de Pise.

Bologne, grande et ancienne ville, très-riche et bien peuplée, des états du pape, au pied de l'Apennin. Elle est située près de la petite rivière appelée Reno; son climat est très-sain; elle a 5 milles et demi de circuit, et 2 de long sur 1 de large. Sa population est au delà de 75,000 âmes. Les édifices publics sont très-remarquables, tant par l'architecture que par leurs ornemens. Les portiques sous lesquels on se promène par toute la ville la rendent un peu triste, mais cependant très-commode pour les piétons, qui n'ont jamais besoin de parapluie. Le palais public, sur la grande place est très-vaste, et renferme beaucoup de beaux tableaux et diverses fresques des meilleurs maîtres. Les plus beaux monumens d'architecture sont, le palais *Caprara*, la façade et l'escalier du palais *Ranuzzi*, et la fontaine de *Neptune*, connue sous le nom du *Géant* en bronze *de Jean* de *Bologne*, célèbre sculpteur dont on admire plusieurs autres chefs-d'œuvre dans cette ville. La cathédrale de Saint-Pierre est d'un beau dessin : on admire dans le chœur une fresque, représentant l'Annonciation, dernière œuvre de *Louis Carrache;* et dans le chapitre, saint Pierre et la sainte Vierge exprimant leur douleur sur la mort de Jésus-Christ, peints par le même maître. L'église de Saint-Pétrone, protecteur de la ville, est d'architecture gothique : elle est très-vaste; et on y admire la fameuse méridienne, tracée par le célèbre *Dominique Cassini.* On remarque l'ancienne et magnifique église des Célestins et leur monastère; celui de Saint-Sauveur, qui renferme une belle bibliothéque et un musée curieux; l'église de Saint-Dominique, où l'on vénère le corps de ce saint; la bibliothéque du couvent; l'antique église souterraine de Saint-Procolo; des Bénédictins; et plusieurs autres, qui toutes renferment de belles peintures. Les palais, ainsi que les églises, sont ornés de tableaux excellens, mais les plus belles collections sont dans le palais *Zambecari* et *Zampieri :* on y admire un très-beau crucifix d'ivoire de *Jean de Bologne ;* les travaux d'Hercule, et plusieurs autres tableaux des trois *Carrache ;* l'enlèvement de Proserpine de l'*Albane ;* Agar chassée par Abraham, chef-d'œuvre du *Guerchin ;* plusieurs autres tableaux de ce maître et des meilleurs peintres d'Italie. A Saint-Ignace, il y a une galerie de bons tableaux. Les deux tours de Bologne, celle des *Asinelli* et la tour penchée méritent l'attention des voyageurs, la première par sa prodigieuse hauteur et sa structure déliée et élégante; la seconde, placée à côté, haute de 140 pieds, parce qu'elle est inclinée comme le clocher de Pise : ayant une pente de 9 à 10 pieds, elle paraît prête à s'écrouler. Bologne a été célèbre en tous temps dans les annales des sciences et des beaux-arts. Cette ville a une fameuse université et une académie très-renommée. Le collége *dei Dotti* tenait ses séances dans cette ville. L'édifice *dello-Studio*, musée de l'institut ou académie, est plein de rares productions de la nature et des arts. La bibliothèque possède une grande quantité de livres et de manuscrits rares ; entre autres, les autographes de *Massili*, qui en fut le fondateur, et ceux d'*Aldrovandi*, le naturaliste, en 187 volumes in-folio, etc. L'observatoire, le cabinet de minéralogie, d'histoire naturelle, la chambre d'accouchemens, l'amphithéâtre anatomique, orné des statues de divers professeurs de médecine, et le jardin botanique, sont autant d'établissemens publics qui méritent d'être examinés. Le théâtre public est un des plus beaux et des plus vastes de l'Italie : il a été construit sur les dessins du fameux décorateur *Bilbiena*. Il y en a plusieurs autres. Hors de Bologne, il faut remarquer le monastère de la Chartreuse et celui des olivétains de Saint-Michel *in Bosco*, d'où l'on a une superbe vue sur la ville : les beaux portiques de l'église sont peints par *Charles Cignani*, et le cloître par *Louis Carrache*; enfin Notre-Dame de la *Guardia*, dite de Saint-Luc, à laquelle on va par un portique de 700 arcades et de 3 milles de longueur. Le commerce de Bologne est très-considérable, et les arts y sont très-cultivés. Les manufactures de fleurs artificielles, de soie, de crêpe, y sont florissantes, ainsi que les fabriques de papier, de savonnettes, de liqueurs, etc. Les eaux du Reno ont une propriété particulière pour la préparation de la soie. La pierre phosphorique de Bologne, qu'on rend telle par une préparation chimique de calcination, se trouve sur le mont *Paterno*, à 3 milles de la ville. La *Mortadella* de Bologne, espèce de grand saucisson, est très-renommée en Europe. Le sol est très-fertile et abonde en blé, maïs, vin, riz, chanvre, garzuol (espèce de chanvre très-fin,) noix, coings, et en belles truffes. C'est la patrie d'*Aldrovandi*, de *Malpighi*, savant anatomiste et physicien, de *Scipio Ferrao*, qui le premier résolut des équations du troisième degré, du pape *Benoît XIV*, de l'*Albane*, du *Dominicain*, de *Guido Reni*, et de plusieurs autres personnages illustres. Dans aucune ville de l'Italie, l'étranger n'est aussi bien qu'à Bologne. Les femmes y sont d'une grande amabilité. Elle est située à 9 l. de Modène, à 10 l. de Ferrare, à 15 l. de Ravenne et 19 l. de Florence. Long. 9. 15. lat. 44. 29. 36.

Bolonais (le), province des états du pape, bornée au nord par le Ferrarais, au sud par la Romagne, à l'ouest par le duché de Modène. Le pays est très-agréable et très-fertile. Bologne en est la capitale.

Bolsena, autrefois une des principales villes de l'Étrurie, capitale des Volsques; ce n'est plus aujourd'hui qu'un misérable village, près d'Orviette, dans les états du pape, où il n'y a rien de remarquable qu'un sarcophage antique dans la cour de l'église. Le beau lac de Bolsena a 10 l. de circuit; on y voit deux petites îles habitées. Ce lac était peut-être autrefois le cratère de quelque volcan. Il y a peu de contrées en Italie qui offrent des points de vue plus magnifiques et plus délicieux que les environs de Bolsena.

Bolzano, grande et belle ville dans le Tyrol, sur l'Eisach, près l'Adige, ayant 8 à 10,000 habitans. Il y a de superbes églises et de beaux palais; elle est célèbre par une des plus grandes foires de l'Europe, qui s'y tient tous les ans. Elle est à 11 l. de Trente. Long. 8. 56. lat. 46. 42.

Bomarzo, bourg délicieux près de Rome.

Bonconvinto, petite ville de la Toscane, à 4 l. de Sienne.

Bondeno. *Voyez* Buondeno.

Bonifacio, petite ville de l'île de Corse, vis-à-vis celle de Sardaigne.

Borghetto, petite ville du Mantouan. Il y a une autre ville de ce nom près de Lodi.

Borgo-Forte, petite ville à 4 l. de Mantoue.

Borgo-San-Donnino, pet. ville à 5 l. de Parme. Elle est bâtie dans le goût moderne. A quelques milles de distance on trouve les ruines de l'ancienne ville *Julia Chrisopolis*. Le dôme et le collége des jésuites de cette ville sont dignes de remarque. On y fait un grand commerce de fromage.

Borgo-di-Sessia, pet. ville de la Lombardie, sur la Sessia.

Borgo-di-San-Sepolcro, pet. ville de la Toscane, à 12 l. de Florence. Le Tibre y prend sa source.

Borgo-di-Val-di-Taro, petite ville du duché de Parme, sur le Taro.

Borgo-Franco, pet. ville de la Lombardie, sur le Pô. Elle est très-peuplée.

Bormia, rivière près du Final de Gênes.

Bormio, jolie pet. ville bien peuplée, dans la Valteline. Le pays nourrit beaucoup de bestiaux.

Borromées (les îles). Elles sont au nombre de trois, dans le fond d'un golfe formé par le *lac Majeur*, qui est ainsi nommé, parce qu'il est le plus grand des trois lacs de la Lombardie. Il s'étend du nord au sud, ayant environ 40 milles de long sur 5 à 6 de large. Les eaux sont très-limpides, et on y pêche d'excellent poisson. On voit environ à 5 milles, sur la rive occidentale du lac, dans une situation agréable, la petite ville d'Arone (*voyez* Arona). En face, sur la rive orientale, est la ville d'Anghiera (*voyez* Anghiera). Ce lac renferme trois petites îles délicieuses, qui sont : *Belle-Ile*, qui, quoique plus petite que l'*Ile-Mère*, la surpasse en agrémens et en élégance : elle est couverte de jardins qui abondent en oranges, cédrats, citrons, arbres nains, et fleurs de toutes espèces; ces jardins sont ornés de statues et de grottes travaillées en mosaïque. Ces jardins dépendent d'un vaste palais dont les appartemens sont richement décorés; la galerie renferme une nombreuse collection de tableaux superbes; en sortant de la galerie on passe sur une terrasse qui offre d'un côté la vue des Alpes, et de l'autre la perspective de tout le lac, jusqu'à l'extrémité la plus reculée du côté de l'est. L'*Ile-Mère*, plus grande, irrégulière et plus agreste, est située à un mille plus loin, du côté du nord. Elle a ses beautés dans un genre différent : on a voulu y réunir l'utile à l'agréable. L'on peut regarder l'autre comme l'ouvrage de l'art, et celle-ci comme celui de la simple nature. Se faisant ressortir mutuellement, l'une sert d'ornement à l'autre, et elles concourent toutes deux à orner le superbe bassin du lac. On recueille aussi en abondance dans l'*Ile-Mère* des oranges et une espèce de citrons d'une grosseur extraordinaire et d'une odeur exquise. Il y a un petit théâtre d'un bon goût, où l'on a joué des comédies en différentes langues. On y voit une maison de construction moderne. La troisième île n'a rien de curieux : située comme les deux autres sur un rocher, elle est à peu de distance de *Belle-Ile*. On voit dans cette île quelques maisons de paysans et une église. Comme elle est beaucoup plus près de la terre, les habitans vont cultiver les vignes et les champs qui sont sur la côte. Ces îles sont vraiment curieuses, et semblent ornées d'après les belles descriptions de l'Arioste et du Tasse : elles donnent une idée des îles merveilleuses habitées par Alcine, Calypso, Armide, et par les fées dont les poëtes ont tant célébré les enchantemens. Ces îles appartenaient à la maison Borromée, qui leur donna son nom.

Bortholano, bourg fortifié dans le Crémonais.

Bosa, ancienne ville de la partie occidentale de la Sardaigne, avec un fort et un bon port, sur la rivière de la Bosa. Long. 6. 15. lat. 49. 19. Il y a une autre petite ville de ce nom en Sicile, ancienne et fort agréable, et une autre dans le Milanais.

Bova, pet. ville du royaume de Naples, dans la Calabre ultérieure, sur le bord de la mer, à 8 l. de Reggio.

Boves, pet. ville du Piémont, bien commerçante et peuplée.

Bovino, grand village du royaume de Naples, dans la Capitanate, au pied de l'Apennin, à 12 l. de Bénévent.

Bozzo, rivière du Milanais, qui sort du lac Majeur et se jette dans le lac de Gavira.

Bozzolo, pet. ville à 6 l. de Mantoue, avec un beau château. Son territoire est fertile en lin, chanvre, riz, etc. Long. 8. 3. lat. 45. 9.

Bracciano, jolie pet. ville des états du pape, à 6 l. et demie de Rome, avec titre de duché, à la maison des Ursins, sur le lac de Bracciano, qui est presque circulaire, et produit des poissons. On voit sur les bords du lac, et dans la ville, quelques anciens monumens quelques belles églises, et une campagne très-fertile, très-agréable. Long. 9. 51. lat. 42. 6.

Bradano, rivière du royaume de Naples, dans la Basilicate, qui prend sa source aux Apennins, se jette dans le golfe de Tarente.

Brando, bourg de l'île de Corse, à 2 l. de Bastia.

Brazza, île vénitienne située dans le golfe Adriatique, vis-à-vis de Spalatro.

Brembo, rivière qui prend sa source dans la Valteline, et se jette dans l'Adda, au-dessous de Bergame.

Bremme, jolie pet. ville de la Lombardie, très-bien bâtie et très-commerçante, au confluent de la Seria et du Pô.

Brendola, pet. ville dans le Vicentin. On y voit beaucoup de belles maisons de plaisance, attendu le bon air qu'on y respire. Cette ville, située délicieusement sur une colline, est très-peuplée.

Breno, pet. ville près de Brescia, la plus considérable du val Camonica.

Brenta, rivière qui prend sa source près de Trente, et se jette dans le golfe de Venise, près de Fusina. A Stra, près de Padoue, et à Fusina, près de Venise, les bords de la Brenta sont ornés de jardins et de palais magnifiques, ce qui rend le voyage de Vénise à Padoue fort agréable. Ces lieux enchantés servent de mai-

maisons de plaisance aux seigneurs de Venise Cette rivière est célèbre par deux victoires remportées sur ses bords par les armées françaises sur les impériaux, en 1796.

Brescia, ancienne, grande, belle et forte ville dans le Lombard-Vénitien, capitale du Brescian, avec une belle citadelle. La ville est située au pied d'une montagne, entre Mella et le Naviglio. Dans un circuit de 4 milles elle renferme environ 40 à 45,000 habitans. Elle est bien fortifiée, et la citadelle est bâtie sur une hauteur qui domine la ville et la campagne. Le palais de justice, situé sur la grande place, et qui est entouré de portiques, est l'édifice le plus remarquable par sa grandeur et son architecture, où le goût gothique se trouve mêlé avec le grec : il renferme de belles fresques, et plusieurs tableaux qui méritent d'être remarqués. La cathédrale est d'une structure moderne, mais noble et majestueuse; on y conserve une croix de matière diaphane, pour laquelle le peuple a une grande vénération. Dans les autres églises, principalement à *San-Nazzaro*, aux *Carmes* et à *Santa-Afra*, on remarque des tableaux de l'école vénitienne; dans cette dernière on voit le martyre de sainte Afra, chef-d'œuvre de Paul *Véronèse*, et la femme adultère, excellent tableau du *Titien*. La maison des Avogadri possède aussi des tableaux précieux de Paul

Véronèse, du *Titien*, etc..... Parmi les plus beaux palais on distingue ceux de *Martinenga*, *Giambara*, *Feneroli*, *Bagnani*, *Ugeri*, *Calini*, *Fei*, *Barbisoni*, *Cigola* et *Suardi*, dans lesquels on y admire aussi des tableaux de *Bassan*, de *Tintoret*, du *Guerchin*, du *Palma*, du *Titien* du *Pérugin*, de *Salvador Rosa*, de *Rubens*, d'André *Sacchi*, de *Solimeni*, de *Guidozini*, de Pompée *Batoni*, etc. Le théâtre de Brescia est magnifique; les loges sont ornées noblement et avec goût. La collection des médailles Mazzuchelli est célèbre. Il faut voir aussi la bibliothèque publique, fondée par le cardinal Quirini : deux salles attenantes renferment les instrumens de physique, des dessins et modèles pour l'étude des beaux-arts. Le commerce, l'industrie et les manufactures sont en vigueur à Brescia. Les principaux objets sont les armes à feu, surtout lés canons de fusils, qui sont fort estimés, les toiles de lin, les draps de laine et les dentelles communes. Le peuple est généralement fier, robuste, industrieux et laborieux, et a beaucoup d'analogie avec les Suisses. Les femmes sont aussi laborieuses, aimables, de bonne conduite, et d'un caractère franc et gai. Cette ville a donné naissance à plusieurs hommes illustres, entre autres à Nicolas *Tartaglia*, à Laurent *Gambara*, à *Lana*, au comte *Suardi*, à *Bugnoli*, à *Pallade*, fameux auteur, et à l'abbé

Pierre *Chiari*, auteur de comédies en vers très-estimées. Le Brescian, du côté des Alpes, est agréable et bien peuplé ; les bords de la rivière de Brescia peuvent s'appeler un lieu de délices. Les mines de fer et de cuivre de ce pays alimentent les travaux et le commerce. Le *Val Camonica* et les environs du lac *Sonego* fournissent des cristaux et des topazes. Sur la route de Brescia à Véronne, on voit des collines couvertes de pampres fleuris qui pendent en festons, et une quantité de maisons de campagne agréablement situées, des arbres touffus et des jardins délicieux. Cette variété présente un coup d'œil enchanteur. Les hautes montagnes, la plupart stériles, renferment dans leur sein de riches carrières de marbre. Brescia est située dans une plaine, à 11 l. S. E. de Bergame, à 11 l. N. de Crémone, à 15 l. N. O. de Mantoue. Long. 7. 53. lat. 45. 31.

Brescian, province du royaume Lombard-Vénitien, très-fertile, bornée au nord par les Grisons, à l'est par le lac de la Garde, le Véronèse, le Mantouan et le Crémonais, à l'ouest par le Bergamasque. *Voyez* Brescia, qui en est la capitale.

Brezello, pet. ville du duché de Modène, à 4 l. de Parme et 11 l. de Modène.

Brianza, nom d'une montagne dans le Milanais, près du lac de Côme.

Brindes, ancienne, forte et très-célèbre ville du royaume de Naples, dans la terre de Lecce, avec un port et une citadelle. Cette ville est la patrie de *Pacuvius*, et remarquable par la mort de *Virgile*. Son port fut très-fréquenté par les Romains. L'entrée en a été comblée par les Vénitiens. A cette ville viennent aboutir les voies Appienne et Trajane. La quantité de ruines qu'on y trouve peut donner une idée de son ancienne grandeur. On remarque principalement des colonnes fort belles et très-hautes, près la grande église. Elle est située sur la mer, à 13 l. E. de Tarente, 15 l. N. E. d'Otrante, 22 S. E. de Bari. Long. 15. 56. lat. 40. 48.

Brioni. On donne ce nom à trois îles autrefois vénitiennes, situées près des côtes orientales de l'Istrie, dont la plus grande s'appelle *Brioni*, et les deux autres *Causeda* et *Santo Girolamo*.

Brisaco, bourg près le lac Majeur.

Brisighella, pet. ville des états du pape, dans la Romagne, près de Rimini, bien commerçante en soie.

Brondolo, village près de Venise, où sont les écluses par lesquelles on entre dans les lagunes.

Broni, bourg du Piémont, à 5 l. de Moghera, remarquable par un fait d'armes entre les Français et les Impériaux, en 1703.

BRONNO, petite ville dans le Milanais, à 4 l. de Pavie.

BRUCA, petite rivière de la Sicile.

BRUGNETO, pet. ville à 18 l. de Gênes, dans le Piémont.

BRUNETTE, ancien fort très-important du Piémont, près de Suse, qu'il défendait. Il a été démantelé en 1798.

BRUNO, rivière de la Toscane, qui traverse le Siennois et se jette dans la mer de Toscane, près de Castiglione.

BUA, île du golfe de Venise, près la ville de Trace, à laquelle elle est jointe par un pont.

BUCCHERI, petite ville de la Sicile, à 6 l. de Syracuse.

BUCORTA, pet. rivière de la Calabre ultérieure.

BUDOA, pet. mais forte ville de la Dalmatie, à 11 l. de Raguse.

BULLICANI. *Voyez* VITERBE.

BUONDENO ou BONDENO, petite ville du Ferrarais, au confluent du Tanaro, sur le Pô. C'est un pays très-fertile et dans une position très-agréable. Elle a une vue charmante sur les prés *del Mosto*.

BURELLA, pet. ville du royaume de Naples, dans l'Abruzze citérieure, bien fertile.

BURIANA, lac de la Toscane, dans le Siennois. Il prend son nom d'un bourg situé sur ses bords.

BUSENTO, pet. rivière du royaume de Naples,

qui prend sa source dans le mont *Satriano*, et se jette dans la mer.

Bussetto, pet. ville du duché de Parme, très-renommée par ses fromages, qui sont excellens, et qui font son principal commerce; elle est célèbre surtout par la conférence qu'il y eut en 1543, entre l'empereur Charles-Quint et le pape Paul III.

Butera, principauté et pet. ville de la Sicile, sur une montagne dans la vallée de Noto.

C.

Cacurri, ancien château dans la Calabre ultérieure, dont les environs produisent d'excellent vin, de l'huile, des oranges, de superbes citrons et renferment des mines de sel.

Cadore, pet. ville du Frioul vénitien, remarquable pour avoir donné naissance au fameux *Titien*. Elle a donné son nom à M. de Champagny, ancien ministre de l'intérieur en France. Elle est située sur la Piave, à 6 l. de Bellune.

Cagli, pet. ville des états du pape, à 8 l. d'Urbin; bâtie par les Romains au pied du mont *Petrano*. C'est là que se trouve le passage appelé *Passo delle Scalette*, ou *Pas des Échelles*. Long. 10. 19. lat. 43. 32. 35.

Cagliari, capitale de la Sardaigne, avec un

bon hâvre. Cette ville a une université, un bon château; sa population est assez forte. La ville est divisée en haute et basse. La haute est remarquable par une belle église, toute revêtue de marbre, et par de belles maisons. La basse ville est sur le bord de la mer, mais elle n'est pas si agréable; elle est malpropre et l'air y est malsain; aussi cette partie est presque déserte. Les édifices de Cagliari sont très-beaux, surtout le palais du vice-roi et celui de la justice. Cette ville est située dans la partie méridionale de l'île, sur une colline du côté de la mer, à 80 l. S. O. de Palerme, 80 l. S. de Rome. Long. 7. 18. lat. 39. 25. Le roi de Piémont a habité cette île avec sa famille pendant la révolution française.

Cagliazzo, pet. ville du royaume de Naples, à 3 l. N. E. de Capoue et 9 l. N. E. de Naples. Sa situation est charmante. On y voit quelques anciens monumens.

Cairo, montagne dans la principauté de Bénévent, voisine du mont Cassin, mais si élevée que du sommet on peut voir les deux mers; avantage dont on jouit aux environs de Camaldules. *Voyez*-Arno.

Calabre (la), province du royaume de Naples, très-fertile en blé, huile, figues, vin et fruits délicieux; il y a de la manne estimée, du talc, du marbre, des chevaux, des mulets, et des ânes en très-grande quantité, et qui sont très-vigoureux. On divise la Calabre en citérieure et en ultérieure, par rapport à une chaîne de montagnes qui la sépare en deux : la citérieure a pour capitale *Cosenza*, et l'ultérieure *Reggio de Calabria*. Le tremblement de terre du 5 février 1783 a presque détruit l'ultérieure; l'autre a moins souffert.

Calata-Bellota, pet. ville peuplée de la Sicile, située sur la rivière du même nom au val de Mazara, presque ruinée par le tremblement de terre qui arriva en 1693, ainsi que *Calata-Fimi*, *Calata-Girone*, *Calata-Zibea*, etc.

Calata-Nisente, pet. ville de la Sicile, au val de Mazara, célèbre par ses eaux sulfureuses.

Calcinato, pet. ville du Brescian. Le duc de Vendôme y remporta une victoire sur les Impériaux, le 19 avril 1706.

Calepino, bourg dans le Bergamasque. Il donna naissance à *Ambroise Calepin*, qui mourut à Bergame.

Caliponiaco, rivière de la Calabre ultérieure.

Calofaro, tourbillon de mer dans le détroit de Messine. C'est le Carybde des anciens.

Calore, rivière du royaume de Naples, qui se jette dans le Sabato, près de Bénévent.

Calvi, pet. ville forte du royaume de Naples, dans la terre de-Labour, à 3 l. de Capoue. On disait qu'elle était fondée par *Calès*, fils de Borée.

Elle est très-riante et fertile; ses fruits sont délicieux. Long. 11. 47. lat. 41. 17.

Calvi, ville de l'île de Corse, sur une montagne escarpée, dans le golfe de ce nom, avec une bonne forteresse et un port, à 13 l. de Bastia. Long. 6. 26. lat. 43. 37.

Calvisano, château fortifié dans le Brescian.

Camaldoli, village de la Toscane. *Voyez* Arno.

Camerano, village à 2 l. d'Ancône.

Camerato, château de plaisance à 2 l. d'Ancône.

Camerino, pet. ville très-agréablement située dans la marche d'Ancône, son commerce consiste en blé, maïs, raisin, soie et fruits excellens. Selon Tite-Live, cette ville fournissait des soldats aux Romains, et il rapporte que les Camérices fournirent 600 hommes pour passer en Afrique avec Scipion. Elle est à 10 l. N. E. de Spolette, 14 S. O. d'Ancône. Long. 11. 4. 3. lat. 43. 6. 26.

Camirano, pet. ville dans le Vicentin.

Camonica (Val de), vallée située le long de l'Oglio, entre deux hautes montagnes, sur les confins de la Valteline.

Campagna, pet. ville du royaume de Naples, dans la principauté citérieure. Long. 12. 43. lat. 40. 42.

CAMPAGNANO, rivière du royaume de Naples, dans la Calabre ultérieure.

CAMPAGNE DE ROME (la), province des états du pape, bornée O. par le Tibre et la mer, S. O. par la mer, la terre de Labour et l'Abruzze ultérieure, N. par les Sabines. Elle produit peu de chose : le défaut de culture rend l'air malsain. Rome en est la capitale.

CAMPIGNANO, pet. ville du Pérusin, près du lac de Trasimène.

CAMPO-BASSO, pet. ville du royaume de Naples, capitale du comté de Molise. On y fait des ouvrages d'acier superbes. Tous les ans il s'y tient une foire célèbre. Le pays est riche et bien peuplé.

CAMPO-DI-SAN-PIETRO, petite ville dans le territoire de Venise.

CAMPO-FORMIO, village près d'Udine, dans le Frioul, remarquable par le traité signé entre l'empereur d'Autriche et la république française, le 17 octobre 1798.

CAMPOLI, pet. ville du royaume de Naples, dans l'Abruzze ultérieure, à une l. N. de Teramo.

CAMPO-MORTO, plaine considérable près de la Trébia, à quelques lieues S. O. de Plaisance. On prétend que ce nom lui est resté depuis qu'Annibal y défit une armée romaine, dont la plus grande partie resta sur la place.

CAMPO-SANTO, pet. ville du duché et près de

Modène, sur la rive gauche du Panaro, remarquable par la bataille qui s'y donna, le 8 février 1743, entre les Espagnols et les Autrichiens.

CANDELARA, rivière du royaume de Naples, dans la Capitanate; elle se jette dans le golfe de Manfredonia.

CANDIA, village fertile et commerçant du Piémont, à une l. du Pô, et à 5 l. de Verceil.

CANDIANO, château des états du pape, sur le Furlo, près de Fossambrono. Il est bâti sur les ruines de la ville de Luceola, qui fut détruite par *Narsès*. Avant d'y arriver on passe le Métaure sur un pont d'une grandeur prodigieuse, appelé *Ponte-Grosso*. C'est l'ouvrage le plus digne des anciens Romains qu'on trouve sur la voie Flaminienne.

CANETA, pet. rivière du royaume de Naples, dans la Calabre citérieure.

CANETO, pet. ville du Mantouan, sur l'Oglio; c'est l'ancienne *Bredìacum*, où Vitellius défit Othon, et où il fut lui-même défait par le lieutenant de Vespasien. Long. 7. 55. lat. 45. 10.

CANGIANO, pet. ville du royaume de Naples, dans la principauté citérieure.

CANNE, village du royaume de Naples, près de l'Ofante, dans la terre de Bari, à 3 l. S. O. de Barletta. Ce village est célèbre par la fameuse bataille où Annibal défit les Romains.

CANOSA, ville du royaume de Naples, dans

la terre de Bari, détruite par un tremblement de terre en 1694. Elle est célèbre par la plus honteuse de toutes les soumissions: L'empereur Henri IV ayant été excommunié par le pape Grégoire VII, ce prince vint en 1077 mendier son pardon, pieds nus, au milieu de l'hiver, devant la porte du palais du saint Père, qui s'entretenait avec une dame; et ce ne fut qu'après avoir fait cette démarche avilissante pendant trois jours consécutifs, que l'excommunication fut levée. Le motif de Henri était d'ôter aux superstitieux Allemands tout prétexte de murmures et de révolte.

Canossa, pet. ville dans le Modenais, sur la Lenza, à 7 l. de Parme. C'était autrefois une forteresse appartenante à la comtesse Malthide.

Cantera, rivière de la Sicile, dans le val de Demona.

Caorle, pet. île dans le golfe de Venise, sur les côtes du Frioul. L'air y est malsain. Il y a une autre petite ville de ce nom. Long. 10. 40. lat. 45. 40.

Caours, pet. ville du Piémont, sur la Salabia, au pied d'une montagne sur laquelle est bâtie une bonne forteresse, à 4 l. S. E. de Pignerol.

Capaccio, petite ville du royaume de Naples, à 9 l. de Salerne.

Capitanate (la), province du royaume de Naples, très-fertile, bornée N. E. par le golfe de Venise, O. par le comté de Mélise, S. par la principauté ultérieure, la Basilicate et la terre de Bari. Le *Mont-Gargum* ou *Saint-Ange* occupe une grande partie de cette province. La Capitanate a pris ce nom d'un capitaine célèbre que l'empereur Bazile y envoya.

Capitello, rivière de l'île de Corse.

Capo-d'Istria, ville des états Vénitiens, sur le golfe de Venise, à 3 l. de Trieste. L'air y est malsain et lourd. Le pays produit une grande quantité de marbre, et une pierre blanche et dure, dont les bâtimens publics et les palais de cette ville sont construits, ainsi que les ponts de Venise. Il y a plusieurs marais salans dans l'Istrie, qui font son principal revenu, avec les vins, et les huiles. Ses monumens sont peu de chose. Long. 11. 30. lat. 45. 48.

Capo-di-Spartivento, promontoire de la Calabre ultérieure, près de *Capo-dell'-armi*.

Capolisse, promontoire de la Calabre.

Capo-Passaro, cap et île au midi de la Sicile. Cette île a des retranchemens et sert de prison. Le cap forme une des pointes de la Sicile au sud; celle de l'est s'appelle *Capo-San-Vito;* et celle du N. E. s'appelle *Capo-di-Faro*.

Capoue, ville forte du royaume de Naples, dans la terre de Labour, à 1 mille de l'ancienne Capoue. Cette ville, qui a environ 10,000 habitans, est petite, mais fort agréable; ses rues sont régulières et bien pavées; elle est fortifiée dans le système moderne, et capable de faire quelque résistance. On ne doit pas négliger de voir la cathédrale, qui renferme des colonnes de granit, tirées des anciens édifices, de bons tableaux et diverses sculptures de Bernin; l'église de l'Annonciade mérite aussi d'être vue. Sous l'arcade de la place des juges, on voit les ruines de l'ancienne Capoue, si célèbre dans l'histoire. Les restes les plus remarquables de ses édifices sont les ruines de l'amphithéâtre et d'un arc de triomphe, dont une seule voûte subsiste en entier. Capoue est située sur un sol très-fertile, à 6 l. N. de Naples, 10 l. O. de Bénévent. Long. 11. 50. lat. 41. 7.

Capraja, île d'Italie, dans la mer de Toscane, au N. E. de la Corse, avec un bon château pour sa défense. Elle a environ 6 l. de tour, 1,500 habitans, qui sont de très-bons marins.

Capranica, petite ville des états du pape, sur une montagne très-fertile d'où la vue s'étend très-loin.

Caprara, jolie petite île du golfe de Venise, située près des côtes de la Capitanate, dans le royaume de Naples.

Capri, île dans le golfe de Naples, dans la principauté citérieure, vis-à-vis de Sorrente, fameuse par la retraite d'Auguste; elle fut aussi le théâtre des débauches de Tibère. Il y passe tous les ans une prodigieuse quantité de cailles.

C'est un lieu de plaisance et couvert de jardins délicieux; l'air qu'on y respire est embaumé, et le terrain est rafraîchi par une bonne source d'eau vive. L'abord en est difficile. Elle a 2 l. de long sur trois-quarts de large; Capri est sa capitale.

Capri, pet. ville du royaume de Naples, dans l'île de ce nom, avec un bon château, bien gardé par ses habitans. Long. 11. 43. lat. 40. 30.

Carabi, pet. rivière de la Sicile, dans la vallée de Mazara.

Caragli, pet. ville du Piémont, près de Coni.

Caravaggio, bourg du Milanais, abondant en riz, chanvre et lin; célèbre par la victoire de Sforzo sur les Vénitiens, en 1446, et pour être la patrie de Michel-Ange *Amerigi*, dit le *Caravaggio*, peintre célèbre.

Carbonara, cap et port à l'entrée du golfe de Cagliari, au sud, dans l'île de Sardaigne.

Cariati, petite ville du royaume de Naples, dans la Calabre citérieure. Elle a titre de principauté et s'appelle *Cariati-Vecchia*, pour la distinguer de *Cariati-Nuova*, qui est à trois-quarts de lieue S., sur le golfe de Tarente.

Carignano, pet. ville du Piémont, avec principauté dans le territoire de ce nom, très-fertile et très-agréable; ses environs sont couverts d'une quantité prodigieuse de mûriers. Il y a quelques églises qui méritent d'être vues, ainsi que quelques maisons particulières, qui renferment de bons tableaux et quelques curiosités antiques. Ses habitans sont très-industrieux et livrés au commerce. Sa position sur le Pô est avantageuse. Cette ville s'est rendue célèbre par un siége qu'elle a soutenu. Elle est à 3 l. S. de Turin.

Carini, bourg de la Sicile, situé dans le val de Mazara, à 6 l. de Palerme. Les environs sont très-fertiles; on y recueille beaucoup de manne qui découle par incision d'une espèce de frêne.

Carinola, petite ville du royaume de Naples, dans la terre de Labour, près de Monte-Massico, à 6 l. de Capoue. L'air y est malsain.

Carmagnole, ville du Piémont, avec une bonne citadelle et 12,000 habitans. Il y a quelques édifices qui méritent d'être vus. Elle est commerçante, dans un territoire abondant en grains, lin et soie, proche du Pô, à 5 l. de Turin, et à 7 l. de Pignerol. Long. 5. 21. lat. 44. 53.

Carnero. On donne ce nom à la partie du golfe de Venise qui s'étend depuis la côte orientale de l'Istrie jusqu'à l'île de Grossa et aux côtes de la Morlaquie.

Carpendola, village de l'état de Venise, près de Castiglione, célèbre par la bataille que les Français y gagnèrent contre les Autrichiens, en 1798.

Carpi, pet. ville du Véronèse sur l'Adige, célèbre par la bataille qu'y gagna le prince Eugène sur les Français, en 1701. Elle abonde en vins excellens.

Carpi, pet. ville du duché de Modène, entourée de bonnes murailles, avec un fort bon château. Elle est située sur un bras de la *Secchia*. Ses édifices n'offrent rien de remarquable. On y fait beaucoup de commerce. Il y a de très-bonnes fabriques, entre autres de chapeaux de paille. Son sol abonde en riz, blé, chanvre lin, etc. A 3 l. N. de Modène, 5 l. N. E. de Reggio. Long. 8. 33. lat. 44. 43.

Carrara, pet. ville du duché de Massa. Il n'y a pas d'étranger qui, en passant par Massa, ne se rende à Carrara, à 5 l. de là, pour y voir l'atelier de sculpture, richement fourni d'excellens modèles antiques et modernes. Aucun naturaliste ne néglige de visiter les riches carrières de marbre, dans lesquelles on trouve des cristaux d'une très-belle eau, et qui résistent parfaitement à la meule. Ceux qui oseront entrer dans une grotte qui y existe, verront des stalactites très-curieuses. Le célèbre *Spallanzani*, qui y entra, trouva à excercer son génie. Les carrières de *Seravezza*, dans le *Pietra-Santino*, méritent aussi d'être vues; leur marbre, de couleurs mêlées, est d'un grain encore plus beau et plus fin que celui de *Carrara*.

Cartagione, ville de la Sicile, dans le val de Noto, sur le sommet d'une montagne. On y trouve des monumens antiques. Sa situation est pittoresque.

Carzo, partie du Frioul qui s'étend depuis la rivière d'*Aura* jusqu'aux frontières de l'*Istrie*.

Casal, ville forte du Piémont, capitale du Montferrat, située sur le Pô. Dans la cathédrale, qui est très-ancienne, on voit une chapelle fort riche en marbre, où l'on vénère le corps de saint *Evasio*. Les églises les plus remarquables sont *Sainte-Catherine-la-Rotonde*, qui est toute peinte; l'église des anciens *Barnabites*, l'ancienne église des dominicains, et *Notre-Dame-des-douleurs*, pareillement en forme de rotonde. Le voyageur remarquera, parmi les édifices publics, le collége, le théâtre, et le magasin des grains, hors de la porte du Pô. Sa population est de 16,000 habitans. Elle est située à 15 l. N. E. de Turin, 20 l. N. O. de Gênes. Long. 5. 59. lat. 45. 14.

Casal-Borgone, pet. ville du Piémont.

Casal-Maggiore, pet. ville forte, entre Parme et Crémone, célèbre par ses fromages. Long. 7. 53. lat. 45. 3.

Casal-Nuovo, petite ville du royaume de Naples, dans la terre d'Otrante, habitée par des Grecs et quelques Allemands d'origine.

Casal-Pusturlengo, pet. ville près de Lodi, très-commerçante pour ses gros fromages dits *parmesans*.

CASCADES. (*Voyez* TERNI, TIVOLI.)

CASCINE, bourg fertile et commerçant du Piémont, à 4 l. S. O. d'Alexandrie.

CASENTINO, petite contrée très-agréable de la Toscane, près l'Arno.

CASE-NUOVE, petit village près de Foligno, dans les états du pape. Il est sur un terrain désert et aride. Les habitans de ce petit endroit n'ont d'autres ressources que la charité du voyageur. Ce village est renommé par une caverne très-curieuse, qui se trouve près de là, dans le village de Palo. Elle est couverte de stalactites; mais pour la visiter il faut faire venir la clef de Foligno. *Voyez* FOLIGNO.

CASERTA, très-jolie petite ville du royaume de Naples, dans la terre de Labour, à 4 l. de Naples. On y admire un des plus beaux palais de l'Italie, construit par ordre de Charles III, roi d'Espagne, sur le dessin de *Vanvitelli*, orné de colonnes, de sculpture et de quelques morceaux d'antiquités trouvés à *Pouzzol*, à *Pompeia* et à *Herculanum*. L'eau qui en arrose le magnifique jardin traverse plusieurs vallées sur des aqueducs très-élevés. C'est un des ouvrages modernes des plus hardis et des plus étonnans dans ce genre. On trouve dans la montagne de Caserta de belles carrières de marbre de plusieurs espèces. Long. 12. 10. Lat. 41. 8.

CASSANO OU COSSANO, pet. ville du royaume

de Naples, dans la Calabre citérieure, à 2 l. du golfe de Tarente.

CASSANO, pet. ville et château fort du Milanais, sur l'Adda, remarquable par l'échec qu'y reçut le prince Eugène, du duc de Vendôme, le 16 août 1705, ce qui rendit les Français maîtres de l'Italie. Elle est à 6 l. N. E. de Milan.

CASSINO, pet. village sur le penchant du Mont-Cassin. Ce qui reste de l'ancien *Cassinum* est un petit temple de bon goût, en forme de basilique, de 50 pieds de long sur 35 de large, d'ordre toscan, et très-solide. On y voit les ruines d'un amphithéâtre et des aquéducs pour conduire l'eau à la Naumachie, et quelques restes d'un théâtre. *Voyez* MONT-CASSIN.

CASTEGGIO, village du Piémont. On y a donné une bataille en 1800, qui a été le prélude de celle de Marengo.

CASTELA-MARE, ville du royaume de Naples, dans la principauté citérieure, avec un bon port, à 2 l. de Sorrento et à 6 de Naples. Il y a une ville de ce nom sur la côte, entre Capaccio et Policastro, et une troisième dans la vallée de Mazara, en Sicile. Elle est à 12 l. S. O. de Palerme.

CASTEL-MONTE, pet. ville du Piémont, avec une population de 3000 âmes. Cette ville n'est remarquable que par sa belle position.

CASTEL-ARAGONÈSE, ville forte de la Sardaigne, avec un bon port, à 8 l. de Sassari. Long. 6. 32. lat. 40. 56.

Castel-Baldo, pet. ville dans l'état vénitien, sur l'Adige, à 6 l. de Rovigo.

Castel-Bolognèse, pet. ville très-agréable, dans la Romagne, fertile en blé, maïs, soie, chanvre, riz, etc., à 3 l. de Faenza, et à 3 lieues d'Imola, à moitié chemin de ces deux villes.

Castel-Corno, petite ville dans le Tarentin.

Castel-Delfino, village du Piémont, près de Saluces.

Castel-Durante, pet. ville dans le duché d'Urbin, fort connue par les beaux ouvrages en terre et surtout par les vases qui s'y faisaient dans le seizième siècle. Baptiste *Franco* dessinait ces derniers avec une telle perfection, que le duc d'Urbin en envoya, comme une chose rare, plusieurs à Charles-Quint, empereur, qui en fit beaucoup de cas.

Castel-Franco, pet. ville à 6 l. de Bologne, près de la rivière de Schia, défendue par le fort Urbin. Il y a une autre petite ville du même nom à 2 l. de Trévise, où on peut voir le théâtre neuf et une très-belle place.

Castel-Gandolfe, château et maison de plaisance du pape, près de Rome, d'un goût antique, fort simple, où le pape va ordinairement passer l'automne. La petite ville est située sur le bord du lac appelé *Lago-Castello*. On y a des points de vue fort étendus sur la mer, ainsi que sur la ville et la campagne de Rome. Il faut voir le jardin de la *Villa-Barberini*, où l'on remarque les ruines de l'ancienne maison de campagne de l'empereur Domitien; et, près de *Castel-Gandolfe*, l'endroit où Claudius tua Milon, dictateur de Lanuvium, sa patrie; le mausolée que Cornélie fit ériger à Pompée, lorsqu'on lui apporta ses cendres d'Égypte; et les tombeaux des Horaces.

CASTELLANETTE, petite ville du royaume de Naples, dans la terre de Lecce, sur la rivière de Talvo, à 6 l. N. O. de Tarente. Long. 14. 45. lat. 40. 50.

CASTELLARO, bourg à l'entrée d'une vallée abondante en olives, dans les états de Gênes.

CASTELLAZZO, petite ville du Piémont, à une lieue d'Alexandrie.

CASTELLO, village dans l'île de Corse.

CASTELLO-DELLA-PIETRA, bourg et forteresse sur un roc, près de l'Adige, à 6 l. de Trente.

CASTELLO-GUELFO, bourg et château du Parmesan, sur le Taro.

CASTELLONE, petit endroit entre *Mola*, ou *Formies* et *Gaëte*, où l'on voit quelques ruines assez considérables, qu'on prétend être des restes du Formianum, maison de campagne de Cicéron. Ces ruines, en partie recouvertes par la mer, laissent voir une grande salle voûtée, presque entièrement remplie d'eau. On dit dans le pays qu'elle est entourée de siéges de marbre; que Cicéron y rassemblait ses amis, et y tenait ses conférences. On appelle ces ruines les *Écoles de Cicéron*.

Castel-Nuovo, ville forte de la Dalmatie, avec un château bâti en 1373 par *Truander*, roi de Bosnie. Elle est sur le golfe, et à 4 lieues de Cattaro. Long. 15. 42. lat. 42. 40.

Castel-Nuovo-di-Carfagnano, pet. ville du duché de Modène, avec une bonne forteresse, à 4 lieues S. de Parme.

Castel-Nuovo-di-Tortonèse, petite ville du Milanais, près la rivière de Scrivia.

Castel-San-Giovanni, jolie petite ville du duché de Plaisance, à 4 l. de cette ville, avec un château, dans un pays très-abondant.

Castel-San-Pietro, petite ville du Bolonais, très-fertile et très-agréable.

Castel-Veterano, ou Entella, petite ville dans la vallée de Mazara en Sicile, sur la Méditerranée, qui lui forme un port, près les ruines de Selinonte.

Castiglione, petite ville du duché de Toscane, à 6 l. N. O. de Pistoja. En 1775, on y bâtit un superbe aquéduc qui amène de l'eau de trois sources différentes.

Castiglione, village des états du pape, près de Pérouse.

Castiglione-del-Stivere, pet. ville du Mantouan, à 8 l. N. O. de Mantoue, avec un château. Cette ville donna son nom au maréchal de France Augereau, après la fameuse bataille gagnée par les Français sur les Autrichiens, le 5 août 1796, par le général *Bonaparte*. Long. 8. 4. lat. 45. 23.

Castna, pet. ville de l'Istrie, sur une montagne que baigne la mer Adriatique. Elle commerce en vins, huile, oranges, citrons et figues.

Castro, ville des états du pape, capitale du duché de même nom. Innocent X la fit raser en 1647. Elle est proche du torrent d'Aspada, à 4 l. N. de la mer, à 10 l. S. O. d'Orviette, 22 l. N. E. de Rome. Le duché de Castro est borné N. par l'Orviétan, S. par la mer Méditerranée, O. par la Toscane. Il est fertile en grains, vins et fruits. Long. 9. 40. lat. 42. 45.

Castro, petite ville maritime du royaume de Naples, dans la terre d'Otrante. Elle fut fort maltraitée par les Turcs en 1537. C'est la patrie de Paul de Castro. Elle est à 3 l. S. E. d'Otrante. Long. 16. 18. lat. 40. 15.

Castro-Certaldo. *Voyez* Certaldo.

Castro-Nuovo, pet. ville de la Sicile, dans la vallée de Mazara, sur une montagne, à la source de la rivière de Plantani. Long. 11. 41. lat. 37. 40.

Castro-Reale, pet. ville de la Sicile, dans

le val de *Demona*, dans les montagnes, à la source du Rizzulino.

Castro-Villare, pet. ville dans la Calabre citérieure.

Catane, ancienne ville de la Sicile, fondée par Evarque, célèbre dans l'histoire, au pied du mont Etna ou du mont Gibel. Toute la ville fut renversée par un tremblement de terre, en 1693. Elle a été solidement rebâtie. On y voit d'anciennes inscriptions et des colonnes qui ont servi à bâtir la nouvelle ville; on y voit également d'anciennes statues et quelques bons tableaux. Les rues sont longues et droites; elle a une belle place et une superbe cathédrale, dont l'entrée est soutenue par dix belles colonnes de marbre. Le roi Hiéron y mourut dans la 78e. olympiade. C'est une des plus grandes villes de la Sicile. Elle fait un très-grand commerce. Le voisinage de l'Etna, qui est à 7 lieues de cette ville, la rend sujette aux tremblemens de terre. C'est la patrie de Nicolas *Tudeschi*, connu sous le nom d'abbé de Palerme. Son terrain est fertile en blé, excellent vin et fruits délicieux. Elle est à 13 l. N. de Syracuse, 21 S. O. de Messine. Long. 13. 15. lat. 37. 36.

Catanzaro, ville du royaume de Naples, dans la Calabre ultérieure. C'est la résidence du gouverneur de la province. Cette ville fait beaucoup de commerce en blé, soie et huile. Elle a été détruite par le tremblement de terre du 5 février 1783. Elle est située sur une montagne, à 4 l. S. O. de Belcastro. Long. 14. 35. lat. 38. 58.

Cattaro (Bouches du), autrefois l'Albanie vénitienne. Cattaro en est la capitale, et les lieux principaux sont Castel-Nuovo, Butrinto, Arta, etc.

Cattaro, ville forte de l'Albanie vénitienne, dans les provinces Illyriennes. La forteresse était une prison d'état. Elle est sur le golfe de Venise, à 11 l. E. de Raguse. Long. 15. 56. lat. 42. 25.

Cattolica, village entre Pesaro et Rimini, remarquable pour avoir été, pendant le concile de Rimini, l'asile des prélats orthodoxes, qui se séparèrent des évêques Ariens en 359. A cet endroit on passe de la Romagne dans l'ancien duché d'Urbin et dans la marche d'Ancône. En 1813, c'était une des frontières du royaume d'Italie.

Cava, ville bien peuplée du royaume de Naples, dans la principauté citérieure. En 1774 elle fut presque ruinée par un syphon. On y fait beaucoup de commerce en toiles. Elle est à la hauteur du mont Mételian, à 10 l. E. de Naples, 2 l. N. O. de Salerne.

Cecina, rivière de la Toscane dans le Siennois, qui se jette dans la mer de Toscane.

Cedogna, pet. ville du royaume de Naples, dans la principauté ultérieure, elle est presque au pied de l'Apennin, à 5 l. N. O. de Melfi. Long. 13. 12. lat. 41. 8.

Cedro, rivière de la Sardaigne.

Céfalonie, une des sept îles Ioniennes, dans la Grèce. Elle est fertile en huile, en vin rouge, en muscat excellent et en raisin de Corinthe. Son climat est très-chaud. Il y a des fleurs aux arbres pendant tout l'hiver, et une quantité de simples très-rares et curieuses. Elle est peuplée de beaucoup d'Italiens, et a appartenu aux Vénitiens jusqu'en 1796. La capitale est Argostoli, qui a le meilleur port de l'île. Cette ville est environnée de tous côtés de montagnes élevées; sa situation est peu saine et désagréable. Cette petite ville a l'air d'un village. Le lazaret est carré, flanqué de quatre petites tours. Les maisons sont petites et mal bâties. On ne voit dans cette ville aucun édifice qui mérite la moindre attention. Long. 18. 19. Lat. 37. 50. 38. 50.

Ceffalu, pet. ville de la Sicile, dans la vallée de Demona, sur la mer. Elle est sur un cap qui s'avance dans la mer, avec un bon port, d'où lui est venu son nom grec. La ville est assez belle, et défendue par un château bâti sur une colline fort élevée. On admire la façade de la cathédrale. Long. 11. 53. Lat. 38. 5.

Celano, pet. ville du royaume de Naples, dans l'Abruzze ultérieure, à une demi-lieue environ du lac de ce nom. Long. 11. 12. lat. 42. 8.

Céline, rivière du Frioul, qui prend sa source entre celle du Tagliamento et la ville de Cadore.

Cellamare, duché du royaume de Naples.

Ceneda, ancienne ville du Trévisan, assez peuplée. Elle est à 8 l. N. de Trévise, 4 l. S. de Bellune, sur une hauteur. Long. 9.56. lat. 45.57.

Cenis (Mont), montagne qui fait partie des Alpes, et qui sépare la Savoie du Piémont. Autrefois il fallait démonter les voitures, qu'on chargeait par pièces sur des mulets, pour les transporter en Piémont. On portait les voyageurs à bras d'hommes, sur une chaise de paille à deux manivelles, soutenue par deux porteurs, et il en fallait ordinairement six pour le passage de toute la montagne. Les domestiques passaient à dos de mulet. Aujourd'hui il y a une route superbe, faite par ordre de Bonaparte, où les diligences peuvent courir à leur aise, et se rencontrer sans gêne et sans danger. Il y a sur la montagne, dans une plaine appelée la *Magdeleine*, un hospice semblable à celui des moines du grand Saint-Bernard. Sur la droite, il y a un lac d'environ deux milles de diamètre, qui produit des truites excellentes. Sur les montagnes l'air est très-élastique, et presque toujours froid. On voit au Nord des neiges pendant toute l'année, ainsi qu'à l'Ouest : exposées aux rayons du soleil, elles présentent un phénomène curieux, qui invite les naturalistes à faire des observations météorologiques. De pareilles montagnes, où l'on trouve des sources et des lacs formés par la nature, peuvent se regarder comme les réservoirs des eaux qui se répandent ensuite dans la plaine. Du haut de ces montagnes, on voit la plaine du Piémont : c'est là qu'*Annibal* montra à ses soldats le beau pays qu'ils allaient conquérir. Le mont Cenis renferme plusieurs curiosités d'histoire naturelle. Près de la Cassende, on trouve des restes de laves qui couvrent un espace d'environ une demi-lieue en carré. On y voit une espèce de papillon blanc, avec de grandes taches rondes, semblable à celui qu'a vu *Linnée* dans les montagnes de la Suisse. M. de Lalande a remarqué dans les montagnes des Alpes, que tous les angles saillans et rentrans se correspondaient dans la vallée ; ce qui, joint aux coquillages et autres productions qu'on y a trouvés, semble appuyer les conjectures et les observations de beaucoup de savans, et prouver même que les plus hautes monagnes ont été autrefois couvertes par la mer. Du lac du mont Cenis sort un ruisseau qui va grossir à Suze la *Dora Repuaria*, et forme une cascade superbe à une demi-lieue du lac. Dans l'endroit où l'eau se précipite, on trouve une espèce de minéral qui tient de la nature du plomb et du cuivre. Près de la cascade on voit les restes d'un écroulement terrible de terre et de rochers, qui couvrent environ deux milles carrés de terrain, et donnent une idée horrible de la secousse que cet endroit dut éprouver. Le 15 mai 1792, les Français prirent de vive force les redoutes établies par les Piémontais sur cette montagne.

Cento, ville du Bolonais, dans les états du pape, de 4 à 5,000 âmes; elle est célèbre pour avoir donné naissance à *Jean-François Barbieri*, dit *le Guerchin*. Les amateurs de la peinture pourront voir plusieurs beaux ouvrages de ce fameux artiste et de quelques autres dans les églises, et même dans les maisons particulières, surtout dans celle de M. *Chiarelli Pannini*. L'étranger pourra se procurer une description imprimée de ces peintures. Les tableaux de ce fameux maître qui étaient à Cento, et dont une grande partie existe encore, méritent d'être visités par les amateurs, entre autres un saint Jérôme, une Vierge allaitant son enfant, un vieillard, Élisée ressuscitant le fils de la Sunamite, un Christ, un saint Jean-Baptiste, un saint Thomas, une sainte Madeleine; J.-C. ressuscité apparaissant à sa mère; J.-C. confiant à Pierre les clefs du paradis (c'est son chef-d'œuvre), ainsi qu'une Transfiguration, une Madone, dont la tête est celle de sa maîtresse, etc., etc., etc. Cento est une jolie petite ville très-commerçante, et fertile en blé, chanvre et autres denrées. Elle est à 6 l. et demie de Bologne, et 7 l. de Ferrare. Long. 9. 50. lat. 14. 29.

Cento-Camerelle, les cent chambres situées à quatre cents pas de la piscine merveilleuse, ou *Piscina mirabile*, proche le cap de Misène, sur le penchant de la montagne, et près de la mer. On les appelle aussi Labyrinthe, à cause du grand nombre de chambres voûtées qui communiquent ensemble, et dans lesquelles on peut facilement s'égarer. Elles paraissent avoir été des caves voûtées. On peut en voir quinze à vingt. Les autres sont bouchées par des éboulemens de terre. On croit qu'elles sont les souterrains du palais de *Lucullus*.

Centorbi, pet. ville de la Sicile, dans le val de Demona, au pied de l'Etna; on y trouve une pierre qui se dissout dans l'eau comme du savon.

Cerenza. *Voyez* Gerenza.

Ceretto, pet. ville du royaume de Naples, dans la terre du Labour, au pied de l'Apennin.

Cerigo, une des sept îles Ioniques, autrefois célèbre sous le nom de Cythère, avec une petite ville de ce nom, qui en est la capitale. Elle abonde en lièvres, cailles, tourterelles et excellens faucons. Le sol y est aride. Elle est aussi habitée en partie par des Italiens, et appartenait autrefois aux Vénitiens.

Cerisoles, pet. ville du Piémont, près de Carmagnole. Le 14 avril 1544, les Français, sous la conduite du duc de Bourbon, y mirent en fuite les Impériaux et les Espagnols.

Certardo ou Castro-Certardo, pet. bourg de la Toscane, patrie de *Boccace* : on voit encore sa maison, au-dessus de laquelle est écrit : *Has olim exiguas coluit Boccacius ædes* : Boccace habita jadis ce petit édifice.

Cervaro, rivière du royaume de Naples, qui prend sa source dans la principauté ultérieure, au mont Apennin, et se joint au Candelaro.

Cerveteri, bourg très-fertile, à 7 l. de Rome.

Cervia, ancienne ville des états du pape, dans la Romagne, à 4 l. de Ravennes, sur le golfe de Venise. L'air y est malsain. Il y a beaucoup de marais salans, qui forment la richesse du pays. Long. 10. 1. 13. lat. 44. 15. 31.

Cervione, ville de l'île de Corse, à 8 lieues de Bastia.

Cesene, belle et forte ville des états du pape, dans la Romagne. Avant d'entrer dans cette ville, au pied d'une colline, on passe la rivière Savio sur un pont magnifique, nouvellement construit. Son territoire est fertile en chanvre et en bons vins, qui ont beaucoup de réputation. On trouve dans les environs une grande quantité de soufre. Cette ville a quelques portiques comme Bologne ; mais on ne voit pas une grande magnificence dans les édifices publics ni dans les églises, dont les plus remarquables sont : la cathédrale, Saint-Dominique et Saint-Philippe. Le palais public est d'une belle architecture; la place sur laquelle il est situé est ornée d'une belle fontaine. Aux Capucins on voit un beau tableau du *Guerchin*. Le voyageur instruit observera avec intérêt la bibliothéque des Conventuels, formée par *Malatesta-Novella*, riche en manuscrits antérieurs à l'invention de l'imprimerie. A un mille de la ville, au sommet d'une colline, est située la magnifique église de *Sainte-Marie-del-Monte*. Les antiquaires y trouveront d'anciens tombeaux. C'est la patrie du pape Pie VI; on y voit sa statue colossale. Elle a une bonne citadelle, et est située à 6 l. E. de Ravennes, 6 l. N. O. de Rimini. Long. 9. 54. 50. lat. 44. 35.

Cesenatico, province de la Romagne, très-fertile en blé, maïs, vin excellent, soufre, et en chanvre le plus beau de toute l'Italie. Cesenne en est la capitale.

Cesio, bourg sur la pente du mont Eolien, à quelques milles de Terni, dans les états du pape. Il y a dans cette ville des cavernes ou grottes qui donnent un vent réglé qui passe par des issues appelées *Bocche di vento* : ce vent est très-frais, et on le conduit dans les maisons par des tuyaux; on s'en sert à rafraîchir le vin, les caves et les appartemens. Cet endroit a été chanté par les poëtes.

CETRARO, petite ville du royaume de Naples, dans la Calabre citérieure, sur la mer de Toscane.

CEVA, place forte du Piémont, avec un bon fort, à 3 l. de Mondovi. On y fait d'excellens fromages, et on y trouve quantité de faisans et de perdrix. Long. 5. 45. lat. 44. 24.

CHERASCO, ville forte du Piémont, capitale d'une province de ce nom. Elle a une bonne citadelle. Elle est située sur une montagne près du confluent de la Stura et du Tanaro, à 7 l. N. E. de Coni, 9 l. S. E. de Turin. 11,200 habitans. Long. 5. 35. lat. 44. 42.

CHERZO, ville et île dans le golfe de Venise. L'air y est bon et le pays, quoique très-pierreux, abonde en bétail, vin, huile et miel excellent. Cette île servait de magasin à la république de Venise.

CHIANE, rivière et marquisat de la Toscane.

CHIARAMONTE, petite ville de la Sicile, dans la vallée de Noto, sur une montagne, à 11 l. de Syracuse. Long. 32. 25. lat. 37. 5.

CHIARI, bourg fertile proche de l'Oglio, fameux par la bataille qui s'y donna le 1er septembre 1701, où le prince Eugène battit M. de Villeroi.

CHIASCIO, pet. rivière des états du pape, qui prend sa source au mont Apennin et se jette dans le Tibre.

CHIAVARI, petite ville du Piémont, dans les états de Gênes. Elle est très-renommée par ses foires célèbres. Le pays est très-fertile, et sa population est de 8,000 habitans très-industrieux, et s'adonnant beaucoup au commerce. Long. 6. 56. lat. 42. 21.

Chiento, rivière des états du pape, qui coule dans la marche d'Ancône et se jette dans le golfe de Venise.

Chieri. *Voyez* Quiers.

Chiese, rivière qui a sa source près de Trente, entre dans le Bressan, traverse le lac Idro, et se jette dans l'Oglio, près de Caneto dans le Mantouan.

Chieti, *autrefois* Théate, belle ville du royaume de Naples, capitale de l'Abruzze citérieure, sur une montagne proche la rivière d'Alterno. Il y a de belles églises, ornées de tableaux qui méritent d'être vus. Elle est très-fertile en blé, huile, oranges, citrons, vins et fruits excellens. Cette ville donna son nom aux religieux Théatins. On y fait un grand commerce de mulets et d'ânes. Elle est à 3 l. de Pascara. Long. 12. 10. lat. 42. 25.

Chiozza ou Chioggia, ancienne et très-belle ville près de Venise, dans une petite île près de la Lagune, avec un port bien défendu par un fort. Cette ville est fameuse par les divers combats qui s'y donnèrent entre les flottes vénitiennes et génoises. Elle est bien bâtie; les rues sont larges et ornées de portiques fort commodes. La cathédrale est un bel édifice. Du côté de l'est, sur le bord de la mer, on voit une digue formée par la nature, qui sert d'abri dans les gros temps contre les eaux de la mer. Il y a un beau pont. Cette île produit beaucoup de sel, et ses légumes vont dans toute l'Italie. Ses melons d'eau et ses potirons, extrêmement doux, sont fort recherchés. Elle est à 5 l. S. de Venise, 8 l. S. E. de Padoue. Long. 10. 48. lat. 45. 17.

Chiusa est un fort très-considérable près de Pontera, situé sur la *Fella*. C'était un des points les plus importans pour la défense des Vénitiens.

Chiusi, ville de la Toscane, sur la Chiave, à 9 l. d'Oviette, dans le Siennois. Elle n'offre rien d'intéressant; sa population est faible; l'air y est mauvais à cause du lac, près duquel la ville est située. C'était autrefois à Clusium, capitale de l'Étrurie, que *Porsenna* tenait sa cour. Long. 9. 35. lat. 43.

Christo ou Cristo, île de la mer de Toscane, à 5 l. de l'île d'Elbe.

Cinefi, petite ville de la Sicile, à 8 l. de Palerme. Elle abonde en manne, dont le commerce procure de l'aisance à ses habitans, qui en recueillent une quantité assez considérable.

Cingoli, petite ville jolie et fertile des états du pape, dans la marche d'Ancône. Sa situation est agréable, et l'air y est délicieux. Elle est à 8 l. E. d'Ancône.

CIRENZA ou ACERENZA, ville du royaume de Naples, capitale de la Basilicate, sur le Brandano, au pied de l'Apennin. Elle est bien bâtie. Il y a dans les églises des tableaux et des sculptures. Le pays est riant et fertile; à 20 l. S. O. de Bari, 5 l. S. E. de Venosa, 39 l. E. de Naples. Long. 13. 59. lat. 40. 48.

CIRZANO, petite ville du haut Montferrat.

CISTERNA. pet. ville du Piémont, près d'Asti.

CITADELLA, pet. ville du Padouan, près de la Brenta.

CITRARO, petite ville du royaume de Naples, dans la principauté citérieure. Sa position est très-curieuse, étant près d'un golfe et d'un rocher.

CITTADELLA-PIEVE, pet. ville dans le Perousin, à 2 l. E. de Chiusi.

CITTA-DEL-SOLE, pet. ville de la Toscane dans le Florentin.

CITTA-DI-CASTELLO, petite ville forte et assez peuplée des états du pape, dans l'Ombrie, sur le Tibre, à 11 l. S. O. d'Urbin. Sa situation est délicieuse et le pays très-fertile. On y voit d'anciens bas-reliefs. Long. 9. 53. 41. lat. 43. 28. 19.

CITTA-NUOVA, pet. ville assez belle de l'Istrie, dans les états vénitiens, à 24. l. E. de Venise. Long. 11. 22. lat. 43. 34. Il y a une petite ville de ce nom à 9 l. d'Ancône, près de la mer.

Civita ou Civeda, pet. ville du Bressan, sur l'Oglio, à 10 l. O. de Brescia.

Civita-Bobelli, petite ville dans l'Abruzze citérieure.

Civita-Castellana, ville des états du pape, près du Tibre, sur une colline à 7 l. de Rome, avec une citadelle. C'est l'ancienne ville de Veïes, capitale des Falisques. Sa situation est avantageuse; on n'y arrive que par des chemins tortueux. Du haut de la tour de la citadelle on découvre plusieurs villages charmans. La cathédrale est belle et offre au dehors quelques monumens d'antiquité. On remarque que la colline où elle est située est composée de brèches ou de pierres de forme ronde jointes ensemble et recouvertes d'une couche de tuf volcanique. C'est en cet endroit que, pendant le blocus de la ville par Camille, un maître d'école lui livra tous les enfans des premiers habitans : Camille eut la générosité de renvoyer les enfans et le maître, ce qui détermina les Falisques à se soumettre aux Romains. La roche sur laquelle Civita-Castellana est située a été réunie à la campagne par un pont magnifique à doubles arcades, en 1712, par le cardinal *Imperiali*. C'est un monument digne des anciens Romains. Le pays est très-fertile.

Civita-di-Friuli, petite, mais très-ancienne ville du Frioul vénitien, sur la Natisonne, à 3 l.

N. E. d'Udine. L'église cathédrale renferme quelques tableaux. C'est la patrie de *Paul Diacre*, et de *Philippe de la Torre*.

Civita-di-Santo-Angelo, petite ville du royaume de Naples, dans l'Abruzze ultérieure, à 3 milles de la mer Adriatique. Son sol produit une quantité prodigieuse d'oliviers, qui donnent des huiles excellentes.

Civita Ducale, petite ville du royaume de Naples, dans l'Abruzze ultérieure, à 4 l. de Chieti.

Civita-Nuova, petit village près de la sainte maison de Loretto, dans la marche d'Ancône, sur la mer. Il est renommé dans le commerce pour être le dépôt des blés et maïs qu'on y embarque pour le compte des négocians d'Ancône et de Trieste. Il y a une autre petite ville de ce nom en Istrie.

Civita-Turchino, colline à 6 l. de Viterbe. C'était Tarquinium.

Civita-Vecchia, autrefois *Centum-Cella*, petite ville avec un bon port de mer, dans les états du pape, à 14 l. N. O. de Rome. Son port sur la mer Méditerranée peut se dire le port de Rome; une quantité de bâtimens marchands y abordent. Il faut remarquer l'arsenal. La ville a été fortifiée par Urbain VII. L'air y est fort mauvais, ce qui rend la ville dépeuplée. On y voit quelques monumens antiques et quelques églises bien ornées. Il y a près de Civita-Vecchia une grotte salutaire, qu'on appelle la grotte du Serpent, parce qu'on prétendait qu'un serpent guérissait les plaies; mais la vérité est que ces guérisons proviennent d'une vapeur sulfureuse que les malades y respirent. Long. 9. 26. 15. lat. 42. 5. 24.

CLISSA, fort d'une grande importance, à 3 l. N. de Spalatro, dans la Dalmatie. Long. 14. 23. lat. 44. 8.

CLITUNNO, chantée dans les géorgiques de Virgile, rivière des états du pape, au duché de Spolette, qui va se décharger dans le Topisco, après avoir reçu la Meragisca. *Voyez* (LE) VENE.

COASINA, ville de l'île de Corse, à 8 l. N. de Porto-Vecchio.

COCHILA, rivière de la Calabre citérieure. Elle prend sa source près de Mérano, et se jette dans le golfe de Tarente.

CODIGORO, village du Ferrarais, très-commerçant, près du Pô, à 2 l. de Comacchio.

CODOGNO, bourg du Lodesan, renommé par le commerce de ses fromages et la fertilité de son sol. Il est situé au confluent de l'Adda et du Pô. Les Autrichiens y furent battus par les Français le 6 mai 1746.

COGORETTO, ville du Piémont, dans le duché de Gênes, à 10 l. O. de Gênes, avec un petit port. Elle a donné naissance à *Christophe Colomb*.

COL-DE-TENDE (le), passage des Alpes, entre

Nice et le Piémont. L'on passe la montagne en cinq heures; savoir, trois pour monter, et deux pour descendre. Ce passage était autrefois très-dangereux; actuellement le chemin est très-commode.

Collato, bourg du Trévisan, très-commerçant.

Colle, pet. ville de la Toscane, dans le Florentin. Elle est sur une colline très-élevée. Sa position même la divise en ville haute et ville basse. La ville haute est la plus peuplée et la mieux cultivée; la basse est remarquable par les papeteries sur l'Elsa et la Stella. Elle est à 10 l. de Florence, 4 l. N. O. de Sienne. Long. 8. 50. lat. 43. 24.

Collici-Poli, *Collis Scipionis*, petit village de l'état du pape, près de Terni, à l'extrémité d'un vallon fort délicieux. On y fait une chasse assez singulière : on dresse des pigeons, appelés mandarins; ils vont au devant des pigeons de passage, et les conduisent dans la forêt et sur les arbres même où les chasseurs les attendent.

Colomia, bourg du Milanais, sur l'Adda et sur le canal qui va à Milan. Ce bourg est situé sur une hauteur; son aspect est très-agréable. On y voit une très-belle maison que le général *Merci* y a fait construire, avec un magnifique jardin en terrasse qui va joindre le canal : c'est un des plus beaux ouvrages d'hydraulique.

Colonna, bourg superbe de la campagne de

Rome. Il a donné son nom à la famille de *Colonna*. C'est l'ancienne *Gabies*, que *Tarquin* fit détruire. C'est aussi près de ce bourg que la fontaine de Trévise prend sa source.

COLORNO, pet. ville et château de plaisance de la duchesse de Parme, avec un jardin magnifique. Les étrangers qui vont à Parme ne manquent pas de visiter le château, où il y a de bons tableaux et des sculptures qui méritent d'être vus. Elle n'est qu'à trois petites lieues de Parme.

COMACHIO, pet. ville du Ferrarais, dans des marais salans. L'air y est très-mauvais, et on y est extrêmement tourmenté des cousins. Les vases et attérissemens des divers bras du Pô ont rendu le pays marécageux, qui maintenant n'est qu'un étang d'eau salée, qui abonde d'une telle manière en anguilles, goujons, esturgeons et autres poissons, qu'on les sale pour les envoyer dans toute l'Europe. Les poissons marinés de Comachio sont très-estimés. On y fait beaucoup d'huile de poisson. Il y a aussi beaucoup de salines. Comachio est à 8 l. N. de Ravennes, 11 l. S. E. de Ferrare. Long. 9. 51. lat. 44. 40. 27.

COME, ville peuplée et assez forte de la Lombardie, dans le Comasque, ancien duché de Milan, environnée de montagnes élevées à l'extrémité méridionale du lac auquel elle donne son nom, et où l'Adda prend sa source. Justin dit qu'elle fut bâtie par les Gaulois lorsqu'ils entrèrent en Italie sous la conduite de Brennus. On y voit beaucoup d'inscriptions anciennes, qui ont été ramassées par *Zobius* en 1526. Les habitans de cette ville sont très-industrieux, et ont la réputation d'être bons soldats. Le voisinage des montagnes les rend moins civilisés que les Milanais. Cette ville se vante d'une origine très-reculée, et a donné naissance à *Celius*, poëte comique, à *Pline le Jeune*, et à Paul *Giovio*, qui en fut évêque, et dont on peut voir la belle maison de campagne, placée dans une presqu'île sur les bords du lac, et enrichie d'une bibliothéque considérable et d'un cabinet curieux. La cathédrale, réparée aux dépens d'Odescalchi, pape sous le nom d'*Innocent XI*, mérite quelque attention. Les Comois se signalèrent par leur fidélité envers les Romains, lorsque Annibal prit la ville et la détruisit. Ils la rebâtirent bientôt, et après elle fut appelée *Novum-Comum*. Il ne faut pas négliger de voir le lac de Come, connu chez les anciens sous le nom de *lacus Larius*. Il est le plus agréable de tous ceux qu'on trouve en Lombardie, au pied des Alpes, et s'étend entre deux chaînes de montagnes, dans une longueur d'environ 16 milles. Ses bords sont couverts de maisons de plaisance, séjour ordinaire des Milanais pendant la belle saison, et de jardins délicieux, où l'on recueille des fleurs de toute espèce et des fruits excellens. La campagne est extrêmement agréable, surtout du côté de Tremenzina. C'est dans ce lac qu'on voit la source dont parle Pline, qui a son flux et reflux comme la mer. Les ruines de l'ancienne Come sont sur le lac, à une demi-lieue de la ville. Come est à 9 l. N. de Milan, 11 l. O. de Bergame. Long. 6. 42. lat. 45. 45.

Conca, petite rivière des états du pape, qui prend sa source dans le duché d'Urbin et se jette dans le golfe de Venise.

Concordia, petite ville du duché de Modène, à 2 l. O. de la Mirandole. Elle est sur la Secchia.

Concordia, petite ville ruinée du Frioul.

Conegliano, petite ville des états de Venise, dans le Trévisan, sur la rivière de Montegano. Elle donna son nom au maréchal Moncey. Sa situation est riante, et les campagnes voisines sont très-fertiles. De l'ancienne forteresse située sur le sommet de la colline, on a une superbe vue de tout le pays adjacent. C'est de là que le fameux peintre Jean-Baptiste *Cima*, dit le *Conegliano*, prit les points de vue de ses charmans paysages. L'église de Saint-Léonard mérite d'être remarquée. Conegliano est à 10 l. N. de Trévise. Long. 10. lat. 45. 44.

Coni, ville très-forte du Piémont, avec une bonne citadelle. Elle est remarquable par les siéges qu'elle a soutenus : les Français la démantelèrent en 1796. Il y a des monumens dignes d'être vus, parmi lesquels quelques églises qui renferment de bons tableaux. Elle est située au confluent de la rivière de Gesso avec la Sturia, à 14 l. S. de Turin, 12. S. E. de Pignerol. Long. 5. 18. lat. 44. 24.

Conversano, petite ville très-ancienne du royaume de Naples, dans la principauté ultérieure, entourée de murailles. Elle fut ruinée entièrement par un tremblement de terre en 1694. Elle est sur la rivière d'Offante, à 13 l. N. E. de Salerne, 12 l. S. E. de Bénévent. Long. 13. 19. lat. 40. 50.

Coorle, petite ville du golfe de Venise, mal peuplée et malsaine.

Copa, petite rivière du Milanais, qui se jette dans le Pô.

Copani, pet. ville de la Calabre ultérieure.

Corace, rivière du royaume de Naples.

Coré ou Cori, bourg à 3 l. de Velletri, dans la campagne de Rome, autrefois ville des Volsques, dans le *Latium*, n'est plus rien aujourd'hui ; on voit encore les ruines de ses anciennes murailles, dont la construction est curieuse : leur enceinte comprenait toute la montagne, depuis le sommet jusqu'au pied. A côté de ce village, sur le sommet d'une montagne, on trouve les ruines de deux temples anciens, dont l'un était consacré à Hercule, et l'autre à Castor et Pollux.

CORFOU, grande et forte ville, capitale de l'île de Corfou, avec deux beaux forts. L'ancien *Corcyre* fait une partie des faubourgs. Elle a un port très-vaste. La population de la ville est de 25,000 habitans. Les églises sont belles. La cathédrale mérite d'être vue : on y admire de bons tableaux et des sculptures très-antiques. Il y a de beaux palais et des jardins délicieux dans les environs. Les habitans sont industrieux et profonds. L'île de Corfou a 70 milles italiens de longueur et 20 dans sa plus grande largeur. Un tremblement de terre en détacha plusieurs îles, entre autres l'île de Paxo, et l'éloigna de 10 milles. Elle a actuellement 120 milles de tour, et 50,000 habitans. La ville est au milieu, sur un promontoire. L'île est fort saine et l'air y est très-bon. Elle abonde en oranges d'une odeur exquise, en cèdres et en olives, les meilleures de l'Europe. Les huiles de Corfou sont excellentes. Elle produit en outre beaucoup de vins délicieux, de la cire, du miel, des fruits et du blé. Les pâturages y sont superbes. L'Angleterre s'est déclarée protectrice des îles Ioniennes, et en cette qualité elle maintient beaucoup de troupes dans l'île de Corfou. C'est à Corfou qu'existait les fameux jardins d'Alcinoüs, décrits par Homère. Long. de l'île, 17. 16 17. 48. lat. 39. 24. 39. 52.

Corigliona, petite ville de la Sicile, où il y a des mines d'argent qu'on n'exploite plus; des huiles excellentes, et des vins très-estimés. Elle est située dans le val, et à 3 l. E. par nord de Mazzara, 7. l. S. O. de Palerme. Long. 11. 16. lat. 38. 54.

Corio, village du Piémont, chef-lieu d'un canton.

Corleone, belle, mais petite ville de la Sicile, sur le penchant d'un côteau qui termine une belle plaine. Il y a des édifices qui méritent d'être vus pour leur belle architecture.

Corneto, petite ville des états du pape, sur la Marta, à 1 l. de la Méditerranée, 8. S. O. de Viterbo. Long. 9. 24. 45. lat. 42. 15. 23.

Corregio, pet. ville très-agréable du duché de Modène, capitale de la province du même nom. Sa situation est charmante, et la ville est bien bâtie, sur un sol très-fertile, avec un beau château qui mérite d'être vu, et qui renferme de bons tableaux. Elle est célèbre pour avoir donné naissance, en 1494, au fameux peintre Antoine *Allegri*, dit le *Corrège*. Elle est à 3 l. N. E. de Reggio, 4. N. O. de Modène. Long. 8. 25. lat. 44. 45.

Corse, très-grande île de la mer Méditerranée, d'environ 36 l. de long. L'air y est mauvais, le terrain pierreux et assez mal cultivé. On en tire beaucoup de fer et d'huile. Sa population est de 290,000 habitans, qui sont de bons soldats, et supportent les travaux. Elle appartient à la France. Bastia en est la capitale. Long. 26. 20. 27. 15. lat. 41. 42.

Corte, petite ville de la Corse.

Corticella, village marécageux, entre Bologne et Ferrare.

Cortone, ancienne ville de la Toscane, dans le Florentin. Elle est située sur une colline assez élevée et couverte de vignes et d'arbres fruitiers. Elle fut une des douze premières villes de l'Étrurie. Ses murs sont bâtis de gros morceaux de pierres entassés sans chaux ni ciment, et en quelques endroits ils sont bien conservés. La plaine, formant un demi cercle, qu'on découvre de la ville, présente un beau coup d'œil. On voit à Cortone les ruines d'un ancien temple de Bacchus, des bains antiques, ornés de mosaïques, et divers monumens curieux de l'antiquité. Cette ville est célèbre par l'académie Étrusque, établie en 1726, et qui possède une belle bibliothéque et un musée riche d'antiquités, de gravures, de médailles, d'objets d'histoire naturelle, d'idoles et de pierres précieuses. On voit dans les églises des peintures excellentes, de Pierre *Berretini* ou *Pierre de Cortone*; de *Bronzino de Barocci*, de *Perrugino*, d'*André del Sarto*, et d'autres bons maîtres. On trouve aussi dans des maisons particulières des tableaux d'un grand prix, des collections d'antiquités, et de belles bibliothèques. Dans la cathédrale, on voit, outre une nativité de Pierre de *Cortone*, le sépulcre antique ou le tombeau du consul *Flaminius*. Dans l'église des Observantins, on vénère le corps de sainte Marguerite; de cette église la vue s'étend sur toute la vallée de *Chiana*, qui semble une immense jardin. Les environs de cette ville sont couverts de vignes et d'oliviers; on y trouve des carrières d'un très-beau marbre. Elle a donné naissance et son nom au célèbre peintre *Pierre de Cortone*, et à *Luc Signorelli*, aussi bon peintre. Long. 9. 44. lat. 43. 20.

Cosa, rivière des états du pape, dans la Campagne de Rome.

Cosenza, grande ville du royaume de Naples, capitale de la Calabre citérieure. Cette ville a été détruite par les suites du tremblement de terre du 5 février 1783. Elle fut rebâtie dans une plaine très-fertile, sur le Crati, qui la traverse. Dans les environs, on trouve beaucoup de mines, et le terrain produit d'excellent vin, du safran, de la manne et d'autres simples. Dans la cathédrale, on conserve beaucoup de reliques, et on y voit des inscriptions antiques. C'est là patrie de Jean Vincent *Gravina*, et de Bernardin *Tilesio*, habile philosophe, auteur de deux volumes de Principes des choses naturelles. C'est dans cette ville que mourut *Alaric*, en 410. Elle est à 4 l. de la mer, 12. S. O. de Rossano. Long. 14. 27. lat. 39. 23.

Cosliaco, petite ville et lac de ce nom, dans l'Istrie.

Cossano. *Voyez* Cassano.

Cotignoli, pet. ville très-fertile du Ferrarais.

Cotili, pet. rivière dans la Calabre citérieure.

Covoli ou Cavalli, grotte très-célèbre, à 2 l. de Vicence, du côté de Padoue. Elle est creusée dans l'intérieur de la montagne, en forme de labyrinthe; elle est très-vaste. On y trouve des salles et des allées, des routes, des galeries, des arcs, des sources, des incrustations, des pétrifications, et mille autres choses singulières: tout est l'ouvrage de la nature.

Crate, rivière de la Calabre citérieure, qui se jette dans le golfe de Tarente.

Crema, ville forte de la Lombardie, capitale du Crémasque, sur la Seria. Elle a une citadelle qui mérite d'être examinée. Les églises renferment plusieurs bons tableaux. Il y a des maisons très-bien bâties. La campagne qui l'environne est fertile. Elle est a 8 l. N. de Plaisance, 8 l. N. O. de Crémone, 9 l. S. E. de Milan. Long. 7. 17. Lat. 45. 20.

Cremasque, province de la Lombardie. *Voyez* Crema.

Crémone, ancienne, forte et considérable ville de la Lombardie, dans le duché de Milan.

Elle est entourée de murailles et de fossés, avec quelques bastions et une bonne forteresse, et située dans une plaine délicieuse, arrosée par le Pô. Cette ville offre un coup d'œil agréable; ses rues sont droites et larges, et ses maisons belles en apparence. Un canal qui communique avec l'Oglio traverse la ville et remplit d'eau les fossés. Crémone, dans cinq milles de circuit, renferme environ 23,000 habitans. On y voit des palais très-vastes, mais presque tous gothiques et de mauvais goût. La grande tour est une des plus hautes de l'Italie, et orne la place dite *del Capitano*. Pour arriver jusqu'au clocher, il faut monter 498 marches : elle fut élevée par Frédéric *Barberousse*. Les églises les plus remarquables sont la cathédrale, belle et vaste, où l'on admire un crucifiement peint par *Pordenone*; celles de *Saint-Pierre*, de *Saint-Dominique*, et des Augustins, dont le couvent renferme une bonne bibliothèque et plusieurs bons tableaux, parmi lesquels ceux du *Pérugin*, qui avaient figuré au musée de Paris. En 1702, le prince Eugène surprit Crémone et y fit prisonnier le maréchal de Villeroi. Les violons et autres instrumens de musique de cette ville sont estimés, et on en fait un asssez grand commerce. On y fait aussi un trafic considérable de très-beau lin, de blé, de vin, d'huile, de miel, de cire, de nougat excellent, très-recherché dans toute l'Europe, ainsi qu'une espèce de moutarde de fruits et de sucre, très-agréable au goût. Cette ville a donné naissance à plusieurs hommes célèbres, entre autres à *Platina*, historien, au fameux peintre *Antonio del Campo*, et à *Vida*, poëte, auteur de l'art poétique à l'imitation d'Horace, d'un poëme sur le jeu des échecs, et d'un autre très-beau poëme sur les vers à soie. Les Crémonais sont adroits et industrieux; les femmes sont belles et aimables, et le pays est très-fertile. Elle est à 12 l. N. O. de Parme, 6 l. N. E. de Plaisance, 15 l. O. de Mantoue, 11 l. S. E. de Milan. Long. 7. 45. 45. Lat. 45. 7. 49.

Crémonais. Province de la Lombardie. *Voyez* Crémone.

Crescentino, pet. ville du Piémont dans le Verceloïs, sur le Pô, à 8 l. N. E. de Turin, 7 l. O. de Casal. Long. 5. 38. Lat. 45. 16.

Crespino, pet. ville dans le Ferrarais.

Crevacore, bourg de la principauté de Masseran, dans le Piémont, sur la rivière de Sessera, autrefois appartenant aux ducs de Masserano.

Crotone, ancienne ville du royaume de Naples, sur le golfe de Tarente, avec une bonne citadelle. On y a construit un port bien situé et très-sûr. Crotone fut fondée, suivant les uns, par *Numa*, d'autres disent par Diomède. Il était passé en proverbe que le plus faible des Crotoniates était le plus fort des Grecs. Elle a en effet produit les athlètes les plus célèbres de l'antiquité, parmi lesquels le fameux Milon, et plusieurs autres grands hommes. C'est à Crotone que Pythagore établit son école, et fonda la secte italique. Le tremblement de terre du 5 février 1783 a fort endommagé la ville et retardé les travaux. On y voit des murailles très-anciennes et quelques monumens antiques. Elle est à 5 l. sud de Sévérina.

Cumes, Cumà, Cumæ, ville très-ancienne, située à 3 l. de Naples, avait été bâtie par des Grecs. C'est en cette ville qu'Énée aborda, et y trouva le temple d'Apollon, construit par Dédale, lequel y avait gravé différens événemens de la vie de Minos, et y avait consacré les ailes avec lesquelles cet architecte s'était échappé du labyrinthe. Cette ville est actuellement toute ruinée, mais ces mêmes ruines font ajouter foi aux choses que Virgile en raconte. On y voit des restes de temples et d'aquéducs; ainsi qu'un arc de triomphe bâti de gros quartiers de marbre, qui ressemble à celui de Janus à Rome.

La grotte de la Sybille communiquait à celle dont l'entrée est sur le lac Averne. En face du temple d'Apollon, au sud du lac Averne, était l'entrée de l'antre de la Sybille. Elle est encore à peu près telle que Virgile l'a décrite. Une large ouverture pleine de cailloutage, est couverte de forêts épaisses, et garantie par un lac noir et profond. Mais cette entrée est bouchée par des atterrissemens. Cette excavation, qui communiquait au lac, a 250 pas; le passage est bouché. Un chemin étroit conduit à deux petites pièces carrées, taillées dans le roc, qu'on appelle bains de la Sybille. Ces petites chambres sont aussi creusées dans le roc, à une grande profondeur, vers lesquelles on descend par un escalier aussi taillé dans le roc. Ces deux pièces sont pavées en mosaïque, les autres chambres sont cachées par les éboulemens. Il faut que les curieux aient soin de visiter cet endroit en passant rapidement à cause du mauvais air qu'on y respire. Auprès de Cumes, on voit encore le temple des *Géans*, et le tombeau de Scipion, à 1 l. N. de Cumes.

Curigliano, petite ville de la Calabre ultérieure.

Cuzzola, île du golfe de Venise sur la côte de la Dalmatie, d'environ 8 l. de long, avec une petite ville du même nom. Long. 14. 40. lat. 43. 12.

D.

Dalmatie. Province de l'Italie, bornée au Nord par la Bosnie et la Morlaquie; O. et S. par le golfe de Venise; E. par la Servie. Sa superficie est de 477 milles carrés. Elle avait en 1783 367,000 habitans. Elle se divisait en vénitienne, dont la capitale était *Spalatro*, en autrichienne, dont *Segna* était la capitale, et en turque, dont la capitale était *Mostar*. Les deux premières parties faisaient une des six provinces illyriennes : maintenant elles sont sous la domination autrichienne.

Damiano, petite ville du Mont-Ferrat, à 3 l. N. d'Albe. Le maréchal de Brissac s'y défendit pendant trois mois en 1559, et força l'armée de l'empereur Charles V d'en lever le siége. Elle a été démantelée.

Demona (val de), vallée considérable de la Sicile; au N. E. elle a environ 40 l. de long sur 25 de large. Elle est très-fertile en tout. Messine en est la capitale.

Demona ou Demon, forteresse du marquisat de Saluces, située sur la Stura, avec un bourg peuplé d'environ 600 habitans, à 4 l. S. O. de Coni; à 7 l. N. O. du col de Tende. Elle a été prise par le prince de Conti en 1744.

Diane, lac ou grand étang de la Corse, sur la côte orientale. Il se vide dans la mer de Toscane.

Diano, petite ville fort agréable, dans le territoire de Gênes, à 1 l. E. d'Oneglia. Elle fait beaucoup de commerce.

DIGNANO, petite ville de l'Istrie, à 1 l. de la mer. Elle appartenait autrefois aux Vénitiens.

DISSENZANO, pet. ville de l'état de Venise, sur le lac de la Garde, à 7 l. E. de Brescia. Ses vins sont recherchés dans toute l'Italie, comme très-excellens, ainsi que ses fromages.

DITTAINO, rivière de la Sicile, qui coule sur le confin du val de Noto et de Demona, et se jette dans la Jaretta.

DOGADO ou DUCATO, c'est ainsi que les Vénitiens appelaient leur duché.

DAGLIANI, bourg du Piémont, chef-lieu d'un canton, à 7 l. N. N. E. de Mondovi.

DOIRE ou DORIA, rivière du Piémont, qui prend sa source au mont Genève et se jette dans le Pô, près de Turin.

DOLCE-ACQUA, pet. ville du Piémont, dans le marquisat du même nom, sur la Nevia, très-fertile en excellent vin et en huiles délicieuses, à 2 l. de Vintimille. Long. 5. 14. lat. 43. 53.

DOMO-D'OSSOLA, pet. ville du duché de Milan, au pied des Alpes, sur le torrent de Torsa. Les habitans sont très-industrieux; beaucoup viennent l'hiver en France pour rôtir les marrons; d'autres font les ramoneurs; et plusieurs s'établissent tant en France qu'ailleurs comme fumistes. On y voit encore les ruines d'une fortification faite par les Espagnols lorsqu'ils avaient un vice-roi à Milan.

BIBLIOTHÈQUE ROYALE

Donato, pet. rivière du Royaume de Naples. Elle se jette dans la mer près de Corlonie.

Doria. *Voyez* Doire.

Drago, rivière du royaume de Naples. Elle a sa source aux confins de la principauté citérieure et se jette dans le golfe de Naples.

Dragonaria, village superbe sur le Tripale, dans la Capitanate.

Dragone, rivière du royaume de Naples. Elle prend sa source aux confins de la principauté citérieure et se jette dans le golfe de Naples.

Dronero, pet. ville du Piémont, dans le marquisat de Saluces, au pied des Alpes, sur la rivière de Maira, que l'on passe sur un pont d'une hauteur prodigieuse. Sa situation est très-curieuse.

Duare, pet. ville forte de la Dalmatie vénitienne.

E.

Eboli. *Voyez* Evoli.

Eglise, états du Pape. C'est une des plus belles contrées de l'Italie, de 92 l. environ de long et de 45 de large, bornée N. par l'état de Venise, S. par la mer de Toscane, O. par la Toscane, les duchés de Modène et de Mantoue. On la divise en douze provinces, 1° la Campagne de Rome, 2° la Sabine, 3° le Patrimoine de saint Pierre, 4° le Duché de Castro, 5° l'Orviétan, 6° le Perugin, 7° le duché de Spolette, 8° le duché d'Urbin, 9° la Marche d'Ancône, 10° la Romagne, 11° le Bolonais, 12° le Ferrarais. Ces provinces furent cédées par *Pepin*, par *Charlemagne* et par d'autres empereurs Français. Les trois dernières provinces firent partie de l'ex-royaume d'Italie, les autres de l'empire français. Par le congrès de Vienne, en 1814, elles furent de nouveau cédées au saint Père *Pie VII, Barnabà Chiaramonti*. Rome en est la capitale.

Elbe (île d'), sur la côte de la Toscane, avec deux bons ports, *Porto Ferrajo* et *Porto Longone*, qui ont des châteaux bien fortifiés. Cette île avait été donnée à *Napoléon Bonaparte* par les souverains alliés, en 1814. Il habita Porto Ferrajo pendant environ neuf mois. Cette île est actuellement sous la dépendance de la Toscane. Elle produit peu de chose, mais elle est remarquable par ses mines de fer cristallisé et d'aimant, ainsi que par ses carrières de marbre. Elle a de 25 à 30 l. de tour et une population de 13,700 âmes. Porto Ferrajo en est la capitale. La population de cette dernière ville est de 3,000 habitans. Long. 8. 16. lat. 42. 55.

Empoli, pet. ville de la Toscane, sur l'Arno, à 7 l. S. O. de Florence, 11 l. E. de Pise. Cette ville a été bâtie par les anciens rois goths. La rue principale est large et bordée de belles maisons.

Empuria, ville ruinée de la Sardaigne, à la côte N. E. de Castro-Arragonèse.

Entella ou Entrella, pet. bourg de la Sicile, dans la vallée de Mazara.

Entraqua, pet. ville du Piémont, sur le Gesso.

Ericusa, une des îles de Lipari. *Voyez* Lipari.

Esaro, rivière du royaume de Naples, qui arrose la Calabre ultérieure, et se jette dans la mer Ionienne.

Esino, rivière des états du Pape, qui se jette dans le golfe de Venise.

Este, château très-considérable dans l'état de Venise. C'est la patrie des ducs de Modène et de Ferrare; le duc de Modène en porte encore le nom. La cathédrale, de forme ronde, est d'une belle architecture. Près de ce château, et d'un village appelé *Battaglia*, se trouvent des sources d'eaux minérales. Le pays est très-fertile, et parsemé de maisons de campagne et de jardins délicieux. Il est à 6 l. S. O. de Padoue, 8 S. E. de Vicence. Long. 9. 24. lat. 45. 14.

États du Pape ou États romains. *Voyez* Église.

Etna, volcan fameux, et la plus haute montagne de la Sicile, appelé aussi mont Gibel.

Le territoire d'alentour est gras et fertile; dans la région, la plus basse il y a des vignobles et des pâturages; la seconde région est occupée par des forêts de chêne, de pins, de hêtres et de sapins; la troisième, la plus élevée, est inculte, mais on en tire de la neige et de la glace. En approchant du sommet, des cendres mouvantes et des pierres ponces en couvrent le terrain. Le cratère a une circonférence d'un quart de lieue; son intérieur a la forme d'un vaste amphithéâtre; on en voit sortir de la fumée de divers endroits. La dernière éruption eut lieu en 1766. L'Etna gronda avec violence et jeta quelques laves le 26 juillet 1805, au moment où la ville de Naples était menacée d'être bouleversée par un tremblement de terre. La hauteur de cette montagne est de 10,042 pieds au-dessus du niveau de la mer.

Etrurie. *Voyez* Toscane.

Etuves de Tritoli ou Bains de Néron, dans le golfe de Pouzzol, au royaume de Naples. L'ouverture de ces bains est vis-à-vis de Pouzzol, à trente pieds environ au-dessus du niveau de la mer. Ces étuves sont formées de huit petites voûtes de 5 à 6 pieds de largeur, et de 4 de longueur, ouvertes dans le roc. La chaleur occasionée par les eaux bouillonnantes qui sont au fond, et dont le foyer paraît n'être pas loin, est si considérable, qu'il suffit d'y faire deux ou trois pas pour être couvert de sueur. Les guides qui conduisent les étrangers, sont très-pâles et maigres. L'eau des grottes du fond est bouillante; elle est très-limpide et a un goût sulfureux et acide. Il y a plusieurs chambres, des salles et des galeries taillées dans le roc. Ces bains sont célèbres; Néron les fit construire pour son usage. On y voit les ruines d'un de ses palais.

Euganei (monts). *Voyez* Vicence.

Eugubio. *Voyez* Gubio.

Evoli, petite ville du royaume de Naples, dans la principauté citérieure.

F.

Fabriano, jolie petite ville de la Marche d'Ancône, dans les états du pape, avec un superbe château, un des quatre d'Italie. Sa situation est délicieuse, et son sol est très-fertile. Cette petite ville est très-renommée par son beau papier, recherché dans toute l'Italie. Elle est à 7 l. N. de Nocera. Long. 10. 37. 53. lat. 43. 21.

Faenza ou Faïence, ancienne et belle ville des états du pape, dans la Romagne, située sur la petite rivière d'Amone qui en baigne les murs. Elle est bien bâtie, et peut être regardée comme la Florence de la Romagne. Les rues sont étroites, excepté celle del Corso, qui traverse toute la ville. Ses principaux édifices sont le dôme, le palais public, l'horloge et la place entourée de portiques, et ornée d'une fontaine. Aux Capucins on voit un beau tableau de *Guido Reni*. C'est dans cette ville qu'on a inventé la terre cuite, appelée en italien *majolica*, faïence en français, nom de la ville; et quoique cette manufacture, à cause de la porcelaine devenue si commune, commence à tomber, elle mérite cependant qu'on en visite l'édifice. Le comte *Zanelli* fit creuser un petit port et ouvrir un canal navigable, qui communique à Saint-Albe, avec le Pô de Primaro. C'est la patrie de Torricelli. Elle est à 8 l. S. O. de Ravenne, 4 l. S. E. d'Imola. Long. 9. 34. 20. lat. 44. 17. 19.

FAJOLA, petit village du royaume de Naples, situé auprès d'une forêt d'où les Romains tiraient beaucoup de bois de construction.

FALERNE, montagne du royaume de Naples, près de Capoue, autrefois renommée par ses excellens vins, qui seraient encore aussi bons, si on donnait le temps au raisin de mûrir.

FANO, ville des états du pape, dans la Marche d'Ancône, située sur la mer, près du Métaure, rivière célèbre par la défaite d'*Asdrubal*, par les consuls Livius Salinator, et Claude Néron. Les Romains la nommaient *Fanum-Fortunæ*, nom d'une déesse dont on voit la statue magnifique sur une fontaine. Cette ville conserve les ruines d'un superbe arc de triomphe élevé en l'honneur d'Auguste; on y voit aussi d'autres monumens antiques, tels que divers marbres et inscriptions. La cathédrale, Saint-Paterniano, et Saint-Pierre des Philippins, sont les églises les plus remarquables; elles renferment de bons tableaux. Le théâtre, consacré à l'Opéra, est un des plus beaux d'Italie, par sa grandeur, par la quantité et la belle distribution des loges, autant que par la perspective et les décorations. La bibliothéque mérite aussi l'attention du voyageur instruit. Sur le bord de la mer, près de Fano, on trouve des poissons de l'espèce appelée *Cavaletto*, ou cheval marin, qu'on voit dans le cabinet d'histoire naturelle. En effet, ce petit animal a la tête, le col et la crinière semblables à ceux du cheval. Près de Fano, sont des maisons de campagne avec des jardins superbes et des jets d'eau étonnans, qui arrosent les visiteurs sans qu'ils s'en aperçoivent. Le petit port de la ville est formé par un bras du Métaure, détourné avec art. Le sol est fertile en tout. Son territoire fournit les meilleures asperges, et des fenouilles d'une grosseur énorme. Les fruits y sont exquis, et on y fait beaucoup de commerce en blé, maïs, soie, etc. Elle est située sur le golfe de Venise, à 3 l. S. E. de Pesaro, 10 l. S. d'Ancône, 8 l. E. d'Urbin. Long. 10. 45. 23. lat. 43. 52.

Faro-di-Messina, détroit de la Méditerranée, entre la Sicile et la Calabre ultérieure, ainsi nommé du Phare, qui indiquait Messine, et préservait les voyageurs des écueils de *Charybde* et de *Scylla*. Il est remarquable par le flux et le reflux rapide qui s'y fait de six à six heures. En 1675, à l'embouchure de ce détroit, les Français gagnèrent une bataille navale sur les Espagnols.

Farnèse, château des états du pape, dans le duché de Castro, sur l'Olpita, à 2 l. N. E. de Castro. Il a donné son nom à la maison Farnèse.

Favognana, pet. île sur la côte occidentale de la Sicile, avec un fort appelé *le fort de Sainte-Catherine*. Elle a environ 6 l. de tour. Long. 10. 13. lat. 38.

Felizzano, bourg fertile du Piémont, à 2 l. O. d'Alexandrie.

Feltri, ancienne ville d'Italie, capitale du pays de ce nom, dans la Marche Trévisanne, sur l'Asona. Son territoire est très-fertile. On y voit quelques anciens édifices, et quelques bons tableaux dans les églises. Elle est à 16 l. N. de Padoue, 7. S. O. de Bellune. Long. 9. 35. lat. 46. 29.

Feltro, petit pays des états du pape, dans le duché d'Urbin. Léon en est la capitale.

Femmes (Iles des), *Isola delle donne*, petite île de la Méditerranée, sur la côte septentrionale de la Sicile, à 2 l. N. N. O. de Palerme.

Ferentino, petite ville dans la Campagne de Rome, à 3 l. S. E. d'Anagni, célèbre par l'assemblée générale des Latins contre les Romains, qui s'y tint l'an 146 de Rome.

Fermo, ancienne et forte ville des états du pape, dans la Marche d'Ancône. Elle renferme quelques inscriptions antiques. Il y a de belles églises et des palais qui méritent d'être vus. Son sol est très-fertile, et son port, qui est à une lieue de la ville, sur le golfe de Venise, est un des magasins pour les embarcations des blés, maïs, du marché d'Ancône. Ses figues sont délicieuses. Elle est à 7 l. S. E. de Macerata. C'est la patrie de *Lactance*, qui a composé plusieurs ouvrages sur la religion. 9 l. S. E. d'Ascoli, 13 l. S. E. d'Ancône. Long. 11. 21. lat. 40. 80.

Ferrare, belle, grande et fameuse ville des états du pape, située sur un ancien bras du Pô, et presque dans le centre du Ferrarais, dans une plaine très-basse. Cette ville (surtout dans la partie neuve) a l'air noble et majestueux. Ses fortifications étaient assez considérables sous les ducs. Les rues sont larges et droites. Depuis la fin du 16e siècle elle est singulièrement déchue. La grande étendue des marais et les terrains incultes qui l'avoisinent, rendent l'air de cette ville malsain. On voit à Ferrare de beaux édifices; et, dans les églises, des tableaux estimés, principalement du *Guerchin* et des *Carraches*. Dans la cathédrale, bâtie en forme de croix grecque et bien ornée, on voit le tombeau de *Lelio Greg. Girardi*, ainsi que dans les églises de *Saint-Joseph*, des *Théatins*, et surtout dans celle de Saint-Benoît, où était autrefois le tombeau de l'*Arioste*, transporté depuis dans le lycée public; cette église a un clocher qui penche en dehors comme la tour Des Asinelli de Bologne. Les amis des lettres verront avec plaisir, dans l'église Saint-Dominique, les tombeaux des deux *Strozzi*, poëtes célèbres, de *Nicolas Leoniceno*, de *Celio Calcagnini*, ainsi que ceux de plusieurs autres savans qui contribuèrent au rétablissement des sciences. Le château des anciens ducs, actuellement palais du légat, est environné d'un fossé rempli d'eau qu'on devrait combler presque en entier, parce que l'été il exhale une odeur très-fétide. Les palais d'*Este*, de *Pallavicini*, *Gavazzini* et de *Villa*, sont remarquables; le dernier est en pierres taillées en diamant. La chartreuse de Ferrare est d'une étendue égale à la ville de la Mirandole. On doit voir aussi le lycée et la bibliothèque, où il y a une riche collection d'inscriptions, de médailles et autres objets d'antiquités; on y voit le tombeau de l'Arioste que le général *Miollis* y fit transporter; son fauteuil, son encrier et ses manuscrits autographes. On y montre les manuscrits de la Jérusalem du *Tasse*, du *Pastor Fido* de *Guarini*, etc. On montre à Ferrare l'habitation de l'Arioste et une maison qui appartenait autrefois à Guarini, et dans laquelle fut représenté pour la première fois le *Pastor Fido*. A l'entrée de la belle rue *della Giovecca*, se trouve l'hôpital de Sainte-Anne, où *Torquato Tasso* fut renfermé par ordre du duc Alphonse sous prétexte de folie. Les rues de la *Giovecca* et de *San-Benedetto* méritent d'être vues; on ne doit pas manquer de visiter le palais *Bivilacqua* et son délicieux jardin. La promenade de Ferrare au *Ponte Lago Scuro*, qui est son port sur le Pô, et le dépôt de ses denrées, est superbe; ce port est à une lieue de la ville. Le théâtre, bâti en pierres de taille, est un des plus beaux et des plus grands d'Italie; il est situé à l'entrée de la *Giovecca*, et presque vis-à-vis du château; *il Casino de' Signori* y est annexé. Les Ferrarais sont aimables, civils et instruits; les femmes sont belles, gracieuses, aimant beaucoup la société, où l'étranger est très-bien vu. La population de Ferrare n'est que de 19,000 habitans, et elle pourrait en contenir 200,000. Le pays est fertile en blé, maïs, soie, vins, et en chanvre d'une qualité inférieure à celui du Bolonais, mais très-bon pour les cordages; la viande y est excellente. Ses marchés abondent en poissons, et en esturgeons qui viennent de Commacchio, ainsi qu'en volaille et en gibier; en un mot, il ne lui manque qu'une population plus nombreuse, et d'être moins sujette aux débordemens du Pô. Elle a donné naissance au cardinal *Guy Bentivoglio*, à *Jean Baptiste Guarini*, à *Riccioli*, et à plusieurs autres hommes illustres; c'est la patrie adoptive d'Arioste. Ferrare est à une lieue et demie du Pô, à 10 l. N. E. de Bologne, 15 l. N. O de Ravennes, 28 l. N. quart E. de Florence. Long. 9. 21. lat. 44. 54.

Ferrarais, province des états du pape, bornée N. par la Polésine de Rovigo, O. par le Mantouan, S. par le Bolonais et la Romagne, E. par le golfe de Venise. Clément VIII réunit le Ferrarais aux états de l'Église. C'est un des plus beaux et des meilleurs pays de l'Italie, à l'exception de la partie située entre Ferrare et Ravennes, qui n'est guère habitée à cause des exhalaisons méphitiques produites par les inondations du Pô. L'on compte 100,000 habitans dans cette province. Ferrare en est la capitale.

Ferula, petite ville de la Sicile, dans le Val de Noto, sur la rivière d'Anapo.

Fiano, pet. ville des états du pape, sur le Tibre, à 6 l. N. E. de Rome. Elle a donné naissance à l'historien *Francesco*.

Fianone, pet. ville de l'Istrie, avec un port sur le golfe de Carnero, à 7 l. N. de Pola.

Fiesoli. *Voyez* Florence.

Figarolo, pet. ville du Ferrarais, très-fertile, sur le Pô. Il y a un canal qui communique du Pô au Panaro, à 7 l. N. O. de Ferrare.

Figo, pet. île de la Méditerranée, dans le détroit de Bonifaccio, sur la côte de la Sardaigne.

Filline, beau village bien peuplé et entouré de murs, près de Florence. Les habitans sont industrieux et commerçans.

Final, ville du Piémont, dans le duché de Gênes, capitale du marquisat de ce nom. La ville est bien bâtie, son port est peu profond, peu sûr et mal abrité. Elle a deux forts, une bonne citadelle et un château, L'empereur Charles VI la vendit aux Génois en 1713. Les campagnes des environs abondent en oliviers et arbres fruitiers; on y recueille surtout d'excellentes pommes appelées *pomi Carli.* Il y a quelques palais qui sont assez beaux. Elle est située sur la Méditerranée, à 12 l. S. E. de Coni, 13 l. S. O. de Gênes. Long. 4. 6. 2. lat. 44. 11.

Final de Modène, pet. ville du duché de Modène. Elle est dans une île bornée par le Panaro; on y recueille beaucoup de bonnes pommes et des noix que l'on envoie à Venise. Elle fait beaucoup de commerce en vin qui est fort bon, en blé et en maïs. Il y a quelques belles maisons, un pont, et des églises. Elle est à 9 l. N. E. de Modène, 5 l. E. de la Mirandole.

Fiore, petite rivière de la Toscane.

Fiorenzo (San), petite ville de l'île de Corse.

Fiorenzuola, pet. ville très-gaie du duché de Modène; sa situation est délicieuse, dans une fort belle plaine. Il y a quelques beaux monumens et quelques bons tableaux. C'est la patrie du cardinal *Alberoni;* on y voit une ancienne abbaye dont le monastère est très vaste. C'est près de cette ville que Sylla défit l'armée de Carbon; elle est près la voie Flaminienne. *Voyez* Pietra-Mala.

Fiume, ville forte de l'Istrie, avec un château. Elle est sur une montagne près le golfe de Venise, où elle a un port qui faisait un commerce très-considérable autrefois; mais le voisinage de Trieste lui a fait beaucoup de tort. Elle a environ 3000 habitans. La cathédrale, d'une architecture moderne, mérite d'être vue, ainsi que l'hôpital, l'arsenal et le château. On y fait beaucoup de salaison, et un grand commerce de tabac. Elle est à 15 l. S. E. de Trieste. Long. 12. 72. lat. 46. 56.

Fiumigino, bourg des états du Pape, à 12 l. et demi S. O. de Rome, à l'embouchure du bras occidental du Tibre. Elle a une tour fortifiée.

Florence, très-belle, grande et ancienne ville capitale de la Toscane, au pied de l'Apennin, dans une plaine fertile et riante. Elle est traversée par l'*Arno*, qui la divise en deux parties inégales; sa forme est ovale et a environ 6 milles de circonférence; quatre grands ponts de pierre établissent la communication d'une partie de la ville à l'autre. La fondation de Florence date de l'an 60 avant J.-C., époque où les triumvirs de Rome envoyèrent dans cette ville, alors village, une colonie formée des meilleurs soldats de César. Après avoir éprouvé le sort de toutes les villes d'Italie, par suite de l'invasion des Barbares dans l'empire Romain, elle devint une cité très-florissante sous le régne des *Médicis*, qui la gouvernèrent comme *Gonfalonieri* ou comme grands ducs, depuis 1378 jusqu'en 1737, qu'elle fut cédée à la maison d'Autriche, qui l'a toujours possédée, excepté depuis 1798, qu'elle fut tantôt république et tantôt réunie à la France, jusqu'en 1814, où elle fut rendue par le congrès de Vienne à l'archiduc Ferdinand d'Autriche. Sa population est de 80,000 âmes environ; son climat est sain et tempéré. Le nombre et la beauté de ses jardins et de ses places, ornées de fontaines, de colonnes et de statues, les rues presque toutes pavées de grandes pierres, la régularité de ses édifices, et la riche quantité des plus belles peintures qu'elle possède, la font regarder comme une des plus belles villes d'Italie. On y trouve réuni tout ce qui peut contribuer à la magnificence, à la gaieté, et exciter l'attention des étrangers.

Le bon goût dans l'architecture qu'on y admire, doit principalement son origine au divin *Michel-Ange* et à son école. Les fortifications de Florence consistent en une grande muraille bien conservée, autrefois défendue par quelques tours carrées, et deux châteaux, l'un à l'ouest et l'autre vers le levant, sur une éminence qui domine le jardin de Boboli. Si les églises étaient toutes finies, elles seraient sans contredit les plus belles d'Italie. La métropolitaine, nommée *Sainte-Marie del Fiore*, bâtie sur les dessins d'*Arnolphe di Lapo*, est un vaste édifice de 426 pieds de long, sur 303 de large. La superbe coupole, achevée par Philippe *Bruneïleschi*, est un octogone qui a 140 pieds de long d'un angle à l'autre, peint dans l'intérieur par Frédéric *Zuccari*; les prophètes qui ornent le tambour sont de Georges *Vassari*; la méridienne qu'on y remarque est la plus grande qui existe; le pavé de marbres de différentes couleurs est d'un beau dessin; on y admire encore des statues, des groupes et des bas-reliefs de *Michel-Ange*, de *Donatello*, de *Sansovino* et de *Bandinelli*; et on y vénère beaucoup de saintes reliques, entre autres les cendres de *Saint-Zanobi*. La partie intérieure du temple est toute incrustée de marbre d'un travail admirable; le clocher élevé auprès de l'église, sur le dessin de *Giotto*, est une tour carrée d'une superbe structure, haute de 280 pieds, toute revêtue de marbre de différentes couleurs, et ornée de statues. Vis-à-vis de la cathédrale est l'église de Saint-Jean-Baptiste, qui sert de baptistère pour la ville; elle est de figure octogone, revêtue de marbre au dehors; il y a trois portes de bronze, dont les bas-reliefs sont très-estimés. La plus ancienne est d'André *Ugolini* de Pise, et les autres de Laurent *Ghiberti*, ainsi que tous les contours qui sont également en bronze. Cet ancien temple est orné de plusieurs statues de très-bons sculpteurs; on y voit deux colonnes de porphyre à la porte principale, et seize de granit dans l'intérieur. La voûte est couverte de mosaïque d'*André Tafi*; divers tombeaux d'hommes illustres y attirent aussi l'attention des amateurs des arts et des sciences. L'église de Saint-Marc des dominicains, et leur couvent, sont célèbres par les tableaux de F. Bartholomeo *della Porta*, et d'autres peintres fameux; par la chapelle où repose le corps de saint *Antonin*, où l'on admire entre autres morceaux, la statue de ce saint, de *Jean de Bologne*; par les tombeaux de Pic de la *Mirandole*, et de *Poliziano*; par la bibliothéque; par la mémoire de F. J. *Savonarolo*; et par un fameux laboratoire où l'on vend d'excellens parfums. L'église et le couvent de l'Annonciate des Servites, ne sont pas moins remarquables. Outre la chapelle de la Vierge, dont l'architecture est de *Michelozzi*, et les bas-reliefs de *Jean de Bologne*, on y voit d'excellentes peintures à l'huile et à fresque, de peintres célèbres; et la fameuse *Notre-Dame del-Sacco* d'André del *Santo*, dans le cloître. Le couvent possède en outre une bibliothéque considérable, une collection de médailles et une bonne pharmacie. Dans le vaste temple de Sainte-Croix des Franciscains, on admire diverses œuvres de *Donatello Salviati*, de *Santi-di-Tito*, de *Vassari*, d'*Allori*, de *Cigoli*, etc.; et les tombeaux de plusieurs hommes illustres, spécialement de *Michel-Ange Buonarotti*, de *Galilée*, de *Machiavel*, de *Léonard Bruni Aretin*, et d'autres philosophes et gens de lettres. A Saint-Spirito le temple est d'ordre corinthien, d'une noble architecture de Brunelesco; l'œil de l'observateur est d'abord attiré par le grand autel élevé par *Michelozzi*. D'anciens tableaux ornent cette église; l'architecture du couvent, de la sacristie et du clocher est noble et majestueuse. L'église de Saint-Laurent mérite aussi d'être soigneusement visitée; le grand autel est revêtu de marbre et de pierres précieuses, et les deux jubés ornés de bas-reliefs en bronze, de *Donatello*. Les deux sacristies sont admirables; la plus ancienne, ainsi que l'église, sont du dessin de *Brunelesco*; et la nouvelle, bâtie sur le dessin de Michel-Ange, renferme tout ce que ce génie sublime a produit de plus merveilleux. Derrière le chœur est la chapelle royale des princes, toute incrustée de jaspe, d'agathes, de calcédoines, de lapis-lazuli, et d'autres pierres précieuses, et ornée de magnifiques tombeaux surmontés de statues colossales en bronze. Dans la partie supérieure du cloître attenant à cette église, existe la bibliothéque des Médicis, avec une riche collection de manuscrits rares; son architecture merveilleuse est l'ouvrage de *Michel-Ange Buonarotti*. On remarque également le bas-relief du piédestal posé à l'extrémité de la place sur laquelle cette église est située. Les églises des dominicains de *Sainte-Marie Nuova*, des Carmes, de *Tous les Saints*, de *Saint-Gaetan*, et autres, méritent d'être vues; elles renferment de bons tableaux, de belles statues, des morceaux de sculpture et d'architecture dignes d'attirer l'attention des voyageurs. Parmi les beaux palais de Florence, celui de Pitti, élevé sur les dessins de Brunaleschi, offre un coup-d'œil imposant; de très-belles statues en ornent les appartemens. Dans la cour, dessinée par l'*Ammannato*, on voit un Hercule superbe, statue grecque que l'on attribue à Lisippe. On admire dans ce palais les fresques des voûtes, et les lambris peints par d'excellens maîtres. Du côté de Boboli, ce palais présente une autre façade d'une belle architecture; le jardin attenant au palais est le plus beau de Florence; il est agréablement distribué en bosquets et en allées, de la manière la plus simple, et orné de plusieurs fontaines et jets d'eau dont les statues sont bien travaillées. On remarque principalement celle d'un jeune homme qui renverse l'eau d'un vase qu'il tient sur ses épaules; le Neptune sur une conque marine en forme de bassin de granit d'Egypte, de 36 pieds de circonférence; et le groupe plein d'expression d'Adam et Ève, de Michel-Ange *Naccarini*. Le palais vieux, avec une tour très-haute, prodige de l'art, dessinée par *Arnolphe*, est situé sur une place ornée des plus belles statues; on y admire la statue équestre de Cosme Ier, de Jean de Bologne; le Neptune de marbre au milieu du bassin de la fontaine n'est pas d'un grand mérite, mais les chevaux marins et les tritons sont de l'*Ammanato*, et les nymphes et les tritons sur le bord du bassin sont de Jean de Bologne; David vainqueur de Goliath, de *Michel-Ange*; et l'Hercule et l'Oaxus de Bandinelli, ornent l'entrée du palais; dans l'intérieur on remarque d'autres statues de *Rossi*, de *Bandinelli*, et la Victoire de Michel-Ange; la grande salle du Conseil, dont les fresques et les lambris sont peints par Vassari, et diverses autres peintures dans les autres salles. La loge de Lanzi est un monument majestueux, bâtie sur le dessin d'André *Organa*; cette loge renferme des

des groupes, statues et bas-reliefs d'excellens sculpteurs; entre autres la Pensée, de *Benvenuto Cellini;* l'enlèvement d'une Sabine, de *Jean de Bologne;* et le groupe de *Donatello*, appelé vulgairement la Judith. L'architecture des loges des offices, de *Georges Vassari*, est aussi estimée. On trouve également dans plusieurs endroits de la ville, de très-beaux morceaux d'architecture et de sculpture, entre autres, on remarque la place de l'*Annunziata*, entourée de portiques et ornée de deux fontaines et d'une statue équestre de Ferdinand Ier, coulée par *Tacca;* la colonne de la place de la *Sainte-Trinité*, qui supporte la statue de la Justice; et le Centaure de Jean de Bologne, au pied du Pont-Vieux. Les palais *Riccardi, Strozzi, Capponi, Corsini, Salviati, Brunaccini, Rucellai, Buonarotti, Altoviti, Mozzi*, et plusieurs autres, dont l'intérieur est très-richement décoré, contiennent de rares monumens des arts et des sciences. Les étrangers observent avec plaisir la galerie de tableaux de Gerini, et la galerie, le musée et la bibliothèque de *Riccardi.* Mais la plus riche collection de statues antiques, de bas-reliefs, de tableaux, de pierres précieuses, de médailles et d'autres monumens rares et précieux, est dans la galerie connue dans toute l'Europe sous le nom de *Galerie de Florence.* Les chefs-d'œuvre de sculptures de l'antiquité, sont : l'Apollon, la Vénus pudique, le Faune dansant, le Lutteur, le Rémouleur etc., et plusieurs superbes statues qu'on avait transportées à Paris, y sont retournées. Les tableaux y sont rangés par ordre, suivant les différentes écoles : on admire entre autres la fameuse *Vénus* du *Titien*; Saint-Jean dans le désert, de *Raphaël*; une Sainte-Vierge à genoux, du *Corrège*; la Descente de croix, d'*André del Sarto*; plusieurs tableaux de Rubens, etc. Près de la galerie est le musée des médailles grecques et latines, et des médailles en bronze, qui forme un des plus beaux cabinets de l'Italie; et une riche collection de pierres et de camées. Les naturalistes estiment beaucoup le cabinet de physique et le musée d'histoire naturelle; on y trouve réuni tout ce qui appartient aux trois règnes de la nature. Les ouvrages anatomiques en cire sont superbes. On y trouve d'excellentes machines et de très-bons instrumens de physique et d'astronomie. Il y a encore deux autres bibliothéques, outre celle des *Médicis* à Saint-Laurent : la *Marucelliana* et la *Maglia-Becchiana*. Cette dernière renferme une grande quantité de manuscrits, et même des livres très-rares du quinzième siècle. C'est dans la salle de cette bibliothéque que se tiennent les séances de l'académie florentine, fondée par le duc Léopold. Parmi les établissemens de charité, on remarque l'hospice de *Santa-Maria-Nuova*, pour les malades, édifice très-vaste et bien ordonné, et dont la belle façade fut dessinée par *Buontalenti*; celui dit des *Innocens*, pour les enfans exposés; enfin celui de *Bonifazio*, pour les fous et pour les invalides. La typographie et la calcographie sont bien fournies. Il y a à Florence plusieurs fabriques de drap de soie. La teinture noire est fort estimée. Les Florentins ont naturellement de l'esprit, de la grâce et de la politesse dans la société; les grands sont affables, sans hauteur; le peuple est respectueux et gai, mais fort intéressé: les femmes, sans être belles comme les Romaines, sont gracieuses et aimables comme les Parisiennes. La campagne autour de la ville est cultivée avec une régularité et une perfection qui frappe tous les étrangers; on peut la regarder comme une continuation de la ville, ayant de tous côtés des palais et des maisons de campagne très-agréables. Il y a près de la ville plusieurs maisons royales qui méritent d'être vues : telles que Careggi, à 3 milles hors de la porte Saint-Gallo, fameuse par l'académie platonique sous Laurent le Magnifique; Castello, à 3 milles hors de la porte del *Prato*, au pied du mont Murello, maison délicieuse, ornée de statues et de peintures; la Petraja, peu éloignée de cette dernière, où l'on admire des peintures de *Volterrano*; Lampeggi, à 5 milles de la ville;

et surtout *Poggio Imperiale*, à peu de distance de la porte Romaine, où l'on admire parmi les statues, l'*Adonis*, chef-d'œuvre de *Michel-Ange*. A 2 milles environ de Florence, on voit les ruines de l'ancienne ville de Fiesole : le chemin montueux qui y conduit fournit l'occasion de voir de superbes maisons de campagne, et les églises de *Saint-Dominique*, *Saint-Barthélemy*, *Saint-Jérôme*, et de la *Doccia*. Fiesole ne conserve maintenant d'antique, que la cathédrale, d'architecture gothique, l'église de Saint-Alexandre, quelques restes de grosses murailles, et les ruines d'un ancien château. On compte à Florence 152 églises, 89 couvens, 17 places publiques, et un grand nombre de palais. Elle a donné naissance au *Dante*, à *Machiavel*, *Alberti*, *Galilée*, *Lulli*, *Servandoni*, *Guichardini*, *Améric Vespuce*, etc. etc. Elle abonde en toutes sortes de denrées et de fruits exquis ; les vivres y sont fort bons et à très-bon marché. Elle est à 19 l. de Bologne, 24 S. q. E. de Modène, 34 S. E. de Parme ; 36 N. q. E. de Mantoue, 53 N. O. de Rome, 218 S. E. de Paris. Long. 8. 55. lat. 43. 46. 41.

Fo (Monte-di-). *Voyez* Monte-di-Fuoco.

Foggia, ville du royaume de Naples, dans la Capitanate, à 5 l. S. O. de Manfredonia, près de la rivière *del Cerbaro*. Charles d'Anjou, roi des Deux-Siciles, y mourut en 1285.

Foglia, rivière des états du pape, qui a sa source sur les confins de la Toscane, et se jette dans le golfe de Venise, près de Pesaro.

Foligno, ville de l'état du pape, dans l'Ombrie. Ses rues sont bien alignées; il y a plusieurs maisons bien bâties et d'une belle architecture. On remarque entre autres le palais *Barnabo*, et le palais public, qui renferme une précieuse collection de pierres antiques. Outre la cathédrale, qui est d'une superbe architecture, et dont le dôme est du Bramante, il faut voir l'église des *Franciscains*, celle des *Augustins*, et le couvent *delle Contesse*, où l'on admirait un superbe tableau de Raphaël, remarquable par le nombre des personnages. Foligno est une ville fort marchande, et il s'y tient une foire considérable. Il y a des papeteries et des fabriques de cire; ses confitures sont très-estimées en Italie. A très-peu de distance de la ville, et précisément dans le village de *Palo*, hors de la route d'Ancône, est une caverne très-curieuse et pleine de stalactites, qui mérite réellement d'être vue; mais on conserve la clef à Foligno. Les soies y abondent et sont d'une parfaite qualité. Cette ville a produit beaucoup de savans. Le sol est très-fertile. Foligno est situé à 5 l. N. de Spolette, 27. N. de Rome. Long. 11. 22. 31. lat. 42. 57. 49.

Fondi, ville du royaume de Naples, dans la

terre de Labour, peu considérable et dépeuplée. Sa situation est très-agréable; mais les eaux stagnantes en rendent l'air malsain. La voie Appienne qui la traverse, et dont le pavé s'y est conservé dans son état primitif, en forme la principale rue; elle est pavée de pierres carrées, et coupée par deux rues qui se croisent à angle droit. Les murs méritent d'être observés. La partie inférieure est, dit-on, antérieure au temps même des Romains. On montre aux étrangers la chambre de saint Thomas, et dans l'église de l'*Annonciade* un bon tableau, représentant le pillage de cette ville par les troupes du fameux Barberousse, qui exerça sa fureur contre le peuple de cette ville, pour avoir manqué Julie Gonzague, épouse de Vespasien Colonne, femme d'une rare beauté, dont ce barbare voulait faire présent au Grand-Seigneur, et qui fut assez heureuse pour se sauver en chemise à travers les montagnes. Le vin de Fondi est fort bon, et était très-estimé des anciens. Les campagnes des environs sont très-fertiles, et couvertes de plantes de toute espèce. Entre Fondi et la mer, est un lac d'environ 4 milles d'étendue, où l'on pêche de fort belles anguilles. Près de Fondi, on voit la grotte où, suivant Tacite, Séjan sauva la vie à Tibère. Fondi est situé près du lac du même nom, à 17 l. N. O. de Capoue, 20 l. N. E. de Naples. Long. 12. 20. lat. 41. 18.

Forli, ville considérable de l'état du pape, dans la Romagne, anciennement *Forum Livii*. Elle a été bâtie par *Livius Salinator*, après la célèbre défaite d'*Asdrubal* sur le Métaure. Il y a une place fort grande et qui est une des plus belles d'Italie. On y voit de beaux édifices, entre autres le palais des magistrats, le mont-de-piété, et les deux palais *Albizzi* et *Piazza*. La salle du conseil est peinte par Raphaël. On remarque dans la cathédrale la coupole de la Vierge du feu, peinte par Charles *Cignagni*. L'église de Saint-Philippe-Neri renferme aussi de bons tableaux de *Cignagni*, de Charles *Maratte* et du *Guerchin*. Aux Capucins on voit un Saint-Jean-Baptiste de ce dernier, ainsi qu'un autre tableau de la *Madonna del popolo* ; on admire aussi aux Observantins une conception de *Guido Reni*. Les habitans de Forli sont d'un caractère gai, et d'une société agréable ; ils sont assez industrieux : les femmes y sont séduisantes. Les campagnes des environs sont fertiles en blé, maïs, chanvre, etc. Elles offrent de charmantes promenades. Dans la maison *Manzoni*, on observe une belle statue moderne de *Canova*, qui représente une danseuse. Cette ville est la patrie de *Cornelius Gallus*, et de *Flavius Biondo*, historien, et de *Morgagni*, médecin célèbre et professeur d'anatomie à Padoue. Elle est à 4 l. S. E. de Faïence, 8. S. O. de Ravenne, 18 l.

N. O. de Florence. Long. 10. 43. lat. 44. 13. 25.

Forlinpopoli, Forum Pompilii, petite ville de la Romagne, entre Forli et Cesène. Elle est un des quatre *Forum* situés sur la voie Émilienne, dont parle *Pline*. On voit quelques ruines de l'ancien *Forlinpopoli*; il y a un château construit dans le temps de *César Borgia*. Son terrain produit beaucoup de lin.

Formello, petite ville de l'état du pape, dans le patrimoine de Saint-Pierre, à 5 l. N. O. de Rome, avec une belle maison du prince *Chigi*.

Formiggini, village près de Modène.

Formios, ruines du palais de *Cicéron*, auprès duquel il fut assassiné. *Voyez* Mola.

Fornello, pet. rivière du royaume de Naples.

Fornue, bourg du duché, à 3 l. S. O. de Parme, remarquable par la bataille que Charles VIII, roi de France, y gagna en 1495 sur les princes d'Italie, ligués contre lui.

Foro-di-Pouzzol, village du royaume de Naples, près de Pouzzol, dans une vallée formée par le Pausilippe et les montagnes voisines. La fertilité du sol rendrait cet endroit délicieux, sans le voisinage du lac Agnano, et sans les chanvres qu'on y fait rouir, ce qui rend l'air très-infect. Les habitans sont d'une couleur basanée, par les vapeurs sulfureuses (à ce qu'on croit) qui s'exhalent continuellement de la terre, et qui produisent en plusieurs endroits une fumée abondante, brûlante et souvent étincelante.

FORTORÉ, rivière du royaume de Naples.

FORZA-DI-AGRO, petite ville de la Sicile, dans la vallée de Demona, près d'un ruisseau, à 8 l. S. de Messine.

FOSSANO, ville forte du Piémont, sur la Stura. La cathédrale, qui est dédiée à saint Juvénal, renferme quelques tableaux. La citadelle n'est pas forte. Il y a des bains très-salutaires. Cette ville est à 4 l. N. E. de Coni.

FOSSANO-NUOVA, abbaye près de Piperno, dans la campagne de Rome, où est le tombeau de saint Thomas-d'Aquin. On y conserve la grille où l'on voit, dit-on, l'empreinte du pied de l'âne de ce saint.

FOSSA-PULTANA, petite rivière de l'état de Venise, dans le Padouan.

FOSSOMBRONE, *Forum Sempronii*, ville de l'état du pape, dans le duché d'Urbin, sur le Furlo. Cette ville est fameuse par la bataille donnée vers la fin de la seconde guerre punique, entre Asdrubal, qui voulait joindre Annibal son frère, et les consuls *Néron* et *Livius*. Les Carthaginois y perdirent *Asdrubal* et 50,000 hommes. Cette ville n'a de remarquable que le beau pont moderne, très-grand et d'une seule arche, sur le Métaure, et quelques ruines antiques, entre autres celle d'un théâtre. Dans la maison *Passionei*, on voit un beau pavé mosaïque; et dans la cathédrale de bonnes peintures et diverses inscriptions antiques. Les soies de Fossombrone sont les plus recherchées et les plus belles de toute l'Italie. Elle est à 7 l. S. O. de Pesaro, 5 l. S. E. d'Urbin. Long. 11. 40. lat. 43. 41. *Voyez* Furlo.

Francavilla, belle et régulière ville du royaume de Naples, dans la terre et à 11 l. N. O. d'Otrante, d'une population de 12,000 habitans. On y voit plusieurs anciennes ruines. Dans les églises il y a quelques bons tableaux et quelques anciennes inscriptions. La situation de la ville est agréable, et ses alentours sont délicieux.

Francolino, village près de Ferrare.

Frascati, jolie petite ville près de Rome, bâtie sur le même terrain de l'ancien *Tusculum*, à 13 milles de Rome. C'est là que Tarquin se retira après son expulsion du trône. C'est la patrie de *Cincinnatus*. Les étrangers qui vont à Rome ne négligent jamais de visiter la ville à laquelle *Horace* donnait l'épithète suivante à cause de sa situation :

Superni villa candens Tusculi.

Dans la partie haute de Frascati on trouve des ruines considérables d'anciens édifices. Cette petite ville est ornée en grande partie de magnifiques et délicieuses maisons de campagne, appartenant à des nobles Romains, qui y viennent passer la saison des grandes chaleurs. Les *Borghèse*, *Aldo Brandini*, *Conti*, *Bracciano*, *Falconieri*, etc., en sont les principaux propriétaires. Le jardin d'Aldobrandini, à Frascati, est un des plus beaux de l'Europe. On y voit des superbes statues, des fontaines magnifiques, la cascade dite d'*Alcide*, qui ressemble à un fleuve; la statue du Centaure, qui, par la force du vent provenant de la chute d'eau, donne du cor d'une manière si bruyante, qu'il étourdit ceux qui sont présens : un orgue, ainsi que d'autres instrumens jouent, par le même moyen; des jets d'eau, partent, s'élancent et mouillent ceux qui ne s'y attendent pas; la fameuse girandole qui s'élève à 100 pieds de haut avec un grand bruit. Dans le palais de plaisance il y a de superbes peintures de *Domenichino*, etc. Les autres jardins sont aussi superbes. La situation de Frascati est très-agréable. Elle a la ville de Rome en perspective, et jouit de la vue de la mer. Au-dessous de Frascati est l'endroit appelé *Grotta Ferrata*, où l'on suppose qu'était située la maison tusculaire de Cicéron. Les jésuites, qui avaient à Frascati un très-beau monastère, firent couvrir d'un toit le pavé en mosaïque de la maison de ce grand homme, qui, par ce moyen, s'est entièrement conservé : elle était située sur une hauteur où se trouve une plaine d'une certaine étendue, arrosée par un ruisseau. De cet endroit on découvre la campagne de Rome. Dans l'abbaye on admire une chapelle, peinte à fresque par *Domenichino*. On montre l'endroit où était situé l'ermitage du cardinal *Passionei*, dans une heureuse situation. Cet endroit qui avait excité l'admiration des curieux, et jadis le séjour de la paix et des muses, fut démoli par le barbare et aveugle fanatisme, après la mort du cardinal.

Frascolaci, rivière de la Sicile, dans la vallée de Noto.

Freddo, rivière de la Sicile, dans la vallée de Demona.

Fricento, pet. ville du royaume de Naples, dans la principauté ultérieure; il y a quelques vestiges d'anciens monumens. Elle est bien située, près de Tripalto, et à 8 l. S. E. de Bénévent.

Frignana, pet. ville très-fertile et bien située du duché de Modène.

Frioul, *Foro Juliensis tractus*, province considérable des états de Venise, bornée, N. par la Corinthie, S. par le golfe de Venise, E. par le comté de Goritz, et le golfe de Trieste, O. par la Marche Trévisane, le Feltrin et le Bellunais. Cette province est fertile en bons vins et fruits, fournit de bon bois de construction. Goritz en est la capitale. Il y a dans le Frioul une petite ville de ce nom.

Frosinone, petite ville de la campagne de Rome, sur la Cosa. Elle n'a que sa situation qui est agréable. C'est la patrie de *Hormisdas* et de *Sylverius*, papes.

Fuentes, fort dans le Milanais, dans le lac de Côme, à l'entrée de l'Adda.

Fuoco (monte). *Voyez* Pietra-mala.

Furlo, nom de la route qui va de Fano à Rome par *Fossombrone*. Après avoir passé un bras du Métaure, on trouve la montagne dite d'*Asdrubal*. C'est en effet dans cet endroit que ce général Carthaginois fut défait par les Romains. On y voit avec étonnement la voie Flamienne, creusée au ciseau dans l'étendue d'un demi mille, dans le cœur même d'une montagne fort élevée. Cette ouverture prodigieuse est ce qu'on appelle proprement *il Furlo;* c'est aussi la *Petra pertusa de Victor :* d'après l'inscription, elle paraît au moins avoir été réparée dans les premiers siècles de l'empire romain.

Fusine, joli village sur la terre ferme, en sortant de Venise sur la lagune, dans une charmante situation, et parsemé de maisons de campagne des seigneurs vénitiens.

G.

Gabbiano, bourg très-fertile du Piémont, près de Casal.

Gabella, petite ville de la Dalmatie, sur la rive orientale de la rivière de Narenza.

Gaete, ancienne, forte et jolie ville du royaume de Naples, dans la terre du Labour, avec une bonne citadelle, un fort et un bon port. Il y a de belles églises et des palais d'une belle architecture. On remarque dans la cathédrale deux beaux tableaux, l'un de Paul *Véronèse*, et l'autre d'André *del Sarto*; le baptistère, qui consiste en un vase, morceau singulier et curieux d'antiquité grecque : ce vase est porté par quatre lions de marbre d'une seule pièce, avec des bas-reliefs représentant *Ino* assise sur un rocher, cachant dans son sein un de ses enfans à la fureur d'Athamas son mari : des satyres et des bacchantes dansent autour d'elle; on y lit le nom de Salpion, sculpteur Athénien; la célèbre colonne à douze faces, sur lesquelles sont gravées les divers rhumbs de vent en grec et en latin. Il y a dans cette ville plusieurs anciens monumens, entre autres le tombeau de L. *Munatius Plancus*, appelé *Torre d'Orfando*. Une autre tour ronde, appelée *Latrina*, fut un temple de Mercure, lequel était représenté avec une tête de chien comme Anubis. Cette ville a soutenu plusieurs siéges. Elle est située au pied d'une montagne, proche le golfe de Gaëte, environnée de myrtes, d'orangers et des arbustes les plus odorans et les plus agréables, qui rendent sa position très-heureuse et délicieuse; à 12 l. N. O. de Capoue, 15 l. N. O. de Naples, 28 l. S. E. de Rome. Long. 11. 30. lat. 41. 12.

Gajola, petite île de la mer de Toscane, dans le golfe de Naples.

Galaro, petite rivière de la terre d'Otrante, au royaume de Naples.

Galère, rivière du royaume de Naples, qui a sa source près d'Oria, dans la terre d'Otrante, et se jette dans le golfe de Tarente.

Gallèse, petite ville, dans le patrimoine de Saint-Pierre, sur les ruines de *Foscennium*, ville Étrusque.

Galli, trois petites îles de la mer de Toscane, près de la principauté citérieure, province du royaume de Naples, dans le golfe de Salerne.

Gallipoli, petite et forte ville du royaume de Naples, dans la terre d'Otrante, avec un fort et un port. Elle est sur un roc tout environné de la mer, et ne tient à la terre que par un pont. Il y a plusieurs inscriptions et colonnes antiques dans la cathédrale. Sa population est de 7,000 âmes, et l'air y est très-sain. Ses environs produisent beaucoup d'oliviers et de citroniers. Sa situation est vraiment pittoresque. Cette ville est sur le golfe de Tarente, à 13 l. S. E. de cette ville, 11 l. O. d'Otrante. Long. 16. 8. lat. 40. 20.

Gatella, petite ville de la Sardaigne.

Garde (la), petite ville de l'état vénitien, dans le Véronnais, sur un grand lac auquel elle donna son nom. Elle est à 7 l. N. E. de Véronne. *Voyez* Lac de la Garde.

Garezzo, pet. ville du Piémont, près d'Asti.

Garignano, rivière du royaume de Naples, qui sépare la terre du Labour de la campagne de Rome. Elle prend sa source dans l'Abruzze ultérieure, et se jette dans la mer de Toscane. Ses bords sont semés d'orangers, grenadiers, citroniers, jasmins, lauriers, et de toutes sortes de productions agréables et utiles de la terre. Vers le lieu où fut Minturne, le Garignano forme un marais. C'est dans ses boues que se cacha *Marius* pour échapper aux satellites de *Sylla*. Il y fut découvert, et les soldats n'osèrent porter sur lui leurs mains parricides. On voit sur ses bords les vestiges de l'ancienne ville de Minturne.

Garignano, pet. ville du royaume de Naples, près de Gaëte, sur la rivière du même nom, anciennement *Liris*. Sur la porte, au passage de cette rivière, on lit une belle inscription de *Quintus Junius Severianus*, décurion à Minturne. A cet endroit on quitte la voie Appienne, qui cotoie la mer jusqu'à l'embouchure du Volturne, où commence la voie Domitienne.

Gavi, château dans le territoire de Gênes, sur la rivière de Lemo, à 6 l. de Gênes, sur un rocher qui défend le passage de la montagne. Le chemin est inégal, et le terrain des environs est fertile. Les montagnes voisines, quoique stériles et incultes, méritent de fixer l'attention des naturalistes. On y voit de belle marne durcie, et mêlée de talc. Dans cet endroit le voyageur peut s'apercevoir que le climat est plus doux et la végétation plus forte que dans les montagnes qu'il vient de traverser.

Geminiano (San), bourg de la Toscane, dans le Florentin, sur une montagne où il y a une mine de vitriol. Sa situation est agréable et ornée de palais magnifiques.

Gênes, ancienne, très-forte, grande et superbe ville du duché de ce nom, autrefois capitale de la république Ligurienne, et actuellement sous la dépendance du roi de Sardaigne. Elle est située sur le penchant d'une montagne qui fait partie des Apennins, et a 6 milles environ de circuit. Bâtie presque en demi cercle, sur un terrain inégal, ayant la forme d'un amphithéâtre, il faut la regarder du pont, à près d'un mille en mer, d'où elle offre un coup d'œil surprenant. Son port, au midi de la ville, est un des meilleurs de la Méditerranée. En un mot, cette ville, défendue par la nature et par l'art, est tellement fortifiée, et par mer et par terre, qu'elle peut soutenir toute espèce de siége, comme on le vit en 1800. Les Français, qui l'occupaient alors, commandés par le général Masséna, ne la rendirent aux Autrichiens que lorsqu'ils y furent contraints par la famine, en faisant toutefois une capitulation très-honorable. La situation de Gênes fait que les rues sont la plupart étroites et les bâtimens très-élevés, ce qui lui donne, dans plusieurs endroits, un air triste et sombre. La *strada Nuova*, la *strada Balbi*, et la *Nuovissima*, qui les réunit, sont cependant de très-belles rues, ornées de palais magnifiques. On admire entre autres les palais, *Doria*, *Balbi*, *Durazzo*, *Brignolli*, *Palavicini*, *Spinola*, etc., tant par la richesse des marbres que par la beauté de leurs ornemens et la noblesse de leur architecture. Ils renferment en outre des collections précieuses de tableaux des plus grands peintres, surtout de l'école italienne. Outre plusieurs beaux ouvrages de *Van Dyck* et de *Rubens*, on voit dans le palais de Durazzo la Vierge aux pieds du Christ, chef-d'œuvre de *Paul Véronese*, et un buste antique de Vitellius : les *Balbi*, les *Rovera*, les *Carrega*, et les *Brignoletti*, possèdent aussi des collections considérables d'excellens tableaux. Le palais public, le grand Albergo, et la maison de Saint-Georges, renferment plusieurs objets curieux. Un antiquaire verra avec plaisir dans le petit arsenal, un ancien *rostrum* ou bec de vaisseau trouvé près du port. Les églises annoncent aussi la magnificence. La cathédrale, d'ordre gothique, est revêtue de marbre blanc et noir. Les plus considérables après sont, l'*Annonciade*, *Saint-Cyr des Théatins*, *Saint-Philippe*, *Saint-Ambroise*; l'église de *Carignan*, *Saint-Dominique*, *Saint-François de Castelletto*, *Saint-Étienne*, où l'on remarque le fameux tableau, représentant la lapidation de ce saint, dont le bas est de *Raphaël*, et le haut de *Jules Romain*. Dans l'église de l'*Albergo dei Poveri*, on admire une Vierge soutenant Jésus-Christ mort, superbe relief de *Michel-Ange*, et une Assomption de *Puget*, en marbre blanc, chef-d'œuvre de sculpture. On voit aussi dans l'église de Carignan deux statues de ce célèbre artiste. Dans ces divers édifices, on n'a point épargné les marbres les plus beaux, dont le pays abonde. L'on y trouve partout de bons tableaux. La campagne autour de Gênes est couverte de villages, de palais et de maisons de plaisance qui annonçent le luxe et la magnificence. On remarque surtout le palais de Marcellin *Durazzo* à *Comigliano*; ceux des familles impériales, des Spinola, Doria, Grimaldi, et Pallavicini, à Saint-Pierre d'Arena; des *Brignoli*, *Saluo*, et *Guistiniani*, à Albano, et de *Maria Spinola*, à *Sestri-di-Ponente*. De Gênes à ce dernier endroit, sur une route d'environ 6 milles, on voit une suite non interrompue de maisons de plaisance. *Saint-*

Pierre d'Arena est un beau faubourg de Gênes. A environ 6 milles de ce côté, sur le haut des collines, on trouve un sable noir et aimanté; l'amiral *Nawk* y éprouva une variation de boussole occasionée par ce sable. Le langage ordinaire des Génois est un misérable patois. Ils sont commerçans et manufacturiers, industrieux, constans, intelligens, et très-attachés à leur pays. Leurs fabriques de velours sont estimées; ils fabriquent aussi du damas, des étoffes de soie à fleurs, des bas, des gants, des dentelles, des rubans. Ses fabriques de coraux sont plus estimées que celles de Marseille, et par la couleur et par le brillant de leurs facettes. Ils ont de bonnes manufactures de papier, de savon, etc. La mer de Gênes produit beaucoup de coraux. Les oranges et les citrons, que le pays produit en abondance, et les marbres, dont il existe de très-belles carrières, forment aussi une branche de commerce. Les établissemens les plus considérables, et les édifices publics de la plus grande utilité, sont autant de monumens de la munificence de diverses familles. Le pont de *Carignan*, qui passe au dessus d'un chemin glissant au fond d'une vallée, étonne tous les étrangers qui le voient. Gênes était nommée la *Superbe*, à cause de la quantité de marbre qu'elle recèle. C'est la patrie de *Lazzaro Calvi*, de *Doria*, de plusieurs papes, d'*Apicineus Spinola*, de

Charles *Grimaldi*, etc., etc. Sa population est de 75,000 habitans. Elle est située en partie dans une plaine, et en partie sur une colline près de la Méditerranée, dans une situation charmante. Son sol est fertile, et produit en abondance toutes sortes de comestibles et de fruits exquis. Elle est à 28 l. de Milan, 26 l. S. E. de Turin, 45 l. N.-O. de Florence, 90 l. N. O. de Rome, 179 S. q. E. de Paris. Long. 6. 35. lat. 44. 25.

Gensano, bourg de la campagne de Rome, sur une colline près du lac de Nemi, appelé par les anciens le *Miroir de Diane*, parce que cette déesse y avait un temple. L'air y est très-sain, et les campagnes voisines produisent un vin assez estimé. De Gensano à Rome, on ne trouve sur la route que des ruines : ce sont des édifices ronds ou carrés, en briques, qui paraissent des tombeaux. On voit à Gensano la maison de *Charles Maratte*, peintre célèbre. On y jouit d'un point de vue très-beau.

George (Saint-), petite île de l'état de Venise. Au sud de cette ville, il y a un monastère de Bénédictins, dont l'église est une des plus belles d'Italie, et riche en tableaux.

Gerenza, pet. ville de la Calabre citérieure, sur un rocher, à 4 l. N. O. de Saint-Severina.

Gergenti, ville de la Sicile, avec un château. On y voit un port construit en 1782. Près de là se trouvent les ruines de Gergenti Vecchio, célèbre par le taureau d'airain, supplice horrible inventé par *Perillas*, et dans lequel *Phalaris* faisait brûler les victimes de sa cruauté. Les environs de cette ville sont très-fertiles. 20,000 habitans. Sa situation est superbe, et son sol fertile. Elle est dans la vallée de Mazara, près de la rivière de Saint-Blaise, à 24 l. E. q. S. de Mazara, 20 l. S. de Palerme. Long. 11. 35. lat. 37. 21.

Germano (Saint-), petite ville du royaume de Naples, dans la terre du Labour, au pied du mont Cassin, qui appartient à l'abbaye du monastère du mont Cassin. Il y a des bains célèbres, qu'on appelle *i Sudatori di S. Germano*. C'est à Saint-Germain qu'est l'hospice de l'abbaye. Long. 11. 47. lat. 41. 33. *Voyez* Mont Cassin.

Gianuti (Januti), petite île de la mer de Toscane, à 3 l. de l'état *dei Pressidj*, dont elle dépend.

Gibel (mont). *Voyez* Etna.

Gieraci, ville du royaume de Naples, dans la Calabre ultérieure, bâtie des ruines de *Locres*, sur une montagne près de la mer, à 13 l. N. E. de Reggio, 11 l. S. E. de Ricotera. Gieraci était l'ancienne Locri, capitale de toute la grande Grèce. Cette ville est actuellement renommée par ses bains sulfureux; et les femmes qui souhaitent d'avoir des enfans s'y vont baigner. Le tremblement de terre du 5 février 1783 l'a détruite avec plus de 4,000 habitans. Long. 14. 29. lat. 38. 18.

GIGLIO, petite île sur la côte et le territoire de Toscane, avec un château, et 900 habitans. Long. 8. 44. lat. 42. 24.

GINERCA, petite ville de l'île de Corse, près de la côte occidentale de l'île.

GIOVENO, petite ville du Piémont.

GIOVANNI (SAN), petite ville du duché, et à 3 l. de Plaisance. C'est auprès de cette ville que se donna, en 1799, la sanglante bataille de la Trébia.

GIOVANNI (Castro), place forte de la Sicile, dans le val de Noto, l'ancienne *Enna*. Son territoire abonde en excellent vin et en blé. Il y a de célèbres mines de fer. A 36 l. S. O. de Messine.

GIOVELINE, pet. ville de Corse, près de Corti.

GIOVENAZZO, petite ville du royaume de Naples, sur une montagne près de la mer, avec titre de duché, à 4 l. N. O. de Bari. Long. 15. 5. lat. 41. 33.

GIRGENTI. *Voyez* GERGENTI.

GISVENAZZO, petite ville du royaume de Naples, dans la terre de Bari, sur une colline près de la mer.

GIULIA-NUOVA, petite ville du royaume de Naples, dans l'Abruzze ultérieure, sur la côte du golfe de Venise, avec titre de duché, à 8 l. S. E. d'Ascoli.

Giussani, petite ville de l'île de Corse.

Givizza, petite ville du Milanais, à 3 l. d'Anghiera, sur un lac de ce nom.

Gociano, petite ville de l'île de Sardaigne, sur la rivière de Thirso.

Gogna, rivière du Milanais, a sa source dans le Navarrois, et se jette dans le Pô.

Goito, village sur le Mincio, entre le lac de Mantoue et le lac de la Garde, au nord d'Andes, ou *Pictole*, qui fut la patrie de Virgile. On y voit un beau château et un jardin délicieux.

Gosliana, petite ville avec un vieux château, en Sicile, dans la vallée de Demona.

Golo, rivière de l'île de Corse, sort du lac Ino vers le milieu de l'île, passe près des ruines de *Mariana*, et se jette dans la mer de Toscane, sur la côte occidentale de l'île.

Gonzaga, château à 4 l. E. de Guastalla, dans l'état de Parme, qui a donné son nom à une famille illustre d'Italie.

Gorgonne, petite île dans la mer de Tocane, au nord de l'île de Corse, d'environ 3 l. de tour.

Goritz, Gorice ou Gorizia, petite, mais belle ville du Frioul. Elle est habitée par un grand nombre de familles nobles et anciennes. On conserve dans la cathédrale plusieurs reliques. L'église et le collége des Jésuites, forment un vaste édifice d'une magnifique architecture.

Hors de la ville est une église de Camaldules, très-fréquentée parce qu'elle renferme une célèbre image de la Vierge. Cette ville est sur le *Lisonzo*, à 8 l. N. E. d'Aquilée. Elle abonde en blé, bon vin, et en fruits : elle a des manufactures de soierie, et des fabriques de cuirs. Long. 11. 8. lat. 45. 49. 30.

Goro, pet. port du Ferrarais, à l'embouchure du Pô. Ce port est très-fréquenté par les petits bâtimens qui viennent de Venise, Chiozza, Trieste, Ancône, etc., etc.

Gothard (le mont Saint-), l'une des plus hautes montagnes de la Suisse. Quatre grands fleuves y prennent leur source : le Rhin, la Reuss, le Rhône et le Tessin. Du sommet, où il y a un hospice de capucins, on jouit d'une des plus belles vues du monde. Il a été pris et repris plusieurs fois dans la dernière guerre. La Reuss coule au pied ; on la passe sur le Pont-du-Diable, élevé de 75 pieds au-dessus de ses eaux.

Governoto, petite ville de la Lombardie, dans le duché de Mantoue, sur le Mincio, près de son confluent dans le Pô. Elle a beaucoup souffert pendant les différens siéges de Mantoue. C'est dans cet endroit que Léon X dit le Grand rencontra Attila roi des Huns. Elle est à 5 l. S. E. de Mantoue, 5 l. N. E. de la Mirandole.

Gozzo ou le Goze, île à 2 l. N. O. de Malte,

dont elle dépend, appartenait aux chevaliers de Malte, qui l'ont bien fortifiée. Elle a 10 l. de tour, et environ 14,000 habitans. Bien cultivée et abondante en coton, elle est plus fertile que Malte. Les Anglais s'en sont emparés en 1800. L'air y est sain. Long. 21. 35. lat. 36. 10.

Gradisca, pet. ville du Frioul, sur le Lisonzo, à 2 l. de Goritz et 6 l. d'Udine. Elle fut bâtie en 1747. Elle n'a de remarquable que son château.

Grado, pet. île et ville sur la côte du Frioul vénitien, à 4 l. d'Aquilée, 22 l. N. E. de Venise. C'est à Grado qu'a été déposée la chaire de saint Marc, qui fut envoyée par l'empereur Héraclius.

Gravina, ville du royaume de Naples, dans la Terre de Bari, ayant titre de duché, appartenant à la maison des Ursins, est à 10 l. E. de Cirenza, 13 l. S. O. de Bari.

Gravosa ou Santa-Croia, fort, et le meilleur port de l'ex-république de Raguse, à 2 l. de cette ville.

Grossa (Isola), île de la Dalmatie, dans le golfe de Venise au comté de Zara, d'environ 20 l. de circuit. Long. 14. 17. 6. lat. 44. 14.

Grossetto, pet. ville de la Toscane, à 4 l. S. O. de Sienne. Elle est proche de la mer, avec un bon château. Long. 9. lat. 42. 50.

Grotte du Chien (la), pet. caverne fort célèbre, au côté septentrional du lac d'Agnano, aux environs de Pouzzol, dans le royaume de

Naples. Elle offre des phénomènes vraiment singuliers : sa hauteur est d'environ 9 pieds sur 4 de large, et 10 de profondeur, dans un terrain sablonneux. Il s'y élève, jusqu'à 7 pouces du sol, une vapeur semblable à celle du charbon, sensible à la vue, humide et très-légère, mais cette humidité ne va pas jusqu'en haut, quoique dans certains momens la voûte distille quelques gouttes d'eau fort limpide, qui fait présumer avec raison que cette eau ne vient que de l'humidité supérieure, car le plus souvent elle est fort sèche, et les vapeurs n'en produisent pas moins leurs phénomènes ordinaires. On ne voit sur le mur aucune incrustation ni dépôt de matière saline ; en y entrant elle ne donne aucune incommodité, seulement on sent une légère chaleur. Elle est appelée Grotte du Chien, parce qu'on fait l'expérience sur cet animal ; on le couche, quelque gros qu'il soit, contre terre seulement pendant trois minutes, aussitôt il est agité par des convulsions violentes, et il en mourrait si on ne lui faisait respirer promptement l'air ; il reprend ses forces en aussi peu de temps qu'il les a perdues. Un chat y meurt en six minutes, un crapaud en vingt minutes, un lézard en une heure, les oiseaux de suite. L'homme, suivant l'abbé Richard, ne résisterait pas une heure étendu par terre, et des criminels qui y ont été renfermés pendant une nuit, debout et à leur aise, ayant la grotte fermée, furent trouvés morts le jour suivant. Un flambeau allumé s'éteint de suite, et le pistolet mis contre terre ne prend pas feu. Il y a plusieurs endroits dans ces montagnes, qui produisent les mêmes effets.

GROTTE DE PAUSILIPPE. *Voyez* PAUSILIPPE.

GROTTE-DRAGONARA (LA), située sur la pointe du promontoire du cap de Misène, aux environs de Naples, est une caverne spacieuse que la nature forma dans cet endroit, et qui fut aggrandie par les Romains. Les voûtes en sont soutenues par de gros pilliers de briques et de roches tendres qu'on a taillés et laissés exprès de distance en distance. C'était, dit-on, un réservoir d'eau douce qui servait pour la flotte romaine qui se trouvait dans le *porto Giulio*, proche de là.

GROTTA-FERRATA, ancienne abbaye près de Frascati, où il y a de bons tableaux et des bas-reliefs antiques, parmi lesquels s'en trouve un d'un général romain auquel on présente un soldat blessé.

GUALDO, pet. ville de l'Ombrie qu'un tremblement de terre renversa. On en voit les ruines

GUARDA. *Voyez* LAC DE GARDE.

GUARDIA, pet. ville du royaume de Naples.

GUASTALLA, jolie petite ville forte du duché de Parme, de 3000 habitans, avec titre de duché et une abbaye qui relève du pape. Il y a quelques beaux bâtimens, et dans la cathédrale de bons tableaux. Les vivres y sont bons et à bas prix. La terre produit beaucoup de blé, vin, et on y fait de bons fromages. Le duc Ferdinand de Gonzague lui fit faire des embellissemens. Elle est à 6 l. N. de Reggio, 8 l. S. O. de Mantoue. Long. 8. 19. 31. lat. 44. 54. 58.

Guasto ou Guastolo, pet. ville du royaume de Naples, dans l'Abruzze citérieure.

Gubbio, jolie pet. ville de l'état du pape, près d'Urbin; il y a quelques anciens monumens et quelques beaux tableaux. On y frappe des gros sous, ou bajocchi. Elle est à 10 l. d'Ancône, 14 l. de Perugia ou Perouse.

H

Hercole, petite île de la mer de Toscane.

Hélène (Sainte-), pet. île à 1 l. de Venise. On y voit le tombeau magnifique où repose le corps de sainte Hélène, dans une église fort belle et remplie de curiosités.

Herculanum ou Herculeia, ville très-ancienne, située sous les fondations de Portici et de Resino, près de Naples. Elle eut le sort de Pompeia et de Stabia; elle fut engloutie par une éruption du Mont-Vésuve, qui arriva la première année du règne de Titus, l'an 79 de l'ère chrétienne, et qui la couvrit, dans ce temps, d'un solide massif qui a environ 80 pieds d'épaisseur, depuis le fonds où est le pavé des rues jusqu'au franc des terres, plantées de vignes, qui la cachent entièrement. Dion Cassius raconte qu'une quantité incroyable de cendres, enlevées par les vents, remplit l'air, la terre et la mer, étouffa les hommes, les troupeaux, les poissons et les oiseaux, et que cette ville fut engloutie, ainsi que Pompeia, au moment où le peuple était assis au spectacle. Le massif qui couvre la ville est une cendre fine, grise, brillante, qui, mêlée avec de l'eau, fait un composé que l'on casse, quoiqu'avec peine, qui tombe en poussière, et qui paraît de même nature que la lave du Vésuve, mais dont l'acide sulfureux est évaporé. Il paraît que la plus grande partie de la population a pù échapper à ce désastre, puisqu'on n'y a trouvé que très-peu de squelettes. Ces cendres brûlantes réduisirent en charbon les portes et autres matières qu'elles recouvrirent. Il paraît que la chaleur se conserva long-temps, et se communiqua à un assez haut degré à tous les effets qui étaient dans les maisons, pour les avoir réduits en charbon, sans cependant avoir détruit la forme des personnes, des volumes, du pain, des fruits et des habillemens; quoique les rouleaux soient en vélin, ils ne sont ni retirés ni plissés; et, avec beaucoup de patience, on est parvenu à en dérouler plusieurs, à rassembler et coller les caractères sur du papier. Les marbres se conservèrent, et les bronzes ne se fondirent point, de manière qu'on a transporté au musée royal de Portici et dans le palais royal de Naples, tout ce qui a été trouvé à Herculanum et à Pompeia, en tableaux, statues, ustensiles, vases de toutes espèces, volumes, etc. (*Voyez* David, *Antiquités d'Herculanum.*) On peut actuellement se promener dans les rues de ces villes souterraines, et particulièrement dans celles de Pompeia, et même entrer dans les maisons qu'habitaient les anciens Romains.

HIMERA. *Voyez* TERMINE.

I

IACI D'AQUILLA, petite ville maritime de la Sicile, sur la côte orientale, entre Catane et Tavormina, avec titre de principauté, prend son nom du fameux fleuve Acis, qui coule auprès. Il y a aussi un château dans la vallée de Demona, en Sicile, nommé IACI.

IARETTA, une des plus grandes rivières de la Sicile, qui a sa source dans la vallée de Demona, entre la montagne de Madonia et le mont Etna. Elle se jette dans le golfe de Catanea.

IDRIA, ville du Frioul autrichien, dans le comté de Goritz, avec un bon château. Il y a dans la ville même de riches mines de vif argent; on y fait un grand commerce en dentelles. Elle est entre des monts, à 7 l. N. E. de Goritz, 10 l. N. de Trieste.

Idro, petite ville du territoire de Venise, dans le Bressan, sur le lac du même nom.

Iesi, ancienne petite ville de l'état du pape, dans la marche d'Ancône. Elle est sur une montagne, proche la rivière de Iesi; à 7 l. S. O. d'Ancône, 45. N. E. de Rome. Les sectateurs de Molinos ont rendu cet endroit fameux. On y conserve d'anciennes inscriptions. Il y a quelques belles maisons. Son terrain est très-fertile en fruits, herbages, blé, maïs. Les soies y sont très-belles et d'une bonne qualité. Long. 11. 2. lat. 43. 41. 51.

Imola, ancienne ville de l'état du pape, dans la Romagne, bâtie sur les ruines de *Forum Cornèlii*, sur un bras du Santerno, à l'entrée de la grande et belle plaine de la Lombardie. Les environs de cette ville sont agréables et couverts de plantations de peupliers. Les rues y sont bien entretenues. On y voit quelques palais et quelques églises qui méritent d'être remarqués. La cathédrale, où reposent les corps de *saint Pierre Chrisologues* et de *saint Cassien*, a été réparée en partie sur un bon dessein de *Morelli*, architecte d'Imola. On voit chez les Dominicains un bon tableau de *Louis Carache*, et un autre à la confrérie de *Saint-Charles*. L'air y est sain et la campagne fertile et agréable. La ville d'Imola est bien peuplée, et sise à 4 l. N. O. de Faenza, 8 l. S. E. de Bologne. 9. S. O. de Ravenne, 18. N. Q. E. de Florence, 65. N. de Rome. Long. 9. 30. lat. 44. 21. 32.

INCISA, bourg du Piémont, à 3 l. d'Acquin.

ISCHIA, île du royaume de Naples, d'environ 6 l. de tour, sur la côte de la Terre de Labour, dont elle est à une lieue. Cet endroit est un des plus agréable d'Italie. Les vallées et collines sont très-fertiles. Ses bains chauds et ses étuves sont très-fréquentés. Il y a une grande quantité de faucons, de gibier, de vins blancs excellens, mines d'or, d'argent et de fer. C'est dans cette île que se retira Ferdinand lorsque Charles VIII s'empara du royaume de Naples. Long. 11. 26, lat. 40. 35.

Isco, lac et bourg sur ses rives, aux confins du Bressan.

ISERNIA, ville du royaume de Naples, dans le comté de Molise, près de l'Apennin, à 5 l. O. de Molise, 21 l. de Naples. C'est la patrie du pape saint Pierre Célestin. Son sol est très-fertile.

ISLES BORROMÉES. *Voyez* BORROMÉE.

ISOLA BELLA, Isola Madre, Isola Borromea. *Voyez* BORROMÉE.

ISOLA, pet. ville du royaume de Naples, dans la Calabre ultérieure, près de la mer, à 6 l. S. E.

de *Saint-Severina*. Il y a en Italie plusieurs autres petits lieux de ce nom, d'ailleurs peu remarquables, et une petite ville en Istrie.

Isonzo (l'), rivière d'Italie. Elle prend sa source dans la haute Corinthie, passe dans une partie du Frioul et se jette dans le golfe de Venise.

Istrie (l'), presqu'île de l'Italie, entre le golfe de Trieste, et le golfe Carnero, la plus grande partie appartenait aux Vénitiens. Depuis 1814, elle est entièrement sous la domination de l'Autriche. L'air y est malsain, et le pays peu peuplé. L'empereur Charles VI y fit faire plusieurs grandes routes, il rendit aussi Trieste port franc. La pêche et la navigation forment les principales occupations des habitans. Les campagnes, quoique fertiles, sont incultes. Capo d'Istrie en était la capitale autrefois, aujourd'hui c'est Trieste.

Italie. *Voyez* la Préface.

Itri, pet. ville du royaume de Naples, près de Fondi et de Gaëte, entre des coteaux fertiles dont les productions sont très-variées. Elle est traversée par la voie Appienne. On voit près de là les ruines d'un grand mausolée, entre Itri et Mola. De Gaëte, on aperçoit le Mont Vésuve et les îles voisines de Naples, quoiqu'il y ait presque 30 l. d'éloignement.

Iudicello, rivière de la Sicile, dans la vallée de Demona, prend sa source au pied du mont

Etna, baigne les murs de Catane, et se jette dans le golfe de ce nom.

Iudiciazie, petite province du Trentin, arrosée par la Sarqua, au milieu de laquelle s'élève la montagne de Duron. On y compte sept grandes paroisses, et le chef-lieu est Stor.

L

Labadia, petite ville forte dans le Ferrarais, dont Arioste fait mention. Elle est à 6 l. O. de Rovigo, 8 l. N. O. de Ferrare sur l'Adige.

Labour (Terre de), jadis Campania, grande province du royaume de Naples, bornée au N. par l'Abruzze, E. par le comté de Molise, S. par le golfe de Venise, O. par la mer de Toscane et la Campagne de Rome. Elle est divisée en trois provinces, la Terre de Labour propre, la principauté ultérieure et la principauté citérieure. Elle est bien peuplée, très-fertile et l'une des plus agréables de l'Italie. Naples en est la capitale.

Lac d'Albano, près de Rome, est le cratère d'un ancien Volcan. Il a 8 milles de circuit; sur ses bords on trouve les ruines de plusieurs temples antiques. Au travers de la montagne est creusé un canal appelé l'*Emissario*, construit en voûte, et pavé de lave, il a 2 milles de long, quatre pieds de large et six de haut. Il sert à l'écoulement des eaux du lac, qui dans leurs crues inondaient quelquefois les campagnes voisines. On le dit pratiqué par les Romains, pendant le siége de Veyes, pour obéir à un oracle. Près d'Albano sont les carrières de la lave noire et compacte, dont on se sert à Rome pour réparer les statues antiques de Basalte. *Voyez* Albano.

Lac de Bolsena. *Voyez* Bolsena.

Lac de Bbacciano. *Voyez* Bracciano.

Lac de Come. *Voyez* Come.

Lac de Fossano. *Voyez* Achéron.

Lac de Garde. Ce lac a 35 milles de long, du fond des Alpes jusqu'à Peschiera, et 14 environ dans sa plus grande largeur. Quoiqu'il ne soit pas le plus grand d'Italie, il est cependant un des plus beaux; ses eaux, limpides et fort bonnes à boire, abondent en excellens poissons. On y remarque quelques sources d'eau chaudes et sulfureuses, dont l'effervescence est très-sensible dans l'endroit où elles bouillonnent sur la surface de l'eau douce. Il y a sur le lac un petit port, par le moyen duquel les habitans de ce pays font quelque commerce avec les Grisons et l'évêché de Trente. Près de la pointe de *Sermione*, on voit quelques ruines d'anciens édifices, qu'on appelle la Maison ou les Grottes de *Castello*: c'est peut-être la presqu'île de *Sirmio* dont ce poëte faisait ses délices. Dès le temps de Virgile, on connaissait ce lac sous le nom de *Lacus Benacus*. Il était sujet à des tempêtes :

Fluctibus et fremitu assurgens, Benace, Marino.

LAC LUCRIN. *Voyez* MONTE NUOVO.

LAC LUGANO. Il n'a que 8 l. de longueur; il a la forme d'une croix, et prend son nom de la ville de Lugano, qui en est près. Ses eaux communiquent avec le lac Majeur.

LAC MAJEUR. *Voyez* BORROMÉE.

LAC NEMI. *Voyez* GENSANO.

LAC DE PERUGIA, sur la route de Cortona à Pérouse, qui lui donne son nom. Après avoir traversé la montagne *della Spelonca*, on arrive près de ce lac, (autrefois Trasimène) fameux par la victoire qu'Annibal y remporta sur le consul Flaminius. Entre les villages de *Camuccia* et *Torricella*, on voit le champ de bataille : c'est une petite plaine entre *Tuvro* et la *Collina*, dans un endroit qu'on appelle Sanguinetti, où, dit-on, furent enterrés les dix mille Romains qui périrent dans cette bataille; il est certain que dans les environs on a trouvé beaucoup d'ossemens. Le général carthaginois s'étant emparé des hauteurs, attaqua le consul par le flanc, lui coupa la retraite, et en même temps opposa de front un autre corps d'armée, au passage étroit de *Passignano*. *Polybe* a bien décrit cette action célèbre.

LAC VICO. *Voyez* RONCIGLIONE.

Lacrima Christi est un endroit proche du Vésuve et dans ses cendres mêmes. Il produit le vin de ce nom, réputé dans tout l'univers: sa qualité est supérieure à tous les vins d'Italie. Ceux des coteaux de Cécube et Falerne sont encore très-bons; mais le Lacrima Christi les surpasse tous; ce qui faisait dire à un Allemand qui en buvait un jour : *Bon Jésus, pourquoi n'avez-vous pas aussi versé quelques larmes dans mon pays?*

Lagunes de Venise, espèce de grand lac, ou plutôt de marais, séparé de la mer par des bancs de sables, dans lesquels Venise est située. Ce fut là que quelques restes de l'empire romain, et particulièrement les Venétes, se réfugièrent pour se mettre à couvert des incursions des barbares conduits par Attila, et jetèrent les fondemens de Venise. Ces Lagunes composent plus de cent petites îles. On y jouit du plus beau coup d'œil et du spectacle le plus singulier, surtout depuis Venise jusqu'à la Brenta. D'un côté s'offre la perspective singulière d'une ville immense sortant des eaux, et de l'autre un rivage non moins étonnant couvert de maisons et de campagnes qui semblent aussi sortir des ondes.

Laino, petite ville du royaume de Naples, dans la Calabre citérieure, proche la rivière du même nom, faisant un grand commerce de mulets et d'ânes. A 12 l. E. de Policastro.

LAMBRO, rivière du duché de Milan, a sa source près du lac de Côme et se jette dans le Pô.

LAMPEDOSA OU LAMPEDOUSE ET LINOSA, sont deux îles désertes, à l'O. de Malte, vers les côtes d'Afrique. Il y avait anciennement à Lampedosa une église, dont la moitié était dédiée à la Vierge, et l'autre moitié était une mosquée mahométane; les chrétiens et les mahométans venaient dans cette île hospitalière faire des rafraîchissemens, et vivaient dans la plus grande harmonie. Le port de Lampedosa est assez bon. La pêche y est excellente. Elle est couverte d'oliviers sauvages : le territoire est fertile. C'est auprès de cette île que l'armée navale de Charles-Quint fit naufrage en 1552. Long. 10. 28. lat. 36. 30.

LANCEDOGNA *Voyez* CEDOGNA.

LANCIANO, ville du royaume de Naples, dans l'Abruzze citérieure. On y voit plusieurs curiosités anciennes et quelques vieux édifices. Il y a quelques églises et palais d'un bon goût, où se trouvent quelques anciens monumens et inscriptions. Cette ville est très-renommée par ses foires. Elle est sur le torrent de Feltrino, près de la rivière Sangro, à 7 l. S. E. de Chieti, 35 l. N. E. de Naples. Long. 12. 40. Lat. 42. 26.

LANGUES (LES), petit pays du Piémont, dont

Albe était la capitale. Ce pays, au S. d'Asti, est très-fertile et très-peuplé.

Lanti, petite ville des états du pape, dans le Patrimoine de saint Pierre. Il y a des belles maison de plaisance.

Lanzo, petite ville du Piémont, sur la Stura, très-fertile, à 8 l. N. de Turin.

Larino, petite ville du royaume de Naples, dans la Capitanate, agréablement située, à 15 l. de Bénévent et 8 l. de Molise. Long. 32. 35. lat. 41. 48.

Laterine, petit village sur l'Arno, à 3 l. d'Arezzo. Vis-à-vis de ce village, de l'autre côté de la rivière, s'élèvent des mofites, ou vapeurs sulfureuses : elles sont si actives que les animaux n'y peuvent passer sans être suffoqués. Les paysans y chassent le gibier, qui meurt dès qu'il est atteint de la vapeur. Il y a des eaux minérales.

Latium, pays des Latins, aujourd'hui Campagne de Rome.

Latomies (**le Tagliato**), caverne en Sicile, que Denys le tyran fit creuser pour y renfermer ceux qu'il jugeait criminels. Il les y tenait si long-temps qu'ils se mariaient, et avaient des enfans. *Philoxène* y composa son poëme du *Cyclope*, dans lequel il répandit des traits satiriques contre le tyran.

Lavagna, petite ville maritime du duché, et

à 11 l. de Gênes, à l'embouchure de la Lavagna.

Lavello, ancienne petite ville du royaume de Naples, dans la Basilicate : on y voit plusieurs ruines et quelques monumens anciens. Elle est à 7 l. N. O. de Cirenza.

Lavenza, petite ville de la Toscane, appelée par les anciens *Arentia*, avec un petit port près de *Massa de Carrare*.

Lavinia, bourg près de Rome.

Lavino, petite rivière qui coule à 3 l. de Bologne.

Laumeline. *Voyez* Lumello.

Laurana, petite ville de l'Istrie avec un petit port.

Lecce, riche et considérable ville du royaume de Naples, dans la terre d'Otrante, capitale de la Pouille, très-commerçante et d'environ 15,000 âmes de population. Elle est bâtie sur les ruines de l'ancien *Aletium*, sur un terrain très-fertile, et dans un climat très-sain ; elle est entourée de murs flanqués de tours, et semble suspendue en l'air. Ses églises méritent d'être vues. Il y a des maisons d'une belle architecture, qui renferment des curiosités anciennes. C'est la patrie de *Scipion Ammirate*. Elle est à 4 l. du golfe de Venise, 8 N. E. d'Otrante, 8. S. E. de Brindisi, 78 E. de Naples. Long. 16. 16. lat. 40. 36.

Lecco, petite ville de l'état de Venise. Les habitans sont industrieux et laborieux.

LEGNAGO, forteresse très-renommée dans les les dernières guerres, sur l'Adige, entre Padoue et *Mantoue*.

LEMATO, petite ville du royaume de Naples, bâtie par les habitans de Lametia et renversée par un tremblement de terre. Elle est à 6 l. de la mer.

LEMO-LIM, rivière qui prend sa source dans le duché de Gênes et va se joindre à l'Orbe, près d'Alexandrie.

LENDENARA, petite ville du Polésine de Rovigo. Son territoire produit beaucoup de blé, maïs et chanvre.

LENTINI ou LEONTINI, ville très-ancienne de la Sicile, dans le Val-de-Noto. Elle fut fortement endommagée par un tremblement de terre en 1693. On y trouve des inscriptions. Elle est sur la rivière de ce nom, à 7 l. S. O. de Catane, 8. l. N. O. de Syracuse. Sa situation est agréable.

LENZO, rivière qui prend sa source au mont Apennin, coule sur les confins du Parmesan et du Modénais, et se jette dans le Pô.

LEO (SAN), pet. ville des états du pape, à 6 l. N. O. d'Urbin.

LERICI, petite ville du duché de Gênes, avec un petit port sur la côte orientale du golfe, à 2 l. S. de la Spezia, autrefois *Ericis Portus*. On peut dans ce port s'embarquer et aller en felouque à Gênes ou à Livourne.

Lesina, petite ville du royaume de Naples, dans la Capitanate.

Lesina (île). *Voyez* Liesine.

Lettere, petite ville du royaume de Naples, dans la principauté, à 5 l. N. O. de Salerne. Ce fût dans cet endroit que Bélisaire défit Tejas dernier roi des Ostrogoths. Elle est très-commerçante; sa situation, sur une montagne, la rend très-agréable. A 5 l. N. O. de Salerne, 8 l. S. E. de Naples.

Levantine, vallée étroite et profonde, où coule le Tessin.

Levanzo ou Levenzo, petite île de la côte de Sicile, la plus septentrionale des Eyades. Elle a 4 milles de tour.

Liamone, rivière de l'île de Corse, qui prend sa source dans un lac et se jette dans le golfe de Ginezca, a donné son nom à un département.

Licate (la), petite ville de la Sicile, sur le bord de la mer, à l'embouchure de la rivière de l'Also.

Lido, île considérable près de Venise. Il y a de très-belles églises, entre autres un couvent de Bénédictins. Les Israélites y ont un cimetière.

Liesina, île de la Dalmatie vénitienne, dans le golfe de Venise, d'environ 23 l. de long, sur 5 l. de large, et 45 l. de circuit. Elle abonde en grains, olives, safran, excellentes figues et vin, dont on fait un grand cas et un grand commerce. On y trouve une quantité prodigieuse de lièvres et de lapins. La pêche y est si abondante, qu'elle pourrait nourrir toute la Dalmatie. La capitale, qui porte son nom, est très-commerçante; son port est beau, et capable de contenir toutes sortes de vaisseaux, et le fort est situé sur une montagne inaccessible. Long. 14. 22. lat. 43. 30.

LINOSA (ÎLES). *Voyez* LAMPEDOSA.

LIPARI, îles de la Méditerranée, au nord de la Sicile, dont elles sont comme une annexe. Lipari en est la capitale et la plus grande; les autres sont appelées Vulcano, Strongoli, Panaria, Salini, Felicudi et Alicudi. Les îles Vulcano et Strongoli sont deux volcans, le premier paraît éteint, mais fume toujours, on n'en tire que du soufre pour le compte du roi; le second fait explosion continuellement. Le pied de la montagne est cultivé. L'île de Lipari a environ 6 l. de tour, l'air y est très-sain. Elle abonde en grains, bitume, soufre, alun et eaux chaudes, ou thermales. On y recueille surtout d'excellentes figues et des raisins, ainsi que dans les autres îles. Le tremblement de terre du 5 février 1783 s'y est vivement fait sentir, et y a fait beaucoup de dégât. Les habitans y sont courageux, industrieux et très-bons marins.

LIPARI, très-ancienne et forte ville, capitale de l'île du même nom. (*Voyez* LIPARI (ÎLES.) Elle fut entièrement ruinée en 1544 par Barberousse, et rebâtie par Charles-Quint. Lipari et ses autres îles étaient appelées par les poëtes, Acoliæ et Vulcaniæ; c'était là qu'ils plaçaient le trône de Neptune et les forges de Vulcain.

Lisonzo. *Voyez* Isonso.

Lissa, petite île du golfe de Venise, sur la côte de la Dalmatie vénitienne. On y pêche beaucoup de sardines et des anchois, qui, étant salés, font le principal commerce de l'île, qui produit aussi d'excellent vin. Son étendue est de 8 l. carrées, et sa population de 7,000 âmes. Long. 13. 58. lat. 43. 22.

Livourne, forte, riche, très-belle et très-considérable ville de la Toscane, capitale du Pisan, avec une citadelle et un des plus fameux ports de la Méditerranée, à cause de la facilité de son commerce et du nombre prodigieux des étrangers qui y abordent. Elle est fort riche, et sa population monte à 54,000 âmes. On ne visite jamais les marchandises qui y entrent; le gouvernement paternel du grand duc a une attention merveilleuse pour que rien ne traverse le commerce. Il n'est rien de plus prompt ni de mieux réglé que la justice qu'on rend aux négocians. Son port, un des plus sûrs de la Méditerranée, est défendu par un môle qui s'étend fort avant dans la mer. La ville a 2 milles de tour; le quartier appelée la Nouvelle Venise est coupé par plusieurs canaux, par le moyen desquels on transporte les marchandises jusqu'à la porte des magasins. Une grande place où viennent aboutir plusieurs rues larges et droites, est comme le centre de la ville. Dans cette ville de commerce, il ne faut point chercher le luxe des arts en peinture, sculpture et architecture, mais on y remarque beaucoup d'activité, et on y trouve tout ce qui peut contribuer aux commodités de la vie. Il y a une bibliothéque publique unie aux écoles, qui sont tenues par des clercs réguliers Barnabites, et une manufacture considérable où l'on travaille le corail. Le seul monument public est la statue de Ferdinand Ier, en marbre, plus grande que nature, avec quatre esclaves en bronze bien travaillé, aux pieds du vainqueur. Outre la Collégiale, il faut voir l'église des Grecs-Unis et le temple des Israélites, un des plus beaux de l'Europe, plus petit mais dans le même goût que celui des Israélites portugais d'Amsterdam. La rareté d'eau douce à Livourne a déterminé le gouvernement à y conduire une source d'eau très-bonne, éloignée de 4 l., par le moyen d'un aquéduc. Non loin du port, il y a trois lazarets; le plus beau est celui de Saint-Léopold, il est aussi le plus grand et le plus moderne. Le sanctuaire de Notre-Dame de *Montenero*, sur une colline éloignée d'une heure de chemin de Livourne, attire l'attention des étrangers; l'église, desservie par des moines Vallombrosains, est riche en marbre.

Il n'y a guère de ville en Europe où les rues soient plus propres qu'à Livourne. Elle n'était autrefois qu'un village appartenant aux Génois; c'est Côme Ier, grand duc, qui l'a rendue ce qu'elle est aujourd'hui, à la grande douleur et au grand regret des Génois, qui la lui avaient cédée pour Sarzanne. Les vivres y sont en abondance et à bon marché. Elle est à 4 l. S. de Pise, 18 l. S. O. de Florence, 58 l. N. O. de Rome. Long. 7. 56. 30. lat. 42. 52.

Livourne, petite ville du Mont-Ferrat, dans des marais, près de la source de la rivière de Gardina, à 8 l. O. de Casal. Les soies de cet endroit sont les meilleures du Piémont.

Locarno, jolie petite ville sur le lac Majeur. Elle est abondante en pâturages, en vins et en bons fruits. Ses habitans viennent l'hiver en France, pour cuire des marrons, ou s'établir comme poëliers fumistes. Elle est à 17 l. N. 9 l. O. de Milan.

Lodesan, petit pays de la Lombardie, dans le duché de Milan, le long de l'Adda; très-fertile et très-peuplé. On fait un grand commerce de ses fromages. *Voyez* Lodi.

Lodi, jolie ville du Milanais, capitale du Lodesan, bâtie par l'empereur Barberousse, sur l'Adda, à 1 l. de l'ancienne Lodi, qui n'est plus qu'un bourg. La nouvelle Lodi est dans un terrain agréable, fertile, abondant en toutes choses.

Elle est entourée de murailles et renferme environ 12,000 habitans. On y voit de beaux et vastes palais, entre autres celui de *Merlino*, de *Barni*, et celui de l'Évêché; une jolie place ornée de portiques, le grand hôpital, et, hors de la porte de l'Adda, une fabrique considérable de faïence, à l'instar de celle de Faenza. Dans le dôme on vénère le corps de saint Bassan. L'église la plus remarquable est celle de l'*Incoronata*, octogone, d'architecture de *Bramante*, et peinte partie à fresque, et partie à l'huile, par *Calisto* élève du Titien. Les Français, en 1795, ont remporté, sur les Autrichiens, une victoire éclatante près de cette ville; le pont sur l'Adda défendu par 10,000 hommes et trente pièces de canon, fut emporté par les Français. La petite province de Lodi nourrit ordinairement près de 30,000 vaches, et son fromage dit le Parmesan, est la principale ressource des habitans, qui en font un grand commerce; et sa qualité est supérieure à celui du Pavesan et de plusieurs endroits du Milanais. Lodi est la patrie du célèbre *Maffei Regio*; et elle est située à 8 l. S. E. de Milan, 5 l. N. E. de Pavie, 6 l. N. O. de Plaisance. Long. 7. 10. lat. 45. 16.

LODRONE, bourg et comté, dans l'évêché de Trente, près des frontières, et à 11 l. N. de Brescia.

Logudoro, petite ville et contrée de la partie septentrionale de l'île de la Sardaigne.

Longo-Buco, pet. ville du royaume de Naples, dans la Calabre citérieure. On trouve aux environs de cet endroit plusieurs mines d'argent et de mercure.

Lorenzo (San) alle grotte, en sortant d'Acquapendente, se trouve le village, ainsi nommé, où l'on remarque de distance en distance des cavernes naturelles, dans les rochers et des grottes artificielles, creusées peut-être en excavant la Pouzzolane; elles servent de retraite aux bergers et aux paysans, et même de serres pour les instrumens ruraux.

Lorette, petite ville de l'état du pape, dans la marche d'Ancône, bâtie sur le sommet d'une colline. Elle renferme 6,000 habitans. Elle est à près de 3 milles de la mer, sur laquelle elle a une vue très-étendue. Ses édifices n'ont rien de remarquable, et la principale rue n'est composée que de deux rangs de boutiques où l'on vend des chapelets et petits objets de dévotion. Les pauvres qui dans cette ville demandent la charité par métier, sont en si grand nombre, qu'ils importunent beaucoup les étrangers. L'église de la *Santa Casa*, ou la maison de Notre-Dame et la belle place qui la précède (l'une et l'autre d'architecture de Michel-Ange à l'extérieur), sont les objets qui méritent l'attention du voyageur : on trouve sur les lieux une description détaillée. Il suffira donc de dire ici, que l'église autrefois gothique, a été réparée dans le goût moderne, et *Guillaume Porta* y a fait quelques embellissemens. Les doubles arcades sur un des côtés de la cour, ont été achevées par *Bramante*. A l'entrée de l'église est une statue en bronze de Sixte V, et sur la façade on voit la statue de la vierge par *Lombardi*, de qui sont aussi les bas-reliefs des portes en bronze. Dans les chapelles on voit de beaux tableaux du *Baroche*, de *Zuccheri*, et d'autres peintres fameux, et dans la Coupole les quatre évangélistes du *Pomarancia*. La chapelle de la Santa Casa, où l'on vénère l'image de la vierge, que les Italiens disent avoir été transportée par les anges, de Palestine en Dalmatie, et de là à Lorette, est située au milieu de l'église, ayant 31 pieds 9 pouces de long, et 13 pieds 3 pouces de large, sur 18 pieds 9 pouces de haut; elle est toute incrustée de marbre de Carrare, sur un beau dessin de *Bramante* et ornée de sculptures de *Sansovino*, de *San gallo*, de *Bandinelli*, et d'autres, représentant plusieurs traits d'histoire de la vierge. Cette vierge possédait un riche trésor, qui a été transporté en France, en 1797, avec la statue de la vierge, laquelle fut ensuite rendue. Il faut voir aussi les sacristies, la grande salle où était le trésor, le palais épiscopal, la pharmacie, grande cave sous l'église, où sont des tonneaux d'une grandeur énorme, remplis des meilleurs vins, pour les messes, et où l'on admire trois cent vases, peints d'après les dessins de Raphaël, et de Jules Romain. Pour plaire aux lecteurs, je vais détailler quelques objets de grand prix, qui formaient une partie du trésor de la vierge. D'abord, la robe magnifique couverte d'or et de pierreries fines; elle en avait plusieurs et on lui en changeait presque à toutes les fêtes. La robe de l'enfant qu'elle a dans ses bras, était aussi magnifiquement chargée d'or et de diamans. L'une et l'autre avaient des couronnes d'or, enrichies des plus beaux diamans; celle de la vierge était triple. Ces deux couronnes qui étaient d'un prix infini, étaient un présent de Louis XIII, lorsqu'il demandait un fils qui lui succédât. Dans les deux armoires, près de la Madonna, il y avait ses riches ornemens. L'autel contre la grille était un massif en orfévrerie. La corniche et le revêtissement de la niche où est la vierge, était d'or. Vingt lampes d'or, dont quelques-unes enrichies de diamans, y brûlaient jour et nuit. On y voyait un ange qui présentait à la vierge Louis XIV venant au monde; l'ange était d'argent, et l'enfant d'or du même poids que Louis XIV avait lors de sa naissance; il pesait

36 marcs. Il y avait des EX VOTO beaucoup plus riches encore dans le trésor, qui était dans une salle tenant à l'église, et qui renfermait un amas plus considérable de richesses. C'étaient des calices, des vases sacrés, des bijoux de toute espèce. On y voyait une grande étoile d'or ornée de trente-cinq grosses perles, huit diamans, dix rubis et seize opales, dont le centre était une grosse émeraude taillée en cœur, entourée de six rubis et de neuf diamans, offerte par Henri III, roi de France, en 1598. Le collier de la Toison-d'or, de Philippe IV, roi d'Espagne, plus merveilleux encore par le travail que par le grand nombre de diamans dont il était couvert. Un cordon de chapeau d'un duc de Bavière, formé de 225 gros diamans. La citadelle du Havre, en argent, donnée par le grand Condé. Enfin l'œil pouvait à peine en soutenir l'éclat, et il était impossible de se former une idée de si grandes richesses, dont le nombre était enregistré dans un volume. On faisait autrefois des pèlerinages à Lorette; on y comptait de 80 à 100 mille pèlerins de toute qualité; mais particulièrement les femmes s'y rendaient en foule. Chacun de ces pèlerins faisaient un cadeau à la vierge suivant ses moyens, ce qui formait le trésor de la vierge, qui se montait avant la révolution à une somme incalculable. La campagne est belle et bien cul-

tivée, et abonde en blé, fruits. On y fait un grand commerce de soie. Les habitans vendent beaucoup de chapelets, médailles, rubans, *Agnus Dei*, fleurs artificielles, avec la Madonna et autres choses de dévotion. La route qui va de Lorette à la mer est bordée de maisons de plaisance et de jardins. Cette ville est à 1 lieue de de la mer, 5 l. S. E. d'Ancône, 8 l. N. E. de Fermo, 45 N. E. de Rome. Long. 11. 14. 50. lat. 43. 27.

LUCERA, ancienne petite ville du royaume de Naples, dans la Capitanate. Elle possède des fabriques considérables de drap. Elle est à 12 l. S. O. de Manfredonia. Long. 13. 18. lat. 41. 21.

LUCERNE ou LUZERNE, petite ville du Piémont, capitale de la vallée de ce nom, à 2 l. S. E. de Pignerol.

LUCQUES, belle, riche, ancienne et forte ville, capitale du duché de Lucques, dans la Toscane. Elle est située dans une plaine agréable, arrosée par le *Serchio*, qui va se jeter à peu de distance de là dans la Méditerranée. Elle est entourée de collines fertiles, et dans trois milles de circuit, elle renferme une population d'environ 20,000 âmes. Ses édifices, sans être somptueux, sont très-commodes, et ses rues sont pavées de grandes pierres. Les fortifications régulières et bien conservées servent de promenade, de sorte que sur des boulevards plantés d'arbres, on peut en moins d'une heure faire le tour de la ville. La cathédrale, d'architecture gothique du XIe siècle, est incrustée de marbre. On y remarque des peintures de *Coli* et de *Sancasciani*, tous deux Lucquois; un tableau de *Zuccheri*, un autre de *Tintoret*, et les quatre évangélistes, sculptés par *Francelli*. Cette église est fameuse par le crucifix dit *del Voto Santo*. Il y a encore quelques bons tableaux à voir dans les églises, principalement à Sainte-Marie, dans celle de l'*Umilta*, où l'on remarque un tableau du *Titien*, et à *S. Ponziano*, où sont conservés deux tableaux estimés, de *Pierre Lombardo*. Le palais public, qui est l'édifice le plus remarquable, dessiné en partie par l'*Ammannato*, et en partie par *Philippe Ciuvara*, renferme dans ses appartemens des peintures d'un grand prix, de *Luc Jordan*, d'*Albert Duro*, du *Guerchin*, etc., etc. Le théâtre est élégant, quoique petit. On voit dans cette ville les ruines d'un ancien amphithéâtre. A environ trois lieues de la ville, sont les bains de Lucques, célèbres en Italie par la salubrité de leurs eaux thermales. Lucques est située à 4 l. N. E. de Pise, 20 l. O. de Florence, 8 l. N. E. de Livourne. Long. 8. 15. lat. 43. 49. 3. *Voyez* le Lucquois.

Lucquois (le), duché de la Toscane, cédé

par le congrès de Vienne, en 1814, à la sœur du roi d'Espagne, et qui, à la mort de la duchesse de Parme, retourne à la Toscane. Ce petit pays, qui a 10 l. de long, sur 8 l. de large, a 131,000 habitans. Il peut être comparé à un beau jardin; il abonde en olives qui donnent un profit annuel de 600,000 francs; en lapins, facéoles, châtaignes, millet, lin, soie, etc. Il y a de vastes prairies près la côte, abondantes en bestiaux, des vallées très-fertiles, des rivières et des lacs poissonneux. Les Lucquois sont en général polis, adroits, industrieux, portés au bien et à l'équité, ce qui fait qu'on appelle Lucques, *Lucca la industriosa.*

LUCRIN (LAC); ce lac, qui était fameux dans le temps des Romains, par ses huîtres vertes d'un goût excellent, n'existe plus à présent; un tremblement de terre, arrivé en 1538, mit toutes ses eaux à sec. Ce lac était sur la côte de Pouzzol. *Voyez* MONTE NUOVO.

LUGANO, petite ville du canton de Tessin, sur le lac de Lugano, qui a 8 l. de long, et dont les bords sont enchanteurs. Le pays est fertile en pâturages, blé, grains, vins, fruits, châtaignes, mûriers et oliviers. Il y a dans la ville quelques belles maisons; les églises n'ont rien de remarquable. Pendant la révolution, sa gazette était la plus renommée d'Europe, par la fidélité de ses rapports. Elle est à 6 l. N. O. de

Côme, 10 l. S. E. de Chiavenne. Long. 6. 28. lat. 45. 58.

Lugo, petite ville très-fertile de la Romagne. Elle est bien peuplée et très-marchande ; il y a une belle foire tous les ans, à 6 l. d'Imola, et 5 l. de Faenza.

Lumello, village sur le Pô, qui a donné son nom à la Laumeline, contrée qui s'étend le long du Pô.

Lunegiane, petit pays à l'est de la rivière de Magra, divisé entre le quartier de Sarzanne et le duché de Massa. Ce pays tire son nom de l'ancienne ville de Luni, ruinée.

Luni, ancienne ville, détruite. On voit ses ruines près de Sarzanne.

Lupo-Gravo, petite ville de l'Istrie, vers les montagnes de la Vena.

Luzara, petite ville du Mantouan, à 3 l. N. de Guastalla, à l'embouchure du Crostolo, sur le Pô. Elle est assez bien fortifiée, et remarquable par la bataille qui s'y donna le 15 août 1702, où le roi d'Espagne était en personne, et où les deux parties s'attribuèrent la victoire, qui resta aux Impériaux contre les Français, quoique les premiers eussent été repoussés trois fois.

Luzerne. *Voyez* Lucerne.

M.

Macarsca, petite ville de la Dalmatie vénitienne, avec un bon port, à 10 l. S. E. de Spalatro, sur le golfe de Venise. Long. 15. 52. lat. 43. 15.

Macerata, belle ville bien peuplée de l'état du pape, dans la Marche d'Ancône. Elle est agréablement située sur le sommet d'une colline, d'où l'on découvre la mer Adriatique; elle renferme 10,000 habitans. On y voit de belles églises, entre autres la cathédrale, dédiée à saint Julien, celle des *Barnabites* et celle de la Miséricorde, où est une très-belle chapelle toute revêtue de marbre; dans ces églises on trouve quelques bons tableaux. La maison *Campagnoni* possède plusieurs inscriptions antiques La porte Pie est un arc de triomphe, surmont du buste du cardinal de ce nom, en l'honneu duquel il fut élevé. On recueille dans les environs de Macerata, du blé en abondance. On remarque dans ce pays les haies vives dont o entoure les champs, et qui servent en mêm temps d'ornement. Macerata est proche la rivière de Chiento, à 5 l. S. E. de Lorette, 8 l S. O. d'Ancône. Long. 11. 13. 30. lat. 43. 13. 36

Madia ou Maggia, vallée de la Suisse italienne, dans le canton de Tessin.

Maggia. *Voyez* Madia.

Magliano, petite ville assez peuplée de l'état du pape, dans la Sabine. Elle est sur une montagne, près du Tibre; le terrain des environs est fertile et abonde en blé et vins. De là jusqu'à Rome le pays est couvert d'anciens volcans. Elle est à 12 l. S. O. de Spolette, 12 l. N. O. de Rome. Long. 10. 9. 29. lat. 42. 21. 43.

Magliano, château dans l'Abruzze ultérieure, à 3 l. O. de Celano, remarquable par la victoire de Charles d'Anjou, en 1268.

Magra (la vallée), vallée à l'est du duché de Gênes, dans la Toscane, de 11 l. de long, sur 6 l. de large.

Maillano. *Voyez* Magliano. Dans l'état du pape.

Malamoco, petite ville très-peuplée, près de Venise, dans les Lagunes.

Malte, île de la Méditerranée, entre l'Afrique et la Sicile. Elle a environ 7 l. de long, sur 4 l. de large, et 20 l. de circuit. L'air y est sain. Après la prise de Rhodes, l'empereur Charles Quint la donna, en 1530, au Grand-Maître de l'ordre de Saint-Jean de Jérusalem, Villiers-de l'Ile-Adam, qui y établit son ordre. Elle est devenue très-florissante. On y recueille du miel, du coton, du cumin et du blé. Elle fut attaquée par les Turcs, sous Jean de la Valette, mais ils furent obligés d'en lever le siége, après une perte de 30,000 hommes. Les Français s'en sont emparés en juin 1798. Après un blocus de deux ans, les Anglais l'ont reprise en 1800, et l'ont gardée. Les habitans de cette île, ceux de l'île de Gozzo et de Comino, peuvent être au nombre de 160,000. La langue maltaise est un mélange corrompu d'arabe et d'italien, et même d'ancien carthaginois. Ils ne recueillent pas de quoi se nourrir la moitié de l'année, attendu que l'île n'est qu'un roc couvert d'une couche de terre, mais qui produit cependant beaucoup de coton. Ils tirent le reste de la Sicile. Les deux villes principales sont, *Malte*, ou la *Cité Notable*, c'est une ville très-ancienne, et qui était autrefois la capitale, au centre de l'île; elle produit beaucoup de miel. *Malte*, ou *la Cité Valette*, est une ville très-forte et très-considérable de l'île de Malte, dont elle est à présent la capitale, bâtie par le grand-maître *Jean de la Valette*, avec plusieurs forts, dont le principal est le château de Saint-Elme. Le palais du gouverneur est superbe et d'une belle architecture; l'hôpital est magnifique. Cette ville est située sur une langue de terre, qui sépare les deux ports du côté de la Sicile, sur un roc, vis-à-vis de Girgenti. Long. de l'île de Fer. 32. 8. 30. lat. 35. 54.

MANFREDONIA, petite ville du royaume de Naples, dans la Capitanate, avec un bon port et un bon château. Elle tire son nom de Mainfroy, bâtard de Frédéric II, qui la fonda en 1250. Les Turcs la prirent en 1620, et l'abandonnèrent après l'avoir brûlée. Son port résista à Lautrec, général de François Ier. Il y a de bonnes salines. Sa situation est agréable et son sol très-fertile. Elle est sur le golfe qui porte son nom, à 20 l. N. de Cirenza, 20 l. N. O. de Bari. Long. 13. 50. lat. 41. 38.

Mantouan, pays longeant le Pô, qui le coupe en deux parties, borné N. par le Veronèse, S. par le duché de Modène, de Reggio et de la Mirandole, E. par le Ferrarais, O. par le Crémonais ; il a environ 20 l. de long, sur 11 de large. Il est fertile en blé, pâturages, fruits, etc., et vins excellens. Mantoue en est la capitale.

Mantoue, riche, considérable, et très-célèbre ville de la Lombardie, capitale du Mantouan, située au milieu d'un lac formé par les eaux du *Mincio*, et dans un circuit d'environ cinq milles, renferme près de 16,000 habitans. On croit cette ville plus ancienne que Rome de trois cents ans, et fondée par les Étruriens. Elle eut le sort des autres villes d'Italie, et acquit sa liberté par l'expulsion des barbares. Othon II la donna à Canosa, qui la transmit à la comtesse Mathilde, sa brue. Elle passa aux Visconti, et leur fut enlevée par les Bonacorsi, dont le dernier fut tué par Louis de Gonzague, reconnu souverain en 1428. Elle fut érigée en duché par Charles V, en 1530. En 1740, ce duché passa à la maison d'Autriche. Elle fut prise par les Français le 12 janvier 1797, et repassa sous la domination autrichienne en 1814. Il reste encore dans cette ville plusieurs monumens curieux de la grandeur des Gonzagues, ses anciens souverains. La plupart des rues sont larges, bien alignées et même bien pavées; les places sont grandes et régulières, et les édifices publics sont d'un beau dessin. Le palais public est très-vaste et renferme de belles peintures de Jules *Romain*. La cathédrale a sept nefs construites sur les dessins de cet artiste, qui l'a de plus ornée de peintures; elle est d'une belle architecture qui tient du goût antique et du moderne, et renferme plusieurs beaux tableaux; on y vénère le corps de saint Anselme, évêque de Lucques. L'église de Saint-André est aussi d'une belle construction. Outre plusieurs bons tableaux, on y remarque des peintures de Jules *Romain*. On voit dans cette église les tombeaux de *Jean-Baptiste Mantouan*, homme de lettres, et d'*André de Montegua*, peintre célèbre. Le corps de *Jules Romain* repose dans l'église de Saint-Barnaba, où *Charles Cignani* peignit les Noces de Cana. Près de cette église est la maison que *Jules Ro-*

main habitait. Dans l'église des Théatins, on admire quelques peintures des meilleurs maîtres. Le palais dit du *T*, résidence des anciens ducs, et ainsi nommé à cause de sa structure, qui a la forme de cette lettre, est le plus bel édifice de Mantoue; l'architecture est de *Jules Romain*, qui a passé dans ce château la plus grande partie de sa vie, et l'a enrichie d'un très-grand nombre de peintures. Dans les plafonds, il a peint la chute de Phaëton, l'histoire de Psyché, Jules César, la chute des Géans. Il y avait aussi des grands tableaux du même peintre, Poliphème et Acis, le combat des Horaces, Venus retenant Mars qui poursuit un jeune homme, la continence de Scipion. C'est aussi à Mantoue que le poëte Bernardo Tasso termina ses jours. Il est enterré dans l'église de Saint-Égide. Le voyageur instruit trouve peu de monumens qui lui rappellent la mémoire du premier poëte latin : les Mantouans ont élevé au père de la poésie épique un monument digne de lui. La *Virgiliana* est une maison de plaisance des anciens ducs. C'est dans cet endroit, dit-on, que Virgile venait se livrer aux muses, dans une grotte qui n'existe plus. Le village d'Ande, ou Pictocle, fut le lieu qui vit naître ce grand poëte. *Voyez* PICTOLA. Outre Virgile, le Mantouan a produit plusieurs autres hommes illustres, entr'autres *André Montagna*, maître du Corrège, inventeur de la gravure en Italie; *Jean-Baptiste Mantouan*, général des Carmes, très-connu par ses poésies latines; il y a fait de belles églogues; *Jules Romain*, *Louis Gonzague* qui a été mis au rang des Saints; la fameuse comtesse *Mathilde*, la bienfaitrice du Saint-Siége, etc. Cette ville est la patrie de A. de Cologna, chevalier de la couronne de fer, grand rabbin et président du consistoire central des israélites en France, excellent poëte des langues orientales et savant philologue, auteur de plusieurs pièces orientales; il réside à Paris. Cette ville, quoique entourée de bonnes murailles, flanquée de tours, et défendue par de bonnes fortifications et par une bonne citadelle, n'est pourtant pas imprenable, et plusieurs fois elle a été forcée de se rendre aux armées qui l'assiégeaient. Les guerres d'Italie occasionnèrent une diminution considérable dans sa population, et firent languir l'industrie et le commerce, principalement celui de la soie. Mantoue est à 14 l. N. de Parme, 8 l. S. O. de Véronne, 14 N. de Modène, 36 N. q. O. de Florence. Long. 8. 28. lat. 45. 9.

Marais-Pontins, marais de la campagne de Rome, fameux dans l'histoire, s'étendent le long de la côte depuis Astura, jusqu'à Terracine. On prétend que cette surface était autrefois couverte de plus de 30 villes ou bourgades, dont il ne reste aucun vestige. Ce terrain a été sans doute bouleversé par quelque grand tremblement de terre. Les campagnes des Marais-Pontins étaient très-fertiles dans le temps de la république. Pie VI, entreprit de les dessécher pour préserver des maladies qu'ils occasionaient. On y a souvent travaillé et on s'en occupe encore dans ce moment. Une chaussée magnifique les traverse dans l'étendue de 8 lieues, et sert de passage entre Rome et Naples, mais il faut souvent se faire escorter à cause des brigands, qui se cachent dans les marais.

MARANO, ville forte du Frioul, sur la mer à 4 lieues d'Aquilée; elle est dans des marais qui la rendent assez forte.

MARCANA, pet. ville ruinée dans l'île du même nom, à 2 lieues de Raguse dont l'île dépend.

MARCHE-D'ANCÔNE, province très-fertile de l'état du pape : elle contient Ancône, Ascoli, Camerino, Macerana, Lorette, Fermo, etc. (*Voyez* Ancône.)

MARCHE-TREVISANE (La), province dans les états vénitiens, bornée E. par le Frioul, et par le golfe de Venise, S. par la mer, le duché de Venise et le Padouan, O. par le Vicentin, N. par le Feltrin et le Bellunèse. Cette province est fameuse dans l'histoire des dernières guerres. La Piave en est la principale rivière. Sa ville principale est Trévise.

Marco (San), nom de deux petites villes, l'une au R. de N. dans la Calabre citérieure, et l'autre en Sicile dans la vallée de Demona, sur la petite rivière de Citalira, à 25 l. O. de Messine.

Marechia, rivière qui prend sa source dans l'Apennin, traverse une partie du duché d'Urbin, et se décharge dans le golfe de Venise près de Rimini.

Maremnes-de-Sienne (les), petit pays de la Toscane, dans l'état de Sienne; il est d'un bon rapport, mais l'air y est malsain.

Marengo, village du Milanais, près d'Alexandrie, célèbre par la bataille sanglante où les Français défirent les Autrichiens en 1800, et conclurent un armistice par lequel on livra Gênes, Milan, Turin, et les principales places de l'Italie, en deçà du Pô.

Maretimo, petite île sur la côte occidentale de Sicile, à l'O. des îles de Levanzo et de Favognaga: elle a 4 lieues de circuit; il n'y a qu'un château où l'on renferme les prisonniers d'état.

Margozza, petite ville du Milanais, sur un petit lac du même nom.

Mariana, petite ville de l'île de Corse.

Marignano, petite ville au duché de Milan, remarquable par la victoire que François Ier y remporta sur les Suisses et sur le duc de Milan, en 1525. Dans un pays aussi bien cultivé, on cherche en vain les traces des retranchemens pour fixer le lieu où s'engagea cette action mémorable. Elle est sur le Lambro, à 4 l. S. E. de Milan, 5 l. N. E. de Pavie, 5 l. N. O. de Lodi.

Marin (la république de Saint), petit territoire dans les états du pape, sur les confins de la Romagne, et sous la protection du pape, avec 3 châteaux, 3 couvens, 5 églises et environ 7,000 habitans. L'histoire de cette république n'offre pas des actions brillantes ni des conquêtes; mais la paix, la tranquillité et le bonheur. On ignore totalement la date de sa fondation; on sait seulement qu'un maçon de la Dalmatie, nommé *Marin*, travailla pendant 30 ans aux réparations de Rimini; après que les travaux furent finis, il se retira sur le sommet d'une montagne pour y vivre dans la solitude; il en descendait rarement et seulement pour chercher des vivres. Ses vertus et sa piété furent malgré sa modestie reconnues par les habitans des villes voisines, il eût des disciples et des imitateurs. Une princesse, propriétaire de la montagne, lui en fit donation; alors il résolut d'y établir une république dont les citoyens se dévouaient aux vertus. Il ne voulut point la peupler de moines; il préféra des citoyens. Ainsi, il la forma de ses disciples, qui s'y établirent avec leurs épouses et leurs enfans. Il leur donna des lois toutes fondées sur la morale évangélique, institua un conseil dit *Arengo*, composé de tous les pères de famille de la république, pauvres ou riches; ce conseil a le pouvoir souverain, soixante d'entre eux nomment tous les deux mois, par scrutins, deux de ses membres pour consuls, qui ont l'administration du gouvernement de la république; ils ne peuvent être élus de nouveau qu'après un consulat d'intermède; ils nomment tous les trois ans un officier civil, qui doit être docteur en droit et étranger, ainsi que le médecin du lieu; mais la conduite du juge et du médecin doit être d'une intégrité à toute épreuve. Le conseil choisit le maître d'école et le curé. Les habitans de Saint-Marin peuvent plutôt s'appeler une famille qu'une république; jamais le crime n'a souillé leur territoire, et quoique pauvres, ils sont les habitans les plus heureux de la terre. L'hiver y est très-rigoureux, et la neige y séjourne pendant six mois de l'année. Il y a quelques familles nobles, mais elles sont considérées comme les autres citoyens. Le pauvre et le riche, chacun parvient par le scrutin à commander, si ses vertus l'y appellent. On y fait un grand commerce en vin, soie et bestiaux. Saint-Marin est sur une montagne escarpée, avec des petites éminences au pied qui forment le territoire de la république, qui fut même respectée dans l'invasion en 1797. Elle est à 3 l. S. O. de Rimini, 5 l. N. O. d'Urbin. Long. 11. 5. Lat. 43. 5.

Marino, gros bourg à 4 l. de Rome, fondé par Marius. Il offre un coup d'œil agréable, et est bien bâti et assez peuplé; on y voit de belles maisons de campagne des nobles Romains, et les églises renferment de bons tableaux, entre autres celle de la Collégiale qui renferme le martyr de saint Barnaba, par le *Guerchin*, et le martyr de saint Barthelemy, dans l'église de ce nom, par le même peintre; dans l'église de la Trinité, il y a un tableau remarquable de *Guido Reni*, c'est la Trinité, le Père ayant le Fils mort sur ses genoux, et le Saint-Esprit descendant de sa barbe.

Marmora (cascade delle). *Voyez* Terni.

Marostica, petite ville du Vicentin, dans les environs de laquelle croît un raisin excellent dont on fait un vin délicat, agréable, doux et fort recherché. Elle a pris son nom de *Marii Status*, *le champ de Marius*, parce que ce général y campait lorsqu'il fut battu par Sylla.

Maro ou Metauro, rivière de la Calabre ultérieure, a sa source dans l'Appennin, et se jette dans la mer de Toscane.

Marsaille, plaine du Piémont, entre Pignerol et Turin, fameuse par la bataille qu'y gagna Catinat, maréchal de France, en 1695, sur le duc de Savoie et ses alliés.

Marsalla, ancienne et forte ville de la Sicile, dans la vallée de Mazara, proche de la mer, est bien peuplée, et bâtie des ruines de l'ancienne Lilybée, dont on voit encore les vestiges. Il y a encore plusieurs monumens et quelques anciennes inscriptions dans les églises. Elle est à 21 l. S. O. de Palerme, 5 N. de Mazara.

Marsi, évêché du royaume de Naples, sur le lac, à 2 lieues de Celano. L'évêque résidait à Piscina.

Marsico-Nuovo, petite, mais jolie et riche ville du royaume de Naples, dans la principauté citérieure, au pied de l'Apennin, proche l'Agri, à 2 l. de *Marsico-Vetere*, autre petite ville de la Basilicate, sur l'Agri, mal peuplée, au lieu que Marsico-Nuovo est très-peuplée, agréable, et d'une belle architecture.

Marsiliana, petite ville de la Toscane dans le Siennois. Ses manufactures de cire la rendent remarquable.

Marsola, ville de Sicile, voisine des ruines de Lilybée, près d'un promontoire auquel elle donne son nom.

Martin (Saint), village considérable du Piémont.

Mattorano, pet. ville du royaume de Naples, dans la Calabre citérieure, à 3 l. de la mer, 6 l. S. de Cosenza. Long. 14. 25. lat. 39. 8.

MARZA-SIROCO, côte méridionale de Malte, avec trois forts. Elle donne son nom à un petit golfe.

MASSA, petite, mais belle ville de la Toscane, dite Massa de Carrara, à cause de sa proximité des carrières de Carrara; elle est assez peuplée, et défendue par un château. Le palais public et le jardin méritent d'être vus; on trouve quelques bons tableaux dans les églises. Elle est située dans une plaine agréable, près de la mer, à 2 l. de Carrara, que l'étranger doit aller visiter *Voyez* Carrara. A 4 l. S. E. de Sarzanne, 10 N. O. de Pise, 22 O. q. N. de Florence. Long. 45. lat. 44. 1. La principauté enclavée entre la Toscane, Gênes et Lucques, abonde en oranges, limons, olives, etc.

MASSA-LUBRENZE ou MASSA-DI-SORRENTO, petite ville du royaume de Naples, dans la Terre de Labour, près de la mer, dans un lieu d'un difficile accès. Les veaux de ses environs sont fort estimés. A 2 l. S. O. de Sorrento, 7 S. O. de Naples. Long. 11. 58. lat. 40. 40.

MASSA-VITERNENSIS, petite ville de la Toscane dans le Siennois, sur une montagne proche de la mer, à 10 l. S. O. de Sienne. Long. 8. 48. lat. 43. 5.

MASSAFRE, petite ville forte du royaume de Naples dans la terre d'Otrante, au pied de l'Apennin, à 4 l. N. O. de Tarente. Long. 15. 10. lat. 40. 50.

Masserano, petite ville forte du Piémont, chef-lieu de la principauté de ce nom, à 8 l. de Verceil; elle est sur un mont. Le prince Masserano la tenait comme fief de l'église.

Mataloni, pet. ville du royaume de Naples, avec titre de duché.

Matera, ville considérable du royaume de Naples, dans la terre d'Otrante, sur le Canapro, à 11 l. S. O. de Bari, à 13 l. E. de Cirenza, 14 l. N. O. de Tarente. Long. 14. 36. lat. 40. 50.

Mattelica, petite ville de l'état du pape, dans la marche d'Ancône, avec une grande fabrique de drap ordinaire pour les paysans.

Mauli, rivière de la Sicile, dans la vallée de Noto, passe à Syracuse et se jette dans la Méditerranée.

Maura (Santa), île du golfe de Venise, au nord de Céphalonie, formait la presqu'île de Leucate; 10,000 habitans dépendent de cette île. Elle a été séparée de la terre ferme par main d'homme. Le canal a 500 pas de large. On y voyait autrefois trois villes; elle n'en a plus qu'une qui lui donne son nom. Elle est habitée par beaucoup d'Italiens. Célèbre par le tombeau de Mausole et le saut de Leucate, au cap Ducato. Long. E. 18. 28. lat. N. 38. 34.

Mazara, ancienne ville de la Sicile, capitale

d'un val considérable de ce nom, qui occupe la partie occidentale de l'île. Ce val est très-fertile, et coupé par plusieurs rivières. Il comprend la seconde partie de la Sicile. Elle a un bon port sur la côte, à 10 l. S. O. de Trapani, 22 S. O. de Palerme. Long. 10. 34. lat. 37. 42.

MAZARINO, petite ville de la Sicile, dans le val, et à 20 l. de Noto, avec titre de comté qu'elle a donné à la maison du cardinal Mazarin.

MAZZO ou MASSINO, pet. ville de la Valteline, à 3 l. O. de Sondrio, fameuse par la bataille de 1635.

MEDINA ou CITTA-VECCHIA, pet. ville située au milieu de l'île de Malte, dont elle était autrefois la capitale.

MELDELA ou MELDOLA (LA), petite place de l'état du pape dans la Romagne, avait son propre prince de la maison de Pamphile; elle est à 3 l. de Forli.

MELEDA ou MALTA, île du golfe de Venise, dans l'état de Raguse; elle a 10 l. de long et abonde en poissons, vins, oranges et citrons. Il y a une fameuse abbaye de bénédictins, six villages et plusieurs petits ports. C'est la patrie de Nicandre. Les habitans ne sont pas de bonne foi, de plus, paresseux et superstitieux à l'excès. Long. 15. 38. lat. 42. 41. 46.

MELFI, ancienne ville du royaume de Naples, dans la Basilicate, avec un château sur une roche, fameuse par deux conciles qui s'y tinrent. On y voit quelques curiosités. Le sol y est fertile ; il ne faut pas la confondre avec Amalfi. On voit dans les églises quelques anciennes colonnes et inscriptions. A 10 l. N. E. de Conza, 29 N. E. de Naples. Long. 13. 31. lat. 41 3.

Melzo, bourg du Milanais. On y fabrique de très-belles toiles, dont on fait un grand commerce.

Melitello, petite ville de la Sicile, dans la vallée de Noto.

Melito, petite ville du royaume de Naples, dans la Calabre ultérieure, à 16 l. N. O. de Reggio, 20 l. S. O. de Cosenza. Long. 13. 20. lat. 38. 36.

Mendrisio, petit pays très-fertile en vin et en grain, à 3 l. N. O. de Coire, aujourd'hui un des districts du canton de Tessin. Mendrisio est un bourg assez considérable, qui fut donné aux Suisses en 1512, par Maximilien Sforze, duc de Milan, avec Madia, Locarno et Lugana. Il y a plusieurs couvens.

Mer Adriatique (la), mer située entre l'Italie et la Dalmatie, depuis le cap d'Otrante jusqu'à Venise. A pris son nom de la petite ville d'Adria, ancien port de mer.

Mercato di Sabbato, anciens Champs Élysées des poëtes romains. (*Voyez* Baies.)

Mesola, petite ville du Ferrarais. Son territoire est un des plus fertiles de l'Italie, et produit beaucoup de blé et de maïs.

Messine, dans le val de Demona, grande, belle et forte ville de la Sicile, dont elle était autrefois la capitale. Elle fut originairement appelée Zanclé, ensuite Messine, du nom des Messéniens, qui s'y réfugièrent, et après avoir donné asile aux Mamertins, elle prit le nom de *Mamertina Civitas*, comme on le voit par quelques médailles grecques. Son port est un ouvrage étonnant, construit sur un golfe qui forme presqu'une circonférence; il est défendu, du côté du levant, par le château du *Salvatore*; sur le coude est le fanal, également fortifié; et la citadelle est, dans son genre, une des plus fortes de l'Italie. L'ancrage du port est sûr pour tous les vaisseaux, même de haut bord. La ville est grande, bâtie en partie sur la colline et en partie dans la plaine; elle est ornée de beaux édifices, et offre un coup d'œil agréable et riant. Les rues sont bien alignées, et la promenade sur le port est si spacieuse, que six voitures peuvent y passer de front. Les édifices les plus remarquables sont les greniers de la ville, le séminaire, le palais épiscopal, orné de quatre fontaines; le mont de piété, le grand hôpital, celui qu'on appelle *la Loggia*, et la cathédrale. La population de cette ville n'est pas proportionnée à son étendue. Avant les fameuses vêpres siciliennes, on y comptait plus de 80,000 habitans; mais depuis cet événement, et depuis la peste de 1743 et les tremblemens de terre, particulièrement celui du 5 février 1783, dont elle a éprouvé une secousse terrible, sa population est réduite à 20,000 habitans. Les environs de Messine offrent un coup d'œil superbe et varié, de montagnes et de bois, dont la perspective, prise de la ville, semble une décoration théâtrale. Du nord au levant, on découvre la Calabre, et du couchant au midi, on aperçoit de charmantes collines qui dominent la ville, et sont couvertes de maisons et de jardins. Avant de quitter Messine, il ne faut pas négliger de voir la bibliothéque de manuscrits grecs qu'a laissée le fameux *Constantin Lascaris*. Messine est la patrie d'*Antoine de Messine* et de *Joseph Moletius*. Son territoire est très-fertile (*Voyez* SICILE). Elle est sur la mer, à 44 l. E. de Palerme, 21 l. N. E. de Catane, 114 l. S. q. E. de Rome, 75 S. q. E. de Naples. Long. 13. 48. lat. 38. 10.

MESSINE (PHARE DE). *Voyez* FARO-DI-MESSINA.

METAURO, METARO ou METRO, rivière de l'état du pape, qui coule dans le duché d'Urbin et se jette dans le golfe de Venise. Cette rivière est célèbre par la défaite d'Asdrubal.

MEZZANA, ville de l'île de Corse.

Mezzo, nom de trois petites villes de l'ex-république de Raguse, entre cette ville et l'île du Meleda, dans le golfe de Venise.

Mezzo, bailliage du milieu de l'île de Corfou. Il a 30 villages et 2,500 habitans.

Mezzoiuse, petite ville de la Sicile, dans le val de Mazzara, fondée par les Albanais; elle est connue par ses pierres à rasoir.

Milan, ancienne, grande, belle et riche ville de la Lombardie, autrefois capitale du duché de ce nom, si souvent disputé par les rois de France comme leur domaine; ensuite capitale du royaume d'Italie, et aujourd'hui capitale de la Lombardie autrichienne, fut fondée par les Celtes, nation gauloise, l'an 340 de Rome. Après Rome et Naples elle est la plus grande ville de l'Italie; située dans un beau pays, un des plus fertiles de la péninsule, elle renferme 125,000 habitans dans un circuit d'environ 10 milles. Le voisinage des Alpes fait que l'hiver y est assez rigoureux, et que l'été est fréquent en orages. Milan a éprouvé plusieurs dévastations, ce qui fait qu'on n'y trouve pas beaucoup de monumens d'antiquité. Elle a de vastes jardins, et ses édifices sont majestueux et solides, quoique pour la plupart d'une mauvaise architecture. La cathédrale, d'un style gothique, est un superbe édifice: c'est le temple le plus vaste d'Italie après Saint-Pierre de Rome;

enrichi de milliers de statues, de bas-reliefs, et autres ornemens du plus grand prix. Elle a 449 pieds de long, 275 de large dans la croisée, et 238 de haut sous la coupole; l'intérieur est divisé en cinq nefs soutenues par 160 grandes colonnes de marbre blanc; la partie extérieure est surprenante par l'immense quantité de niches et de statues dont elle est couverte dans toute sa hauteur. Parmi les sculptures de grand prix qui ornent cette église, on en voit deux très-estimées de *Cristoforo Cibo*, dont l'un représente Adam, et l'autre Saint-Barthelemy écorché. Quelques-uns attribuent cette dernière à Marc *Ferrerio* dit *Ograti*. Le frontispice, de proportion grecque, est de Peligrini Tibaldi, et la coupole au milieu de la croisée est de *Brunalesco*. Immédiatement sous cette coupole est une chapelle souterraine où repose le corps de St. Charles Borromée, dans un cercueil de cristal orné de vermeil. Ce temple, majestueux dans son ensemble, peut être regardé comme le monument le plus bizarre de l'architecture gothique ou allemande. Du haut des tours, on a une vue très-étendue sur toute la plaine de la Lombardie et les Alpes. Dans le palais du vice-roi, sur la place du Dôme, et dont la façade est sans goût, on voit un superbe salon. Dans la galerie de l'archevêché on remarque une collection de bons tableaux. L'église de Saint-Alexandre est d'une belle architecture et noblement décorée ; le grand autel est orné de lapislazuli, d'agathes et d'autres pierres précieuses. La façade de l'église de Sainte-Marie, près de Saint-Celse, est remarquable par les belles sculptures dont elle est ornée, savoir : deux sibylles d'*Annibal Fontana* sur la porte, et sur les côtés Adam et Ève d'*Astolfo Lorenzi*, Florentin. L'intérieur de cette église, quoique gothique, n'est pas désagréable à voir depuis qu'on lui a donné un air plus moderne ; la coupole est peinte par *André Oppiani*, Milanais ; on y remarque aussi plusieurs tableaux du *Procaccino*, une Vierge et St. Jérome, de *Paris Bordone*, une Résurrection de *Campi*, le Baptême de Jésus-Christ, par *Gaudenzio* de Ferrare, la Conversion de St. Paul, d'*Alexandre Buonvicino*, et le martyre de Ste. Catherine, de *Cerano*. On voit dans la sacristie deux tableaux, l'un de *Léonard de Vinci*, l'autre de *Raphaël*. Il faut voir encore le monastère de l'église de Saint-Victor, où l'on conserve de beaux tableaux de *Crespi*, de *Procaccino* et de *Batoni* ; l'église de Saint-Ambroise, où l'on remarque, outre la richesse de son grand autel, des monumens précieux de l'antiquité chrétienne ; l'église de Saint-Fidèle hors de Milan, d'architecture de *Pellegrini*, et le bel édifice du collége de *Brera*, aujourd'hui le gymnase des beaux-arts ; tous les ans, dans les salons, on y fait l'exposition de l'industrie moderne. Parmi beaucoup d'autres, on admire le superbe tableau de *Guido-Réni* représentant saint Paul faisant des reproches à saint Pierre. Tous les étrangers vont admirer la belle fresque de *Léonard de Vinci*, représentant la Cène, dans le réfectoire des Dominicains de Sainte-Marie-des-Grâces. Cette peinture, aujourd'hui presque totalement effacée, est devenue encore plus célèbre par les belles gravures de *Raphaël Morghen* et de *François Rainaldi*; on voit aussi de belles peintures dans l'église. Saint-Laurent est un édifice d'une architecture singulière, et peut-être unique dans son genre: une partie des ruines du temple d'Hercule élevé par *Maximien* en 286, forme le portique de cette église. Les amateurs de la peinture ne négligeront pas de voir les églises de *Saint-Antoine*, de *Saint-François*, de *Saint-Marc*, de *Notre-Dame de la Scala*, de *Sainte-Marie de la Victoire*, celle de la *Passion*, etc. Ils y admireront les tableaux de *Vinci, de Bramintino*, de *Peterzano*, de *Salvador Rosa*, de *Domenichino*, de *Brandi, du Poussin*, du *Luino*, etc. A Ste-Marthe, on voit la statue de *Gaston de Foix* avec le reste de son tombeau, par *Augustin Busti*. L'église de *Saint-Jean in Conca* est très-ancienne. On y admire le tombeau de *Barnabà Visconti*, avec sa statue équestre. Vers *Porta Ticino* sont des colonnes antiques qu'on nomme les colonnes de saint Laurent. Il y a plusieurs particuliers à Milan qui possèdent des collections considérables de bons tableaux. On doit voir aussi les tableaux des palais *Cusani*, *Simonetta*, *Casa Porta*, *Massimo*, *Dureni*, etc., etc. La bibliothéque ambrosienne, monument remarquable et précieux, conçu et exécuté en faveur des sciences et des arts, par Charles-Frédéric *Borromée*, contient 50 à 60 mille volumes, et en outre, 15 à 20 mille manuscrits précieux, ainsi que des dessins et ouvrages autographes de *Léonard de Vinci* et autres. La salle a 60 pieds de long, 24 de large, et 36 de haut; par un portique qui environne une cour intérieure, on passe aux salles de l'Académie de peinture et de sculpture; la première est remplie de tableaux des peintres les plus célèbres, et la seconde de formes et de modèles des meilleures statues antiques et modernes; il y a en outre un cabinet d'histoire naturelle, d'antiquités, des médailles, etc. etc. Derrière cet édifice est le jardin botanique, qui appartient à l'université. Le séminaire de Milan est un beau bâtiment, avec deux rangs de portiques d'une belle architecture. Milan possède sept théâtres, mais le neuf, dit *del la Scala*, est le plus beau et le plus majestueux de l'Italie, d'une belle architecture, de Pierre *Marini*. Sous le dernier gouvernement, Milan, étant la capitale du royaume d'Italie, avait acquis un nouveau lustre de beauté et de richesse. Parmi les établissemens de charité, le grand hôpital occupe le premier rang par sa magnificence et sa solidité ; il renferme 2,200 lits, et on y élève environ 4,000 enfans exposés. Le bâtiment du lazaret est aussi fort vaste. Les places ne présentent aucun objet remarquable, si l'on en excepte pourtant le *Forum*, où est le château dont on a fait des casernes. Les rues dans le centre de la ville sont étroites et mal distribuées ; dans la première enceinte elles sont plus larges, et l'on y voit de belles maisons, des palais, de même qu'entre la première et la seconde enceinte. Le palais d'été du vice-roi est situé à la porte orientale, et ses jardins servent de promenade aux habitans. Un canal navigable qui communique avec la *Ticinella* et la *Martesana*, dérivant du Tessin et de l'Adda, sert à l'importation des denrées. Le peuple milanais se donne avec ferveur aux arts et au commerce. Il a plus de sagesse et de mœurs que d'esprit ; quoique les femmes n'y soient pas d'une rare beauté, elles sont douées de charmes qui rendent leur société très-agréable. Les voyageurs sont très-bien reçus à Milan, et y trouvent une société agréable. Les hôtels garnis sont dans le goût de ceux de Paris ; celui de la Ville, l'Auberge Royale, les Trois Rois et celui del Pozzo sont recommandés aux voyageurs ; ils trouveront, dans le dernier, des voitures d'occasion pour tous les pays. On fabrique à Milan des étoffes et des draps de soie; on y fait des ouvrages coulés en tous métaux; on y travaille les cristaux de roche, et l'on y fait des voitures qui sont envoyées dans toute l'Italie et dans l'étranger : en un mot, les arts, l'agriculture et le commerce ont été tellement encouragés sous le dernier gouvernement, qu'on y fait et qu'on y trouve tout ce qu'on peut faire et trouver à Paris : il y a aussi un grand trafic de fromage et de riz. Dans la campagne, on voit de belles maisons de plaisance, entre autres *Castellazzo*, où l'on conserve une statue de Pompée, très-estimée; *Lainate*, qui appartient à la famille *Litta*, etc. A la *Casa Simonetta*, éloignée de 2 milles de la ville, est un écho qui répète 40 fois le son de la voix humaine, et 60 fois le bruit d'un coup de pistolet. Hors de la porte Romaine, on voit la fameuse abbaye de Clairvaux, maintenant supprimée. Le mont *Brianza*, couvert de maisons agréables, est un séjour gracieux, tant par la variété des points de vue que par l'abondance de ses eaux. Milan est la patrie de *Valère Maxime*, de *Décius*, d'*Octavius Ferrarius*, du cardinal *Jean Moron*, des papes *Alexandre II*, *Urbin III*, *Célestin IV*, *Pie IV* et *Grégoire XIV*, et d'une infinité d'autres hommes illustres. Cette ville était considérable du temps des Romains, sous le nom de *Medialonum*, capitale de l'*Insubrie*. Elle fut souvent prise et reprise, brûlée et ruinée trois fois. Barberousse la détruisit, y fit passer la charrue et semer du seigle. Elle est à 26 l. N. de Gênes, 29 l. N. E. de Turin, 30 l. N. O. de Mantoue, 58 l. N. O. de Florence, 110 l. N. O. de Rome, 143 l. S. E. de Paris. Long. 6. 51. lat. 45. 28. *Voyez* MONZA.

MILANAIS OU MILANEZ (LE), ancien duché de Milan, pays considérable borné N. par les Suisses et les Grisons, E. par l'ancien territoire de Venise et par les duchés de Parme et Mantoue, S. par le duché de Parme et les états de Gênes, O. par le Piémont. Il a 27 l. de long, 20 l. de large, et est fertile en tout. Le marbre y est commun. On divisait le Milanais en 13 parties : le *Milanez* propre, le *Pavesan*, le *Lodesan*, le *Crémonèse*, le *Comasque*, le comté d'*Anghiera*, les vallées de *Sassia*, le *Novalèse*, le *Vigevanois*, la *Lauméline*, l'*Alexandrin*, le *Tortonèse*, et le territoire de *Bobio*. Le pays aqueux et plat, a des montagnes au septentrion, des mines de fer, cuivre, plomb, et de très-beau marbre. Dans l'intérieur, on fait un commerce considérable de blé, maïs, fromages, soies, chanvre, lins, draps, toiles, etc. etc. Les habitans de la campagne ont des goîtres énormes. La capitale est Milan.

MILAZZO, jolie et forte ville de la Sicile dans

le val de Demona : avec un port, on la divise en ville haute et ville basse. La haute est très-forte. Il y a dans la basse ville une belle place, avec une superbe fontaine. Sa situation est riante, et dans ses églises, dont quelques-unes de belle architecture, on voit quelques bons tableaux, ainsi que plusieurs colonnes anciennes. Elle est bâtie sur le penchant d'une montagne, sur la rive occidentale du golfe auquel elle donne son nom. A 7 l. N. O. de Messine. 8 l. N. E. de Pati. Long. 13. 15. lat. 38. 32.

Mileto, petite ville du R. de Naples, dans la Calabre ultérieure, à 2 l. de Monte Leone. Elle a été détruite avec tous ses environs, par le fameux tremblement de terre du 5 février 1783. Elle est sur le Metrano, à 2 l. de la mer.

Millefleurs, beau château de plaisance du roi de Piémont, à une lieue de Turin.

Millesimo, bourg du Milanais, remarquable par la bataille, et la victoire remportée par les Français en 1796, dite la bataille de Montenotte.

Mincio, rivière qui sort des Alpes, traverse le Mantouan, forme un lac autour de Mantoue et se jette dans le Pô, près de Borgo-Forte.

Minea, ville de la Sicile dans le val de Noto, entre Castiglione et Lenti.

Miniato (San), petite ville de la Toscane à 8 l. de Florence, l'air y est sain et la situation agréable.

Minorbino, petite ville du royaume de Naples dans la Terre de Bari, à 8 l. N. O. de Cirenza.

Minori, petite ville du royaume de Naples dans la principauté citérieure, sur le golfe et à 4 l. S. O. de Salerne.

Minturne, petite ville détruite, sur les bords du Garigliano, et près de l'embouchure de Liris, dans le royaume de Naples, célèbre par le concile qui décida que le pape ne pouvait point avoir de juge. On y remarque les ruines d'un ancien aquéduc, d'un amphithéâtre, près d'un temple dédié à Vénus, ce qui fait croire que Minturne était une ville considérable : c'est là que finit la voie Appienne. Ce fut à Minturne que le soldat *Galate* envoyé par Sylla pour tuer *Marius*, au moment où il allait le frapper, ce dernier lui parut si respectable, qu'il tomba à ses genoux tout tremblant. 8 l. O. de Capoue.

Minuciano, bourg fortifié de la principauté de Lucques, entre la vallée de Nagra et celle de Carfognana.

Mirandole, petite mais forte ville du Modenais avec un château. Les Français et les Espagnols y furent défaits par les alliés en 1703. Les Français la prirent en 1705, et l'évacuèrent en 1707. Charles VI la vendit avec le duché au duc de Modène. Elle fut autrefois la résidence des ducs de la Mirandole, et est célèbre pour avoir donné naissance au fameux Pic de la Mirandole. On remarque encore les fortifications qui la défendaient : elles consistent en un petit fort, 7 bastions et une citadelle. Le duché de la Mirandole est fertile en tout. La ville est à 7 l. N. E. de Modène, 9 S. E. de Mantoue, 10 l. O. de Ferrare, 34 l. S. E. de Milan. Long. 8. 55. lat. 54. 52.

Misène (Cap de) Capo Miseno, est la pointe occidentale et méridionale du golfe de Pouzzol et de Cumes. L'origine de son nom vient, selon Virgile, d'un excellent trompette d'Énée, noyé dans la mer par un triton, pour se venger de l'avoir défié à qui sonnerait mieux de la trompe. Son corps flotta long-temps à la merci des flots et fut trouvé par Énée, qui l'enterra sur ce promontoire, appelé auparavant mont Aérien,

Monte sub aërio., qui nunc Misenus ab illo dicitur.

C'est à Misène qu'était la station des vaisseaux romains. La ville fut détruite deux fois ; en 836 par les Lombards, et une autrefois par les Sarrasins. On y voit un souterrain percé dans la montagne, nommé *Grotte Dragonara :* c'était, à ce qu'on croit un aquéduc, que Néron avait fait pour y rassembler les eaux chaudes de Baies ; les chambres étaient des citernes pour y conduire les eaux pluviales, et faire rafraîchir les eaux chaudes. Dans la mer, même au pied de la montagne, on trouve une source d'eau douce, qui, mêlée avec l'eau de la mer, conserve sa douceur.

C'était la fontaine du temple des Nymphes, bâti par *Domitien*, où il y avait une source intarissable. Sur le promontoire est un phare que l'on allume pour éclairer pendant la nuit les navires qui entrent dans le golfe. Enfin, c'est là que Pline le naturaliste a péri, pour observer la fameuse éruption du Vésuve.

Mistreta, bourg dans le val de Demona en Sicile, à 10. l. S. de Terminis.

Modène, belle et ancienne ville, capitale du duché du même nom, dans une plaine agréable. Elle était une des plus belles colonies des Romains, lorsqu'elle fut assiégée par *Antoine*, pour avoir reçu *Brutus* après l'assassinat de César. Elle suivit le sort de toute l'Italie, passa des empereurs aux papes, aux Vénitiens, aux ducs de Milan, de Mantoue et enfin à la maison d'Est, qui la gouverne aujourd'hui. Elle a été tellement embellie qu'on y distingue la vieille ville et la nouvelle. Le palais du duc, qui est magnifique est composé de quatre ordres d'architecture, le dorique, l'ionique, le corinthien et le composite; il est situé dans la plus belle partie de la ville. On y chercherait en vain cette belle collection de tableaux et de raretés précieuses qui l'ornaient autrefois. Auguste, roi de Pologne et électeur de Saxe, fit l'acquisition de cent des meilleurs tableaux, entre autres la *Nuit* de Corrège, au prix de 1,250,000 fr. de France. Le reste des riches ameublemens a été également enlevé pendant les révolutions d'Italie. Aujourd'hui que la maison d'Est a repris possession de ce duché, ce palais brillera encore de son ancienne splendeur. Les églises, pour la plupart, n'offrent rien de remarquable, si l'on en excepte Saint-Vincent, et Saint-Augustin. La cathédrale elle-même est un édifice obscur, et d'un mauvais goût gothique. La seule chose qu'il y ait à remarquer est la présentation de J.-C. au temple, tableau de *Guido-Réni*. La tour, toute en marbre, est une des plus hautes d'Italie; au bas, on conserve le vieux sceau de bois de moyenne grandeur, qui fut un des trophées que les Modénais enlevèrent sur les Bolonais, chanté par Tassoni dans la *Secchia Rapita*. La bibliothéque de Modène est une des plus célèbres, riche en manuscrits et en éditions les plus rares. Cette ville a une université assez renommée, un collége bien administré, d'où sont sortis de bons élèves, qui se sont distingués soit dans les belles-lettres, dans les sciences, la politique ou les armes. Le théâtre octogone est bien décoré et imite en quelque sorte les anciens amphithéâtres. L'eau qu'on boit à Modène est excellente, et le naturaliste observera sans doute avec intérêt les montagnes, les sources et les eaux thermales des environs, en prenant pour guide ce qu'en ont écrit *Bernardin Remazzini*, et *Antoine Vallisnieri*; le pétrole, ou huile de pierre des environs de Modène, nageant sur l'eau des puits, est aussi connu par les physiciens. C'est la patrie de *Tassoni*, de *Luigi* de *Castelvetro*, de *Fallope*, de *Germiniano Montanari* et de l'illustre *Muratori*. Sa population monte à 25,000 habitans. Il y a plusieurs fabriques de crêpe. Le pays est agréable et fertile en tout; les comestibles sont à très-bas prix et les vins qui y abondent sont excellens, entr'autres celui appelé *Lambrusco*. Elle est sur un canal entre la *Secchia* et le *Panaro*, à 9 l. N. O. de Bologne, 15 l. S. E. de Parme, 14 l. S. E. de Mantoue, 24 N. q. O. de Florence, 38. S. E. de Milan, 76. N. q. O. de Rome. Long. 8. 47. lat. 44. 34.

Modenais (le) comprend les duchés de Modène, de la Mirandole et de Reggio, ayant 20 lieues de long sur 16 de large. C'est un très-beau pays abondant en blé et vin. On y recueille l'huile de pétrole. En 1771, la diète de l'empire en assura la succession et l'investiture après l'extinction des mâles de la maison d'Est (qui en est le souverain aujourd'hui) à l'archiduc Ferdinand, troisième frère de l'empereur Joseph II. Ce pays est borné N. par le Mantouan; S. par la Toscane et l'état de Lucques, et par le Bolonais, O. par le Parmesan. Sa population est de 320,000 âmes. Modène en est la capitale.

Módica, petite, mais ancienne et forte ville de la Sicile dans le val de Noto, à 3 l. S. O. de cette ville, avec titre de comté. Long. 12. 46. lat. 36. 48.

Modigliana, petite ville forte d'Italie, dans la Toscane et le Florentin. Son territoire, couvert de montagnes et de collines, est très-fertile et très-peuplé; l'air y est tempéré, et la situation de la ville très-agréable.

Mola, château et bourg du royaume de Naples, à 4 l. de Bari, situé sur la pointe d'un cap. Il n'offre pas un coup d'œil agréable. Ses rues sont incommodes, étroites et obscures. Le pays fournit une grande quantité de manne.

Mola de Gaete, petite ville du royaume de Naples, à 3 l. de Gaëte, près de la mer, dans une des plus heureuses situations, au centre d'un petit golfe. Elle est bâtie sur les ruines de l'ancienne *Formies*, ville des Lestrigons. Mola est à l'abri des vents du nord et du couchant par les coteaux qui l'environnent. Ses vins furent comparés par Horace à ceux de Falerne. La campagne autour de Mola est un jardin planté d'orangers, de lauriers, grenadiers, myrthes, jasmins, et de toutes sortes d'arbres à fruits, ainsi que de plantes odoriférantes. Les collines sont couvertes de vignes et d'oliviers. On jouit à Mola d'un point de vue très-agréable. D'un côté la campagne et les collines; de l'autre la perspective de Gaëte, la mer, les îles d'Ischia et de Procida. Les Sarrasins ont détruit la ville de Formies. On en aperçoit encore quelques ruines. On voit entre Mola et Gaëte les ruines de *Formianum*, maison de campagne de Cicéron, où l'on voit une grande salle entourée de siéges de marbre; il est dit que Cicéron y faisait ses conférences. Toute cette plage est couverte de monumens antiques, et les eaux de la mer qui les couvrent les préservent d'être démolis pour se servir de ces matériaux. C'est près de *Formianum* et d'*Astura* que Cicéron fut assassiné par les émissaires d'Antoine.

Molfetta, pet. ville du royaume de Naples, dans la Terre de Bari, avec titre de duché, sur le golfe de Venise, à 4 l. N. O. de Bari, 3 l. E. de Trani. Long. 14. 48. lat. 41. 18.

Molise (le Comté de), province du royaume de Naples, dans l'Abruzze, entre l'Abruzze citérieure, la Capitanate et la Terre de Labour, a 13 l. de long, sur 11 de large; 22,000 habitans périrent par le tremblement de terre de 1805. Le bourg de Molise est à 9 l. N. de Capoue, qui en est la capitale.

Monaco, petite, ancienne, mais jolie ville, autrefois capitale d'une principauté du même nom, sous la protection de la France, possédée par la maison *Grimaldi*, d'où elle avait passé dans celle de *Matignon*. Elle est actuellement sous la domination du roi de Piémont. Le palais du duc est si bien placé, que d'une fenêtre on peut découvrir jusqu'à l'île de Corse, quoique très-éloignée. La place d'armes est terminée par une plate-forme, et il y a un souterrain qui passe pour le plus beau d'Europe. Son port est très-avantageux et garanti par une tour considérable. La chapelle de *Santa Devota* attire beaucoup de fidèles; c'est la patrone du pays. Il y a de beaux jardins. Tout le pays même n'est qu'un jardin de citronniers et orangers. Il y a beaucoup de *caroubiers*; son fruit est très-pectoral. Monaco est située sur un rocher qui s'avance dans la mer et présente un coup d'œil vraiment pittoresque. Cette ville n'a que 1,100 habitans. On l'appelait anciennement *Templum Herculis Monaci*. Elle est à 3 l. N. E. de Nice. Long. 5. 3. lat. 43. 48.

Mondovi (Mons Vici), ville du Piémont, avec une bonne citadelle et une université. Elle est remarquable par une victoire remportée par les Français en 1796. Il s'y fait un grand commerce de laine, pelleteries et cuirs. La terre est très-fertile et produit beaucoup de vin. Il y a quelques édifices qui méritent d'être vus. C'est la patrie du cardinal *Bona*, célèbre par sa piété et ses ouvrages. A 13 l. S. E. de Turin. Long. 5. 40. lat. 44. 23.

Mondragon, bourg du royaume de Naples,

dans la Terre de Labour, près la côte et l'ancienne *Sinuesse*, remarquable par ses bains minéraux.

Moneglia, pet. ville du territoire de Gênes. Ses environs donnent le meilleur vin du pays.

Monselice, gros bourg avec un vieux château, situé sur un colline, entre Este et Padoue.

Montagna, pet. ville du Padouan.

Montalbano, fort sur une montagne, dans le comté de Nice. Il y a une petite ville de ce nom en Sicile, dans la vallée de Demona.

Monte-Alcino, petite ville de la Toscane, sur une montagne. Son climat, quoique froid, est fort sain. Le pays est bien cultivé, et produit un muscat délicieux. Les habitans sont robustes et laborieux. Elle est à 7 l. S. E. de Sienne, 18 l. S. E. de Florence. Long. 9. 27. lat. 43. 7.

Montalto, petite ville fertile de l'état du pape, dans la marche d'Ancône, à 4 l. N. E. d'Ascoli, 17 l. S. d'Ancône. Sixte V y naquit et gardait des cochons; ensuite il prit le nom de Montalto.

Monte-Cassin, montagne du royaume de Naples, au sommet de laquelle est la célèbre abbaye de l'ordre de Saint-Benoît, dont l'abbé est évêque. C'est un des plus magnifiques et des plus riches couvens de l'Italie. Au pied de la montagne, à San-Germano, est une hospice où l'on reçoit les passans de toute condition, pauvres et riches. On entretient dans ce couvent 80 mulets pour conduire les étrangers à la plus proche ville, sans leur faire jamais rien payer. Sur le chemin de l'hospice au couvent, il y a deux chapelles : la *Santa-Crocella*, où on fait voir l'empreinte d'une cuisse qu'on dit de St Benoît, et l'autre *il Ginocchio*, où l'on voit aussi l'empreinte du genou dudit saint. La façade du couvent a 525 pieds de long. On y entre par une voûte de 40 pieds, reste du couvent habité par St Benoît. Le chapitre, les corridors, la bibliothéque, les corps de logis pour les étrangers, tout est très-propre. L'église est frappante, remplie de superbes statues de marbre par de grands maîtres, de bas-reliefs, de colonnes superbes, et de peintures précieuses de *Luc Giordano*, du *Solimène*, du *Vanni*, etc., etc. Il y a huit chapelles, dans l'une desquelles est le corps de *Carloman*, fils aîné de Charles Martel, et oncle de Charlemagne, religieux de Saint-Benoît. Enfin les voyageurs amateurs des beaux-arts, ne doivent pas négliger de visiter ce couvent, lors de leur voyage dans le royaume de Naples. Il est à 9. l. N. de Gaëte.

Monte-Alfonso, fort du duché de Modène, dans la vallée de Carfagnana.

Monte-Baldo. *Voyez* Baldo.

Monte-Barbaro. *Voyez* Naples.

Mont Cenis. *Voyez* Cenis.

Monte-Célèse, village du Padouan, séparé du Polésin de Rovigo par l'Adige, situé au pied d'une montagne fort élevée. De chaque côté du chemin qui conduit de ce village à Padoue sont des maisons superbes des plus riches Vénitiens. Le pays est un des plus fertiles de l'Italie, et de l'aspect le plus agréable.

Monte-Cenère. *Voyez* Monte-Nuovo.

Monte-Cimino, montagne qu'on commence à gravir en sortant de Viterbe par la porte de Rome : elle est très-élevée. Le côté de Viterbe est ombragé de châtaigniers et de sycomores ; les jasmins, les genarium, les houx sans épines y bordent le chemin. Les plus belles fleurs y viennent sans culture ; tout ce côté est arrosé de fontaines et parsemé de belles maisons de campagne. On y trouve quantité de gibier.

Monte-Chiaro, bourg du Piémont, à 4 l. N. N. O. d'Asti.

Monte-Chiamlogo, bourg et château du Parmesan.

Montecchio, petite ville du duché de Modène, à 3 l. N. O. de Reggio.

Monte-Falco, petite ville sur une montagne, à 6 l. N. O. de Spolette.

Monte-Falcone, petite ville dans le Frioul, avec un château, à 5 l. N. O. de Trieste.

Monte-Feltro, pet. ville du duché d'Urbin, sur la rivière Marecchia. Ce pays est fertile et a donné son nom à une illustre famille d'Italie.

Monte-Fiascone, petite ville de l'état du pape, sur une montagne près le lac de Bolsena; pour y arriver on traverse un bois épais. Cette ville n'est ni belle ni peuplée, ni même commode à habiter; mais elle domine une immense étendue de pays, ce qui lui donne l'air d'une métropole, comme elle l'était en effet autrefois. Elle est maintenant renommée pour ses vins, surtout pour son muscat excellent, et si connu en Europe, qu'on l'appelle *muscat d'Est*. Ce nom lui est donné à cause d'une aventure curieuse: Un prélat allemand qui aimait beaucoup le vin faisait marcher devant lui son valet, qui sur les murs extérieurs des cabarets où le vin était bon, écrivait en grosses lettres, *Est*, *Est*; cette marque donnait à entendre à son maître qu'il y avait de bon vin. Arrivant à Monte-Fiascone, il s'y arrêta en voyant le signal convenu *est*, *est*, mais il trouva le vin si bon et il en but tant qu'il en mourut. Le valet fit cette épitaphe, qu'on voit sur le tombeau de son maître:

« *EST, EST.*
« *Propter nimium est, est,*
« *Dominus meus mortuus est.*

Monte-Fuoco, volcan. *Voyez* Pietra-Mala.

Monte-Fusculo, bourg du royaume de Naples, à 7 l. S. E. de Bénévent.

Monte-Gargano, célèbre montagne du royaume de Naples dans la Pouille. Elle a environ 15 l. de long, sur 9 de large, formée d'un groupe de montagnes et de collines, avec des vallées spacieuses et agréables, qui renferment plusieurs villes et villages, dont la population est d'environ 70,000 individus. Manfredonia en est le chef-lieu.

Mont-Gibel. *Voyez* Etna.

Monte-Grande, village du Piémont.

Monte-Gresso, village de l'île de Corse.

Monte-Ignoso, petite ville fortifiée de la principauté de Lucques.

Monte-Leone, ancienne et petite ville de la Calabre ultérieure, près le golfe de Sainte-Euphémie. Une des villes des plus florissantes de la grande Grèce, détruite par le tremblement de terre du 5 février 1783, à 5 l. N. O. de Milito. Long. 14. 22. lat. 38. 45.

Monte-Luco, de l'autre côté du pont de Spolette, célèbre par les solitaires qui autrefois y fixèrent leur séjour, il y avait douze cellules en douze habitations, qui étaient occupées par des nobles solitaires, vivans plus en philosophes qu'en saints. Ils avaient quelques priviléges.

Monte-Magno, village fertile du Piémont.

Monte-Marano, petite ville très-peuplée du

royaume de Naples, dans la principauté ultérieure, à 6 l. S. E. de Bénévent, sur la Calore; elle est agréablement située, et a un sol fertile.

MONTENERO, province près les bouches de Cattaro, limitrophe de Raguse, entourée de hautes montagnes, et dont les habitans, au nombre d'environ 45,000, se sont rendus indépendans. L'agriculture est négligée; il y a beaucoup de moutons, de fromages, de gibier, etc. La religion grecque est la dominante. Les Monténégrins sont ignorans, cruels et farouches; ils sont grands et bien faits. La capitale est Cetigne.

MONTE-NUOVO ou MONTE-CENERO, colline d'environ 200 pieds de hauteur, sortie du milieu des eaux du lac Lucrin, par une éruption mémorable du 30 septembre 1538. Du 20 au 30 septembre la terre éprouva de violentes secousses. Un gros bourg très-peuplé, appelé Tripergole, entre le lac Lucrin et la mer, avait un couvent de Franciscains, une église paroissiale et un hôpital, dans sa partie inférieure, comme la plus voisine des bains de Tritoli. A l'endroit même où était l'hôpital, au bord de la mer, il s'ouvrit un gouffre d'où sortit une flamme mêlée d'une épaisse fumée, qui éleva en l'air une grande quantité de sables et de pierres ardentes; cette éruption, accompagnée d'éclairs, de tonnerre, de feux, de tremblement de terre, dura

24 heures dans sa violence, pendant lesquelles se forma cette montagne qui couvre une partie du lac Lucrin; la mer recouvrit tout l'emplacement du lac Tripergole, qui fut entièrement englouti avec tous les habitans; les environs autrefois si beaux, furent bouleversés; les habitans de Pouzzol, effrayés, s'enfuirent tout nus vers Naples. Le Monte-Nuovo s'est formé par la fermentation intérieure qui a soulevé un amas considérable de pierres brûlées, de scories et d'écume, qui n'est qu'une lave du mont Vésuve. Le lac Lucrin qui, depuis 1538, n'existe plus, était célèbre chez les Romains par ses huîtres vertes d'un goût délicieux.

Monte-Peloso, petite ville du royaume de Naples, dans la Basilicate.

Monte-Porzio, petite ville près de Frascati, dont le nom lui vient de *Portia*. Entre cet endroit et Marino, se trouvait placée la maison de *Lucullus*.

Monte-Filippo, fort de la Toscane, sur une hauteur, près du *Porto Ercole*, dont il est comme la citadelle.

Monte-Pulciano, petite ville de la Toscane, sur une montagne fertile et célèbre par son vin, que *Redi* dans son dithyrambe appelle le roi de tous les vins; les fameuses vignes que les jésuites cultivaient avec tant de soin, viennent d'être nouvellement soignées. C'est la patrie du cardinal *Bellarmin* et d'*Ange Politien*. Elle est à 10 l. S. E. de Sienne, 20 l. S. q. E. de Florence. Long. 9. 25. lat. 43. 5.

MONTEROSI, village près de Rome, où l'on a trouvé des chambres souterraines de 20 à 30 pieds, taillées dans le roc, revêtues de stuc, garnies de vases étrusques de différentes formes, et de plusieurs tombeaux de pierres, remplis d'ossemens, avec des inscriptions et des peintures étrusques.

MONTE-SENARIO, à 2 l. de Florence, c'est le chef-lieu de l'ordre des Servites.

MONTE-HORACE, bourg, château et duché dans la Calabre ultérieure, près du cap et à 1 l. de Stillo.

MONTE-VERDE, petite ville du royaume de Naples, dans la principauté ultérieure, à 6 l. N. E. de Conza, sur l'Ofanto.

MONT-FERRAT, province du Piémont de 20 l. de long, et 15 dans sa plus grande largeur; elle est très-fertile, bien cultivée, et produit d'excellent vin.

MONT-GAURUS. *Voyez* FALERNE.

MONTONE, rivière de la Toscane.

MONTONO, pet. ville de l'Istrie, sur le Quiéto.

MONT-RÉAL, petite ville de la Sicile dans le val de Mazara, sur un ruisseau qui se jette dans mer, à 2 l. N. E. de Mazara.

MONZA, petite ville à 3 l. N. E. de Milan. Le

vice-roi y a une maison de plaisance. La couronne de fer avec laquelle Charlemagne fut couronné y est déposée. C'est à Monza qu'on couronnait les rois Lombards.

Morbegno, grand et beau bourg de la Valteline, sur l'Adda.

Morelta, village du Piémont, près de Saluces.

Mortara, belle ville du Piémont, dans la Laumeline, très-bien bâtie. On y voit quelques édifices d'une belle architecture, et dans la cathédrale un tableau de maître. On y fait un fort commerce de riz. Son territoire est fertile. C'est là que Charlemagne vainquit et fit prisonnier son beau-frère Didier, roi des Lombards, à 6 l. N. E. de Casal.

Motula ou Motola, petite ville du royaume de Naples, dans la terre d'Otrante, à 2 l. de Massavre.

Mugello, vallée de la Toscane, au nord de Florence.

Muggia ou Muglia, petite ville d'Istrie avec château, sur le golfe du même nom, à 2 l. S. E. de Trieste.

Mugliano, petite ville de la Toscane avec un bon château, à 10 l. N. O. de Sienne; elle appartenait à la maison d'*Albergati*.

Murano (île). *Voyez* Venise.

Muro, pet. ville du royaume de Naples dans

la Basilicate, au pied de l'Apennin, à 5 l. S. E. de Conza, 9 l. S. O. de Cirenza.

N.

Naples, l'ancienne Parthenope, grande, belle, ancienne, très-riche et très-commerçante, et une des plus belles villes du monde, capitale du royaume des Deux-Siciles, dans la terre de Labour. On dit que le nom de Parthenope qu'elle porta, était celui d'une des Sirènes à la voix séduisante desquelles Ulysse s'échappa; cette sirène vint cacher la honte de n'avoir pas réussi, sur les bords de la mer Tyrenienne, et y mourut; le premier fondateur de Naples y trouva son tombeau, et donna son nom à la ville. On débite plusieurs autres fables sur son origine. Les uns attribuent sa fondation aux Argonautes, d'autres à Hercule, Énée, Ulysse; mais la vérité est que cette ville est très-ancienne, et fut fondée par une colonie grecque. C'est le séjour le plus agréable qu'on puisse imaginer; elle passe avec raison pour la troisième ville d'Europe. Dans un circuit d'environ 9 milles, elle renferme plus de 360,000 habitans; elle est par conséquent la ville la plus peuplée après Londres et Paris. Rien n'est plus frappant que le coup d'œil de Naples, située au fond d'un bassin qui a 2 l. et demie de large, et autant de profondeur.

Elle est placée à l'orient sur le bord de la mer, ayant le Vésuve en perspective; la mer au midi; le *Pausilippe*, *Saint-Elme* et *Antiguano* au couchant; les collines d'Averse, de Capoue et Caserte au nord; l'île de Capri au midi; le cap de Misène à droite; le cap de Massa ou le promontoire de Minerve semblent terminer ce bassin. Entre l'île de Capri et ces caps, on voit la vaste étendue de la mer. Le climat le plus doux, la situation la plus heureuse, la fertilité des campagnes, la beauté des environs, la gaieté du peuple, la magnificence des grands, tout contribue à y attirer de toutes parts un grand nombre d'étrangers. Le quartier de Naples le plus beau, le plus sain et le plus agréablement situé, est celui de *Sainte-Lucie*, habité principalement par la noblesse et les ambassadeurs. Une des grandes beautés de Naples est la *Chiaja*, promenade charmante qui s'étend à plus d'un mille sur le bord de la mer. La rade, qui a près de 100 milles de circuit, forme un superbe point de vue. La principale rue de Naples est celle de *Tolède* qui a trois quarts de mille, large, bien alignée, et ornée de superbes édifices; dans le centre de la ville, les rues sont étroites et la hauteur des maisons les rend obscures: elles sont toutes pavées de lave noire; les places sont en général petites et irrégulières: les principales sont le *Largo del Castello*, où l'on donne des divertissemens comme la cocagne, etc.; la *Via dello Spirito Santo*, bâtie sur les dessins de *Vanvitelli*, en 1758; la place qui est auprès des écoles, et le marché des Carmes. Les fortifications de Naples méritent d'être remarquées, quoique ses murailles ne suffisent pas pour la défendre [1]. Elle peut repousser l'attaque d'un ennemi du côté de la mer : à l'ouest le château de l'*OEuf*, au levant diverses batteries, les bastions de l'Arsenal, et le château neuf, et à l'extrémité orientale de la ville, la grosse tour appelée *Torrione del Carmine*. Le château Saint-Elme, qui domine toute la ville, est destiné plutôt à contenir les habitans, qu'à les défendre contre un agresseur étranger; il y a une citerne d'une énorme grandeur. L'arc de triomphe élevé en l'honneur de Ferdinand d'Aragon, au Château neuf, doit être cité dans le petit nombre de morceaux d'architecture remarquables qui ornent cette ville. Le chantier est vaste ainsi que les magasins; le port, uniquement ouvrage de l'art, est trop borné; un fanal en indique l'entrée, mais la colline très-élevée, devant laquelle il est situé, fait qu'on a peine à distinguer

---

[1] Les murailles de Naples étaient autrefois si hautes qu'Annibal n'osa en entreprendre le siége. Elles ont été détruites et rebâties ensuite à une moindre élévation par Innocent IV, en 1254.

ses feux de ceux de la ville. Les fontaines publiques ne sont pas généralement du meilleur goût, et les obélisques ou pyramides qui ornent les places publiques sont mal décorées. L'université ou *lo Studio nuovo*, la *Cavallerizza* ou manége, les hôpitaux et les conservatoires sont des édifices remarquables : il faut voir aussi l'*Albergo dei Poveri*, l'hôpital de l'*Annonciade*, près la porte de *Nola*, et les trois conservatoires où l'on enseigne la musique aux enfans. Le grand théâtre de Saint-Charles, qui vient d'être incendié et qui a été dernièrement rebâti, attenant au palais du roi, est à la fois vaste, noble, et elégant ; on peut dire sans exagérer qu'il est le plus beau de l'Europe; lorsqu'il est illuminé, il offre le coup d'œil le plus brillant et le plus majestueux ; mais il faut se contenter de voir le spectacle sans espérer de rien entendre, vu la grandeur immense du théâtre, défaut qui n'existe pas à celui de Parme ; ajoutez à cela le bruit continuel que font les spectateurs, qui ne s'imposent un moment de silence que pour entendre quelques morceaux de musique déjà connus et applaudis, ce qui arrive presque dans tous ceux d'Italie. Il y a encore un théâtre appelé *dei Fiorentini*, et le théâtre neuf, plus ancien cependant que le précédent. Un autre petit d'une forme élégante est consacré à la comédie. On peut assurer qu'il n'y a pas dans Naples, à strictement parler, un seul édifice qui soit d'un goût parfait. De plus de 300 églises, il n'y en a aucune qui ait une façade ou un portique digne d'être remarqué. Plutôt que de bâtir des temples d'une belle architecture, on a préféré orner avec profusion l'intérieur de tableaux et de dorures ; les églises les plus remarquables sont : le *Dôme* ou la cathédrale, dédiée à saint Janvier, construite sur les dessins de Nicolas *Pisan*; le corps du saint repose sous le chœur, dans une chapelle souterraine; celle où l'on conserve le précieux sang est de la plus grande magnificence. La coupole est peinte par *Lanfranc*, et les consoles par le *Dominiquin*. Sainte-Anne des Lombards possède des tableaux de *Lanfranc*, du *Caravage*, de *Bassan* et de *Luc Jordan*. L'église de l'Annonciade fut bâtie sur les dessins de *Vanvitelli*; dans celle de Saint-Antoine abbé, on voit un tableau attribué à Antoine *del Fiore*, en 1362, et par conséquent antérieur même à *Jean Van Eyck*; l'église des Saints-Apôtres renferme des peintures de *Lanfranc*, de *Luc Jordan*, un tableau du *Flamand*, et cinq de *Guido-Reni*; on voit deux beaux tableaux de *Lanfranc* dans l'église de l'Ascension, sur la *Chiaja*. L'église de Saint-Martin-des-Chartreux possède un trésor d'objets riches et curieux, ornée de pierres précieuses, de marbres rares du plus beau granit, et de stucs dorés; elle renferme des tableaux très-estimés de *Lanfranc*, de *Spagnoletto*, qui a laissé plus de cent ouvrages, tant dans l'église que dans le monastère, de *Guido-Reni*, d'Annibal *Carrache*, de Charles *Maratte*, qui a peint le tableau représentant saint Martin, de *Luc Jordan*. La sacristie et l'enceinte du cloître sont ornées de ceux du *Calabrois*, du *Dominiquin*, du *Caravage*, du chevalier d'*Arpino*, de Paul *Véronèse*, etc.; l'appartement du prieur est le plus riche en tableaux précieux. La Chartreuse de Naples, qui le dispute à celle de Pavie pour la richesse des ornemens, a sur elle l'avantage de sa situation délicieuse. Sur une terrasse à l'extrémité méridionale du jardin de ce riche monastère, on a une superbe vue de la ville et des environs. Sainte-Claire est un riche couvent de dames; son église ressemble plutôt à un salon de bal qu'à un temple consacré au culte; la voûte est peinte par Sébastien *Conca*; les anciennes peintures de Giotto n'existent plus. A *Saint-Dominique-le-Grand*, couvent assez vaste, on admire dans l'église un beau tableau de *Raphaël*, un autre du *Titien*, deux de *Guido-Reni*, une flagellation du *Caravage*, et une gloire du *Solimènes* dans la sacristie. L'église de Saint-Philippe de Néri est aussi fort riche en peintures estimées; on en voit de *Luc Jordan*, de *Guido Reni*, de *Pierre de Cortone*, de *Dominiquin*, de

Palma; *Solimènes* y a peint toute l'histoire du saint. Au *Gesù Nuovo*, on voit aussi une belle fresque de ce dernier, trois tableaux de *Spagnoletto* et un de *Guerchin*; dans la sacristie, deux tableaux de *Raphaël*, et un d'Annibal *Carache*. A *l'Incoronata*, on remarque quelques restes d'anciennes fresques de *Giotto*, et dans la chapelle du Crucifix, un tableau du même, représentant le couronnement d'une reine. Le meilleur modèle d'architecture parmi les églises de Naples, est Sainte-Marie-des-Carmes, où l'on remarque diverses peintures de *Solimènes*. Le couvent est vaste et beau; la bibliothéque est considérable et riche en manuscrits. A Sainte-Marie-Nouvelle, on voit l'adoration des Mages, de *Luc Jordan*, et à l'église des Olivetains, des peintures de *Vassari*, de *Pinturicchio* et de *Solimènes*. Saint-Paul-Majeur, autrefois temple de *Castor et Pollux*, conserve encore une partie de son ancien portique, qui fut endommagé par le tremblement de terre de 1688 : on remarque dans cette église quelques-uns des meilleurs tableaux de *Solimènes*, qui a peint aussi des figures allégoriques dans la sacristie. Dans le cloître du couvent on voit les ruines d'un ancien théâtre. Le couvent des religieuses de la Sainte-Trinité est un des plus beaux et des plus riches de Naples; l'église est ornée de divers tableaux de *Spagnoletto* et du vieux *Palma*. On peut voir aussi l'ancienne cathédrale de *Sainte-Restituta*, le *Gesù Vecchio*, *Saint-Laurent des Mineurs Conventuels*, etc. Dans les faubourgs de Naples sont les églises de *Saint-Sévère*, de *Sainte-Marie de la Sanità*, de *l'Hospice de Saint-Janvier au Cimetière*, et de *Sainte-Marie de la Vita*, par laquelle on descend dans les fameuses catacombes de *Saint-Genaro*, creusées dans le roc; elles sont divisées en trois étages; chaque étage a plusieurs voûtes parallèles assez étendues pour y cacher 40,000 hommes. Il y en a qui paraissent avoir été destinées à des assemblées particulières, et qui sont d'une forme différente. On trouve en entrant une petite église entièrement creusée dans le roc, au milieu de laquelle est un autel de pierres grossièrement taillées; à côté de cette église sont des excavations où étaient des sépulcres. Une ouverture conduit dans une galerie étroite où deux personnes ont peine à passer de front; d'espace en espace sont des parties creusées en demi-cercle, qui ont servi d'autels; on y voit encore des restes de peintures à fresque presque effacées. Dans l'épaisseur des pilastres qui soutiennent ces voûtes, sont des petites chambres sépulchrales ornées de peintures et de mosaïques; on descend dans les unes, on monte dans les autres. On y distingue le trou où se plaçait la lampe sépulchrale. Au milieu du second étage il y a de vastes salles. Il paraît que ces catacombes étaient des carrières de pouzzolane, qui servaient ensuite à enterrer les esclaves, et dont les chrétiens se firent des asiles pendant les persécutions, et où ils enterrèrent leurs martyrs, et qu'ils ont construits après avec beaucoup de régularité. Avant de parler des palais de Naples, l'étranger doit être prévenu que ce genre d'architecture n'y est pas d'un meilleur goût que celui des églises. Les maisons et les palais sont en général de cinq ou six étages, noirs et mal entretenus à l'extérieur. Les toits sont presque tous plats et enduits de pouzzolane. Cependant le palais royal est un édifice d'architecture noble et majestueuse, commencé en 1600, sur les dessins de *Fontana*, par le comte de Lemos. Il donne d'un côté sur la mer, et de l'autre sur une grande place. L'architecture est belle. La façade a près de 100 toises de longueur, ayant 22 croisées de face, avec 3 portes d'égale hauteur, ornées de colonnes de granit portant les balcons; 3 rangs de pilastres, doriques, ioniques et corinthiens, placés les uns sur les autres, couronnés d'une balustrade garnie de pyramides et de vases, forment la décoration de la façade. L'escalier est magnifique, commode et orné de deux colosses, le *Tage* et l'*Ebre*. Les appartemens sont bien décorés, et ornés de peinture de *Solimènes*, du *Delmura*, de *Spolverini*, de

Lanfranc, de *Bassan*, du *Corrège*, d'Annibal *Carrache* et d'autres excellens maîtres. A *Capo di monte* est un autre palais du roi, qui renferme une collection précieuse de monumens des arts et d'antiquité. L'ancien palais des souverains de Naples est occupé par les tribunaux; ses souterrains servent de prison aux criminels. Parmi les palais particuliers, on distingue ceux du duc *Maddaloni*, près la rue de Tolède; des *Oursins*, de *Francavilla*, dont les appartemens sont ornés avec magnificence, et dont le jardin passe pour un des plus beaux de Naples; les palais de la *Tour*, de la *Rocca*, du prince *Sainte-Agathe à Saint-Pierre à Majella*, et celui du prince *Santo Buono*. Celui du duc de *Gravina*, dans la rue de *Montoliveto*, est le plus estimé pour le bon goût de son architecture. Le palais du prince de *Tarsia* renferme une bibliothéque qui est ouverte au public trois jours de la semaine. Dans la chapelle du palais de Saint-Sévère, appartenant au duc de *Sangro*, on voit deux statues modernes fort curieuses, l'une de *Corradino*, représente la modestie voilée, et l'autre de *Queirolo*, un homme enveloppé dans un filet. Outre la bibliothéque du prince de *Tarsia*, il y en a plusieurs autres; les principales sont : la *bibliothéque du Roi*, celles *del Seggio*, ou Saint-Ange *à Nido*, *de Saint-Philippe de Neri*, du couvent de *Montolivèto*; et de *Saint-Jean*, *à Carbonara*. Outre la superbe vue de la ville de Naples, indiquée ci-dessus, au couvent de la Chartreuse, il y en a plusieurs autres, toutes également belles et étendues ; savoir : du château l'*OEuf*, du château de Saint-Elme, de l'église de *Sainte-Marie del Parto*, hors de la ville, du tombeau de Virgile et du couvent des Camaldules, également hors de la ville, et d'où l'on découvre tous les monumens d'antiquité des environs de Naples. Il n'y a pas en Europe une ville où le nombre des artisans manufacturiers et citoyens actifs, employés à des travaux utiles, soit aussi petit et aussi borné qu'à Naples, en comparaison de sa population. On y compte environ 35 à 40 milles lazzaroni, qui pour la plupart n'ont ni feu ni lieu, et dans la saison des pluies vont en foule se mettre à couvert et passer les nuits à *Capo di Monte*. La noblesse en général a beaucoup de faste et de magnificence ; on peut en prendre une juste idée à la promenade ordinaire de l'après-midi, le long de la *Chiaja*, où l'on voit les équipages les plus pompeux et les plus brillans. Les femmes ne sont pas en général d'une beauté rare. Cette ville abonde en toute espèce de denrées, qui y sont à fort bon marché ; le climat est si doux qu'on s'y procure facilement des fruits et autres productions de jardins pendant tout l'hiver, comme dans les autres saisons. On y trouve aussi en abondance du poisson, de la volaille et du gibier. Les environs de Naples sont très-intéressans à parcourir pour les amateurs des sciences et de l'antiquité, ainsi que pour les naturalistes. Ceux qui se plaisent dans les recherches de l'histoire naturelles observeront avec beaucoup d'intérêt les endroits suivans. Voyez *Vésuve*, *Zolfatara*, *Agnano* (*Lac d'*), *Antre de la Sybille*, *Acheron*, *Averse*, *Baja*, *Cento-Camerelle*, *Cumes* (où était la grotte de la Sybille), *Étuves de Tritoli*, *Grotte du Chien*, *Grotte de Pausilippe*, *Herculanum*, *Misène*, *Monte-Nuovo*, *Piscine merveilleuse*, *Pompeia*, *Portici*, *Pouzzol*, *Stabia*, *Torre di Patria* (où est la tour de Scipion), et plusieurs ruines; *voyez* NAPLES (ROYAUME DE). Horace, Virgile, Tite-Live, Sénèque, Stace, Claudien, Valla, Sannazar, Bocace, ont vécu et composé une partie de leurs ouvrages à Naples. C'est la patrie de Jean *Abriosi*, des *Alexandre* jurisconsultes, du chevalier *Bernini*, du célèbre *Borelli*, des poëtes *Sannazar* et *Mazini*, des *Farinelli* et *Sacchini*, du pape *Urbain VIII*, et d'une infinité d'hommes illustres et célèbres. Cette belle ville, comme nous l'avons dit, est située sur la mer, à 43 l. S. E. de Rome, 70 l. N. q. E. de Palerme, 90 l. de Florence, 120 l. S. de Venise, 155 l. S. de Milan, 324 l. S. E. de Paris. Long. 11. 57. 30. lat. 40. 50. 15.

Naples (le royaume de), ou royaume des Deux-Siciles, grand et beau pays formant la bottine, et occupant toute la partie méridionale de l'Italie. Il est borné N. par l'état du pape, et par la mer de tous les autres côtés. Il a environ 100 l. de long et 27 de large. Sa population est de 5,114,600 habitans, 2,163,530 du sexe masculin, 2,951,070 du sexe féminin, non compris l'île de Sicile. Son revenu en temps de paix est de 17,000,000 de ducats. L'air y est sain, et le territoire d'une fertilité merveilleuse en tout; le sol produit abondamment du vin excellent, de l'huile, de la soie, du coton de bonne qualité, des fruits délicieux et beaucoup de quadrupèdes, etc. Le pays est rempli de torrens, il comprend la terre d'Otrante, celle de Bari, la Capitanate, le comté de Molise, l'Abruzze, la terre de Labour, les principautés ultérieures et citérieures, la Basalicate, et la Calabre, dont la partie ultérieure a été dévastée par le tremblement de terre du 5 février 1783. Les villes fortes sont : *Gaëte*, *Sylla*, *Amandea*, *Reggio*, *Brindisi*, *Manfredonia*, *Capua* et *Pescara*. La marine consiste en 4 vaisseaux de ligne, 5 frégates, 30 bricks, etc. Ce pays a eu différens maîtres, Charles frère de Saint-Louis en fit la conquête, et ses descendans l'ont possédé jusqu'en 1435, qu'il passa aux Aragonais. Les Français y rentrèrent en 1501, et en sortirent en 1504. Il passa au roi d'Espagne ; mais l'archiduc Charles, depuis Charles VI, empereur s'en saisit en 1706. Il fut donné par le traité de Vienne en 1736 à *l'infant D. Charlos*. Les Français l'ont repris pendant la révolution de France, Joseph frère de *Napoléon Bonaparte* fut nommé roi en 1806, et lorsque celui-ci passa au trône d'Espagne, *Joachim Murat*, beau-frère de *Bonaparte*, fut élévé au trône de Naples. En 1815, ce royaume retourna sous la domination de son ancien maître, Ferdinand IV, et Joachim Murat, peu de temps après fut fusillé à Pizzi, dans le même endroit où il avait débarqué. Ce royaume est un fief de l'Église, et les rois de Naples tous les ans, payent au pape un tribut de 7,000 ducats d'or, et d'une haquenée blanche. Naples en est la capitale.

Nar (le) ou la Nera, rivière de l'état du pape; prend sa source dans la marche d'Ancône, reçoit le Vellino au-dessous de la terrible cascade que fait celui-ci, et se jette dans le Tibre près de Narni.

Nardo, petite ville assez peuplée du royaume de Naples, dans la terre d'Otrante, ayant titre de duché ; elle est située dans une belle plaine fertile, à 2 l. N. de Gallipoli, 8 l. N. O. d'Otrante. Long. 16. 3. lat. 40. 17.

Narenta, très-ancienne et fameuse ville de la Dalmatie, au confluent du Nerin et du Nara, sur le golfe du même nom dans *l'Herzégovine*. Ses habitans sont doux, mais vindicatifs. Le pays est fertile et produit beaucoup de bon vin, de blé et d'huile. On y prend beaucoup de hérons, dont les plumes sont fort recherchées par nos dames et par nos guerriers. Elle est à 24 l. N. E. de Raguse, 21 l. S. E. de Spalatro. Long. 15. 35. lat. 43. 28.

Narni, très-ancienne ville de l'état du pape, dans le duché de Spolette; c'est là patrie de l'empereur *Nerva*, et de *Gattamelata*. On y remarque un acqueduc de 15 milles de long qui fournit aux fontaines de la ville des eaux amenées des montagnes. Dans la cathédrale on voit le grand autel placé entre quatre belles colonnes de marbre qui forment un baldaquin au-dessus du tabernacle. Au sortir de Narni, entre cette ville et Terni, on entre dans un vallon d'environ cinq lieues partagé par la rivière de Nera, dont les eaux sont pures et de la plus grande limpidité; elle arrose en serpentant les plus riantes prairies, les terres les mieux cultivées, des superbes plantations de mûriers, de peupliers, d'arbres à fruits de toute espèce, et de bosquets d'orangers, de citroniers et d'oliviers; ce vallon est formé par des coteaux couverts de vignes. Il n'y a pas au monde une situation aussi séduisante. Il ne faut pas négliger d'observer sur la Nera le reste d'un pont magnifique, qui a été construit sous le règne d'Auguste. M. Lalande, qui en 1763 en a mesuré l'arche du milieu, l'a trouvé de 85 pieds. Narni a été détruite de fond en comble par les Vénitiens qui venaient joindre l'empereur Charles-Quint, lorsqu'il assiégeait Clément VII dans le château Saint-Ange à Rome; ils égorgèrent jusqu'aux femmes et aux enfans, brûlèrent et démolirent les maisons et les édifices publics. Elle est sur la Nera à 8 l. S. E. de Spolette, 16 l. N. E. de Rome. Long. 10. 11. 5. lat. 42. 31. 17.

Naro, petite ville de la Sicile dans le val de Mazara, près la source de la rivière de ce nom.

Nascaro, rivière de la Calabre ultérieure, se jette dans le golfe de Squilace.

Natiso, petite rivière du Frioul.

Nebio, ville ruinée dans l'île de Corse.

Nemi ou Numico, lac et rivière de la campagne de Rome. *Voyez* Gensano.

Neppi, ancienne pet. ville de l'état du pape, sur la rivière de Triglia, à 8 l. N. de Rome.

Nera (la). *Voyez* Nar (le).

Nervi, pet. ville dans les environs de Gênes. Il y a de belle maisons, et des fabriques de drap de soie.

Neto, rivière du royaume de Naples.

Nettuno, jolie petite ville de l'état du pape, dans la campagne de Rome; elle n'est pas trop peuplée, et les habitans sont presque tous chasseurs, à cause des marais Pontins qui sont tout près de là. C'était une ville des Volsques, et Coriolan y fut tué. Elle est à l'embouchure de la rivière de Loracina, près des ruines d'Antium, à 11 l. N. E. de Rome. Long. 10. 32. Lat. 41. 30.

Nicastro, petite ville du royaume de Naples, dans la Calabre ultérieure, située dans un passage délicieux au milieu de cascades qui se précipitent au milieu du haut des montagnes, à 8l. S. de Cosenza. Long. 14. 22. Lat. 39. 5.

Nice, ancienne et belle ville, autrefois de la France, aujourd'hui du Piémont, sur un rocher à une lieue de l'embouchure du Var; fondée par les Marseillais, dont elle fut une des colonies. Cette ville est célèbre dans l'histoire des guerres des derniers siècles : elle renferme 24,000 individus, quoiqu'elle ait à peine un mille de circonférence. Les rues sont étroites, mais les maisons sont bien bâties; le port est petit, et défendu par un môle. Sa position au midi est très-avantageuse; on y jouit de la vue des collines qui s'élèvent en forme d'amphithéâtre jusqu'à Montalban; le terrain de ce pays est fertile, et le climat fort sain, ce qui y attire surtout en hiver un grand nombre d'étrangers. Nice a toujours été renommé pour l'abondance des fruits que ses environs produisent, et les Romains la regardaient comme un lieu de délices. Il y a des particuliers qui recueillent tous les ans plus de 300,000 oranges et 150,000 citrons. On voit dans cette ville le reste d'un amphithéâtre et d'autres monumens avec quelques inscriptions. Le château est très-fort, et près de l'enceinte de la ville on voit encore les ruines des grands faubourgs qui l'environnaient autrefois. Dans le comté de Nice, et précisément à Périmaldo, est né le célèbre Jean-Dominique *Cassini*, le premier astronome de son temps, mort à Paris dans le siècle passé. Le comté de Nice est situé entre le marquisat de Saluces, le Piémont, la Provence et la Méditerranée, ayant 18 l. de long sur 13 de large. Elle est à 13 l. S. q. O. de Turin, 33 l. S. O. de Gênes. Long. 4. 56. 22. Lat. 43. 41. 16.

Nice de la Paille, petite ville du Piémont dans le Montferrat.

Nicolo (san), la plus forte, la plus grande, et la plus peuplée des îles de la Trémiti, dans le golfe de Venise, sur la côte de la Capitanate, avec un port défendu par plusieurs tours et une forteresse, à 9 l. E. N. de Tremoli. Elle appartient au roi de Naples.

Nicosia, petite ville au milieu de la Sicile, mal bâtie dans le val de Demona, près d'une mine de sel, ayant 6,000 habitans, autrefois elle contenait une population de 24,000 âmes, et la ville était considérable.

Nicolera ou Nicodro, pet. ville du royaume

de Naples, dans la Calabre ultérieure, renommée pour ses excellens vins, à 14 l. N. E. de Reggio, près de la mer. Long. 13. 59. Lat. 38. 35.

Nisida ou Nisitra, petite île sur la côte du royaume et à l'O. de Naples, près de Pouzzoles, avec un petit port appelé *Porto Pavone*. Sur un rocher attenant au port est un lazaret où les vaisseaux qui vont à Naples font quarantaine. Le terrain est assez fertile, mais il y a une si grande quantité de lapins qu'il n'est pas possible de tirer avantage du sol. En 1550, on trouva dans un tombeau de marbre d'un seigneur romain, une lampe allumée dans une bouteille de verre qui n'avait point d'ouverture. Cet antique était unique. Les lampes de cette espèce qu'on a trouvées dans les tombeaux étaient presque toutes renfermées dans des urnes qui n'étaient point bouchées. On cassa la bouteille, et la lampe s'éteignit dès qu'elle fut à l'air : le verre n'était pas du tout noirci, et le feu de la lampe était très-vif.

Nocera, ancienne petite ville de l'état du pape, dans le duché de Spolette. Elle est située au pied de l'Apennin. Pline parle de vases de bois qu'on y fabriquait. Aujourd'hui elle est connue par ses bains, et par une source d'eau légère, célèbre par ses qualités médicinales, et légèrement purgatives. Ces eaux vont par toute l'Italie, et même dans l'étranger, et les habitans en font un fort commerce. C'est la patrie du Père François *Acerbo*, savant jésuite. A 7 l. N. E. de Spolette. Long. 10. 27. 17. lat. 46. 43. 6. 40.

NOCERA DEI PAGANI, petite ville du royaume de Naples, à 4 l. de Salerne, appelée par les anciens *Alfaterna*. Elle fut prise par les Sarrasins, et de là vient son nom. Elle fut détruite par Annibal, puis rebâtie et enfin renversée en grande partie par un tremblement de terre causé par l'éruption du Vésuve.

NOLE, ancienne ville du royaume de Naples, dans la terre de Labour. Annibal fut obligé d'en lever le siége. L'empereur *Auguste* y mourut. On y déterra les plus beaux vases étrusques. C'est la patrie de *Jean Nole* et de *Jordanus Erunus*. C'est dans cette ville que les cloches furent inventées. Elle est à 5 l. N. E. de Naples. Long. 12. 6. lat. 40. 52.

NOLI, petite ville du duché de Gênes, était autrefois une petite république de pêcheurs, soumise cependant à celle de Gênes, mais très-attachée à ses priviléges. Elle est défendue par un château et a un petit port. Le peuple y est grossier, et la pêche est son principal moyen de subsistance. Elle est à 2 l. N. E. de Final, 12 S. q. E. de Gênes. Long. 6. 11. lat. 44. 12.

NOMENTO, autrefois capitale des Nomentiens,

appelée *Nomentum*, aujourd'hui village dans le patrimoine de saint Pierre.

NONA, petite ville forte de la Dalmatie, près de la mer, à 3 l. N. E. de Zara. Long. 13. 28. lat. 44. 28.

NONANTOLA, pet. ville dans le duché de Modène, dans une île formée par la Muzza, avec une abbaye où l'on voit une belle bibliothèque. Elle est à 4 l. N. E. de Modène.

NONE, village du Piémont, près de Pignerol.

NORCIA, petite ville de l'état du pape, dans le duché de Spolette. Saint Benoît y naquit en 480. C'était autrefois une ville des Sabins, appelée *Nurcia*. Parmi les priviléges dont elle jouissait, elle nommait ses magistrats, qui ne devaient savoir ni lire ni écrire, et leurs arrêts devaient être confirmés par le pape. Elle est entre des montagnes, à 8 l. S. E. de Spolette, 11 l. N. E. de Narni. Long. 10. 46. lat. 42. 37.

NOTO, ancienne et belle ville de la Sicile, capitale du val de Noto, sur une montagne, à 4 l. N. E. de Modica, 9 S. de Syracuse. Cette ville est nouvelle, l'ancienne ayant été détruite par un tremblement de terre, en 1693. Les églises méritent d'être vues; elles renferment de belles colonnes et inscriptions antiques. Long. 13. 8. lat. 36. 50.

NOTO (VAL DE), l'une des trois vallées qui partagent la Sicile, entre la mer, le val de Demona et celui de Mazara. Noto en est la capitale.

Novalaise, village et célèbre abbaye du Piémont, au pied du mont Cenis, à 2 l. N. O. de Suse.

Novale, petite ville à 4 l. S. de Trévise.

Novare, ancienne et forte ville de la Lombardie, dans le duché de Milan, capitale de la Novarèse, et aujourd'hui dans le Piémont. C'était une des principales forteresses du Milanez. Elle est fameuse par la bataille de 1512. Le prince Eugène la prit en 1706, et le maréchal de Coigny en 1733. C'est la patrie du savant *Pierre Lombard*, appelé plus communément *le Maître des sentences*, qui, dans le XIIe siècle, mit en vogue la théologie scolastique. Devant le château est une belle place d'armes, et en face le théâtre neuf. La cathédrale, la basilique de Saint-Gaudens, les églises des anciens Dominicains, des Barnabites et Saint-Marc, méritent d'être vues. On voit près de la cathédrale quelques monumens qui attestent son antiquité. Entre autres palais on distingue celui de la famille *Bellini*, remarquable par la richesse et la beauté de ses appartemens, et par sa galerie, où sont rangés avec art plusieurs tableaux des meilleurs maîtres. Cette ville est peu peuplée. Elle a un mille et demi de circuit sur ses remparts. Il y a deux foires par an, en août et en septembre, qui soutiennent son commerce. A 5 l. N. E. de Verceil, 12 l. O. de Milan. Long. 6. 10. lat. 45 25.

NOVARÈSE, territoire de Novare, dans le Piémont.

NOVELLARE, jolie petite ville du duché de Modène, avec un beau château à la maison de *Gonzague*. Sa situation est délicieuse et le territoire fertile. A 4 l. S. E. de Guastalla. Long. 8. 40. lat. 44. 50.

NOVI, jolie petite ville du duché de Gênes. Sa population est de 6,000 habitans. En 1799, il s'y donna une bataille entre les Russes et les Français, où le général Joubert fut tué. La citadelle de cette ville est capable de quelque résistance. Novi est plus longue que large; elle a trois paroisses. On y voit des maisons superbes, que les riches Génois viennent habiter pendant l'automne. A 4 l. S. O. de Tortone, 10 l. N. O. de Gênes. Long. 6. 28. lat. 44. 48.

NOVITO, rivière de la Calabre ultérieure.

NUSCO, petite ville du royaume de Naples, dans la principauté ultérieure, au pied d'une montagne, à 8 l. S. E. de Bénévent.

O.

OBROANO, petite ville de la Dalmatie, avec un château.

Occhiobello, village fertile et commerçant, sur le Pô, près de Ferrare.

Occimiano, village du haut Mont-Ferrat, près de Casal.

Oderno, ou Oderzo, autrefois ville considérable du Trévisan, sur le Montegano; aujourd'hui c'est peu de chose.

Odolo, petite ville du Bressan.

Ofante, rivière du royaume de Naples, qui sépare la Capitanate de la terre de Bari.

Offida, petite ville de la marche d'Ancône.

Oglio (l'), rivière qui prend sa source dans le Bressan et se jette dans le Pô, près de Mantoue.

Oira, ancienne petite ville du royaume de Naples, dans la terre d'Otrante, avec un ancien château assez bon. Elle est située au pied de l'Apennin, à 8 l. N. E. de Tarente, 8 l. S. O. de Brindes. Long. 15. 30. lat. 40 48.

Oisara, petite ville du royaume de Naples, dans la Capitanate, avec un superbe château; elle appartient à la maison *Francis*, duc d'*Oisara*.

Oletta, petite ville de l'île de Corse, à 2 l. de Bastia.

Olona, rivière de la Lombardie, prend sa source au lac de Lugano, passe à Milan, où elle reçoit la Seveso, et va se jeter dans le Pô à l'O. de Plaisance.

Ombla, petite rivière de la Dalmatie.

Ombrie, province de l'état du pape, donnée au Saint-Siége par Charlemagne. Voyez *Spolette*, *Foligni*, *Assise*, *Todi*, *Terni*, *Nocera*, *Narni*, *Rieti* et *Norcia*. Ce nom lui est venu de l'ombre de l'Apennin qui couvre quelques endroits de cette province.

Ombrone, rivière de la Toscane qui traverse le Siennois, et va se jeter dans la mer; près de son embouchure est un bourg de ce nom.

Oneglia ou Oneille, jolie petite ville du Piémont, avec un port sur la mer Méditerranée. Ses habitans sont courageux, adonnés à la marine et au commerce. La campagne abonde en olives qui produisent la meilleure huile des environs de Gênes. C'est la patrie d'André *Doria*, à la famille duquel appartenait cette ville, qui fut vendue avec ses environs au duc de Savoie, en 1579. Il part de cet endroit une route qui mène à Tende. En s'avançant vers Saint-Remi, on jouit d'un coup d'œil charmant, Des collines couvertes d'orangers, de cédrats, de pommes et d'olives, la mer de l'autre part, et des maisons de campagne agréablement situées, rendent ce séjour vraiment enchanteur. Oneglia est à 12 l. E. de Coni, 13 N. E. de Nice, 20 O. q. S. de Gênes. Long. 5. 43. lat. 43. 56.

Onufre (Saint-), monastère à une lieue de Rome, remarquable par le tombeau de *Tor-*

quato Tasso, près du tombeau d'*Alexandre Guido*, gentilhomme de Pavie, qui voulut être enterré auprès de ce poëte célèbre. On lit pour toute inscription sur le tombeau du Tasse :

OSSA TASSONI.

OPPIDO, petite ville de la Calabre ultérieure. Le tremblement de terre du 5 février 1783 l'a détruite. Elle est au pied de l'Apennin, à 10 l. N. E. de Reggio. Long. 14. 14. lat. 38. 18.

ORBA, rivière de la Lombardie qui se jette dans le Tanaro, près d'Alexandrie de la Paille.

ORBASSAN, petite ville du Piémont, entre Turin et Pignerol.

ORBITELLO, petite ville forte de la Toscane, au milieu d'un étang salé, près de la rivière d'Albegna et de la mer. C'est une des six forteresses qui composaient *lo Stato degli Presidj*. On n'y peut aborder que par une langue de terre ; elle est à 23 l. S. q. O. de Sienne, 34 S. de Florence. Long. 8. 58. lat. 42. 22.

ORBO, petite rivière de l'île de Corse.

ORCI-NUOVI, petite ville dans le Bressan, Orci-Vecchio y est auprès.

ORCO, petite rivière du Piémont.

ORETO, petite rivière de la Sicile, dans le val de Mazara.

OREZZA, village de l'île de Corse.

ORIA, ville presque ruinée du royaume de Naples, dans la terre d'Otrante, située sur trois collines au centre d'une plaine. La cathédrale et le château sont bâtis hardiment sur les plus hautes pointes. Elle est à 6 l. de Brindes, dans un territoire très-fertile, et qui abonde en bétail.

Oriolo, petite ville de l'état du pape, à 1 l. du lac de Bracciano; elle se nommait *Forum Claudii.* Il y a une autre petite ville de ce nom à 3 l. S. O. de Faenza.

Oristagni, ancienne ville de l'île de Sardaigne sur la côte occidentale, à l'embouchure de la rivière de Montaggio, avec un bon port. Elle est à 17 l. N. O. de Cagliari. Long. 6. 33. lat. 39. 55.

Orlando, cap de la Sicile, dans le val de Demona, à 6 l. N. O. de Patti.

Ormea, pet. ville du Piémont, sur le Tanaro.

Ornano, village de Corse.

Orsera, ville de la côte occidentale de l'Istrie, à 3 l. S. de Parenza, et 3 l. N. de Rovigno.

Orsimarso, bourg de la Calabre citérieure, à 3 l. S. de Squillace, c'est l'*Abistrum* des Brutiens.

Orta, petite ville du duché de Milan, dans le Novarèse, sur le lac du même nom, à 8 l. N. q. O. de Novare.

Orti, petite ville de l'état du pape, dans le patrimoine de saint Pierre, près du Tibre. Elle était tres-fréquentée du temps des Romains.

Giusto Fontanini a donné, en 1708, deux volumes sur ses antiquités; il n'y a plus que sa situation qui est très-agréable, à 5 l. E. de Viterbe. Long. 16. 4. 10. lat. 42. 27. 30.

ORTO, village de l'île de Corse.

ORTONE A MARE, ville du royaume de Naples, dans l'Abruzze ultérieure; elle est sur la mer. Il y a sur la place le palais de Marguerite d'Autriche, fille naturelle de Charles-Quint, et duchesse de Parme, à 4 l. E. de Chieti. Long. 14. 5. lat. 42. 25.

ORVIÉTAN (L'), province de l'état du pape, dans le patrimoine de saint Pierre; elle est peu fertile, et comprend Orviette, Acqua-Pendente et Bagnarea.

ORVIETTE, l'ancienne *Urbinum*, ville de l'état du pape, capitale de l'Orviétan, bâtie sur le tuf. Quoiqu'elle soit d'un difficile accès, elle mérite qu'on y fasse une course à cheval pour observer les raretés qu'elle renferme. La cathédrale est un bel édifice gothique, sa façade est singulière, enrichie de sculptures et de mosaïques. Nicolas *Pisan* y a travaillé comme sculpteur. Dans l'intérieur on remarque aussi des sculptures et de bons tableaux; la chapelle peinte par *Signorelli*, mérite toute l'attention des amateurs. Le divin *Michel-Ange* en faisait son étude ordinaire. La chapelle de Saint-Miracle du *Corporali* est fort riche. Il faut voir aussi dans cette ville le fameux puits creusé dans le tuf, d'une grandeur et d'une profondeur telles, qu'on y peut descendre à cheval ou sur un mulet, par un escalier ou cordon de 150 marches, éclairé par 100 petites fenêtres; et remonter par un autre escalier semblable pratiqué au côté opposé. Hors de la ville et vers le lac de Bolsena, on voit la colline remarquable dont parle Kirker : elle est couverte de colonnes ou prismes réguliers de basalte, qui sont pour la plupart penchés, et d'une longueur assez considérable hors de terre : ils sont presque tous de figure hexagone et plats aux deux extrémités. On trouve dans les environs de cette ville des simples fort rares, et une herbe qu'on dit un contre-poison nommée *orviétan*. Cette ville est sur un rocher escarpé de tous côtés près du confluent de Paglia et de la Chiana, à 20 l. N. q. O. de Rome, 3 l. N. de Bolsena, 16 N. de Viterbe. Long. 9. 47. 31. lat. 42. 49. 24.

Osa ou Ossa, petite rivière ou torrent dans le Siennois, se décharge dans la mer, auprès de *Talamone Vecchio*.

Oseo, deux villages de la Sardaigne.

Osero. *Voyez* Osoro.

Osimo, très-ancienne ville de l'état du pape, dans la Marche d'Ancône, sur une montagne. Sa situation est agréable, l'air très-sain, le sol très-fertile, et le territoire abonde en soie, miel, blé, et excellens fruits. Elle est environnée de murs très-anciens. On voit dans le palais public une collection d'inscriptions et de statues, dont la plus grande partie orne le vestibule, mais malheureusement les têtes y manquent; ce qui donna le proverbe *Osimani senza teste* : Osimans sans têtes. Elle est à 3. l. S. O. de Lorette, 4. S. O. d'Ancône, 44. N. E. de Rome. Long. 11. 7. 8. lat. 43. 29. 36.

Osopo, petite ville avec un château fort dans le Frioul.

Osoro ou Osero, ville capitale d'une petite île du même nom dans le golfe de Venise, au S. de l'île de Cherzo. Elle est presque déserte, à cause du mauvais air. L'île abonde en bois, miel, bestiaux, etc. On y pêche la sardine et le maquereau. Long. de la ville, 12. 35. lat. 44. 45.

Ossaia, petit village de la Toscane, à 4 l. du lac de Trasimène. C'est à Ossaia qu'on place le théâtre de la bataille de Trasimène. On prétend que ce village a pris son nom des os de 20,000 Romains qui furent tués par l'armée des Carthaginois, et enterrés dans les environs. La tradition de ce lieu porte qu'on a trouvé dans toutes les fouilles une quantité d'ossemens. On lisait cette inscription sur la porte d'une maison :

Nomen habet locus hic Ossaia, ab ossibus illis,
Quæ dolus Annibalis fudit et hasta simul.

Ossenigo, village du Véronais, près de la forêt très-dangereuse de Vergara.

Ossola (val d'), ville et province du Piémont; le sol est fertile et a de superbes pâturages.

Ostellato, petite ville du Ferrarais, fertile et très-commerçante.

Ostiano, petite ville du duché de Mantoue.

Ostie, ancienne et célèbre ville d'Italie dans la Campagne de Rome. Cette ville si fameuse dans le temps des Romains, est presque entièrement détruite. Elle est à 5 l. S. O. de Rome, à l'embouchure du Tibre. Mais les attérissemens l'ont éloignée de la mer. Il n'y a qu'une église, et quelques cabanes de pêcheurs.

Ostiglia, bourg très-commerçant sur le Pô, vis-à-vis de Révère, dans le Mantouan. Le riz, dont le territoire abonde, est le meilleur d'Italie. A 10 l. O. de Mantoue.

Ostuni, ville du royaume de Naples, dans la Terre d'Otrante, sur une montagne près le golfe de Venise. Sa situation est agréable, et le pays abonde en gibier. Elle est à 5 l. N. O. de Brindes, 7 l. N. E. de Tarente. Long. 15. 30. lat. 40. 59.

Otara, ville ruinée de l'île de Sardaigne.

Otrante (*Hydruntum*), ancienne et petite ville du royaume de Naples, capitale de la Terre de ce nom, la plus ancienne de la Japigie. Elle est mal peuplée; les Turcs la prirent sous Mahomet II; Ferdinand, roi de Naples, la reprit. Elle a un château bien fortifié, qui sert à défendre un assez mauvais port, qui cependant est très-fréquenté à cause de la commodité de sa situation pour le commerce du Levant. Cette ville est plus forte que belle. Le pays d'Otrante fut le premier que Pythagore éclaira par ses opinions philosophiques et les arts qu'il y fit connaître. (*Voyez* Terre d'Otrante.) Elle est à l'embouchure du golfe de Venise, à 24 l. S. E. de Tarente, 15 S. E. de Brindes. Long. 16. 15. lat. 41. 21.

Otrante (terre d'), province du royaume de Naples, bornée N. par la Terre de Bari et par le golfe de Venise. E. par le même golfe, S. et O. par un grand golfe qui est entre elle et la Basilicate. C'est un pays montueux, abondant en olives, figues exquises et vins excellens. On en tire des laines très-estimées. Les habitans sont fort incommodés d'une espèce d'araignée appelée *tarentule*, dont la piqûre est fort dangereuse. (*Voyez* Tarente.) Ils ont aussi à craindre des serpens amphibies, appelés chersides, et un grand nombre de sauterelles; mais ils ont une espèce d'oiseaux qui font continuellement la guerre à ces insectes et en nettoient le pays. (*Voyez* Otrante et Tarente.) Elle était fort exposée aux courses des corsaires turcs. C'est au cap d'Otrante que Pyrrhus voulait joindre par un pont l'Italie à la Grèce; il aurait eu 13 lieues.

Otricoli, petite ville de l'état du pape dans le duché de Spolette, à une demi-lieue du Tibre, et 4 l. S. O. de Narni; c'est l'ancienne *Otriculum des Romains*. Elle est située sur une colline et renferme quelques beaux édifices. Les ruines de l'ancienne *Otriculum* se trouvent sur le bord du Tibre, à un mille et demi de la route; mais elles n'offrent rien de remarquable que les restes d'un théâtre et d'un temple. La vue des environs est pittoresque; la croupe des montagnes et des collines est couverte de cabanes et de maisons de campagne. Anciennement, sur la route d'Otricoli à Rome, on voyait à chaque pas de superbes monumens, des temples, des arcs de triomphe, et des maisons avec une grande population, de manière qu'Otriculum faisait un faubourg de Rome; ainsi on peut dire que de cet endroit à la mer, Rome avait une étendue de 25 lieues; et on ne se trompe pas, si on donnait à cette ville une population de 4,000,000 d'habitans, en y comprenant les étrangers et les esclaves. On traverse le Tibre à une demi-lieue de là, sur un beau pont à trois arches, construit sous le règne d'Auguste, et réparé sous Sixte V. Il y a eu près de cette ville, en 1799, une bataille entre les Français et les Napolitains.

Ottaiano, l'un des trois sommets qui formaient le Vésuve; ces trois sommets n'avaient qu'une même base. L'Ottaiano est fort abaissé; le Vésuve est le sommet qui reste le plus entier. Au pied d'Ottaiano est une espèce de grotte très-solide, qui a la forme d'un temple antique, précédé d'un aqueduc creux, d'environ 80 pieds de long. Cette grotte paraît être d'un seul et même massif; le tout s'est formé par la lave du Vésuve, arrêtée dans son cours par quelques obstacles, qui ont été comme le moule de ce singulier édifice.

Oulx (vallée d'), une des trois vallées de la province de Suze, sur la Doria, que la France a cédée à la maison de Savoie, en 1713.

P.

Padoue, grande et célèbre ville de l'état de Venise, capitale du Padouan, située sur un terrain fertile, et dans un bon climat, arrosée par le Bacchiglione et la Brenta : son enceinte d'environ 7 milles est défendue par quelques fortifications. La population n'est que de 30,000 âmes. Cette ville, suivant Virgile, fut fondée par Antenor, qui, après avoir pénétré dans la mer de l'Illyrie, et passé la fontaine du Timave, établit les Troyens à Padoue, sous le nom de Patavium. On a toujours regardé cette ville comme plus ancienne que Rome, et elle fut toujours traitée par cette dernière comme la plus fidèle alliée, depuis que les Padouans aidèrent les Romains à se débarrasser des Gaulois, qui tenaient le capitole assiégé. Attila réduisit Padoue en cendres, et força les habitans à se réfugier dans les Lagunes; deux autres fois aussi elle a été brûlée et désolée par des tremblemens de terre, et particulièrement de celui du 17 août 1756. C'est à ces accidens qu'il faut attribuer sa population peu nombreuse eu égard à son étendue, à la beauté du climat, et à la fertilité de son territoire, le meilleur de l'Italie. Charlemagne la rétablit; elle fut administrée par des Podestats. Après la mort du tyran Ezzelino, qui s'était emparé du gouvernement, elle reprit sa liberté. Venise la subjugua en 1406, et elle suivit son sort jusqu'aujourd'hui. L'ancienne Padoue a encore ses premières murailles. Les Vénitiens ont environné la ville d'une fortification qui n'a jamais rien valu, et qui outre cela est présentement presque détruite. La partie ancienne de la ville est mal bâtie. Le peu de largeur des rues, et les portiques sous lesquels les piétons se promènent, lui donne un air triste et sombre. On trouve cependant en divers endroits de forts beaux édifices, entre autres le palais de justice, commencé par Pierre Cozzo en 1172, et achevé en 1306. On admire surtout le salon qui a environ 300 pieds de long, 100 de large, et autant de haut, sans autre soutien que les murs. On y remarque quelques peintures de *Giotto*, retouchées par *Zanoni* en 1762; un monument en mémoire de Tite-Live, et une inscription antique. L'université a été construite par *Palladio;* elle est composée des écoles *publiques*, du *théâtre anatomique*, de la salle de physique expérimentale et du musée d'histoire naturelle, formé par les soins de *Vallisnieri*, qui méritent de fixer l'attention du voyageur. Le jardin botanique disposé suivant le système de Tournefort, et situé entre Saint-Antoine et Sainte-Justine, dépend aussi de l'université. On doit voir également le laboratoire de chimie, établi par le comte Marc *Carburi*, professeur de chimie, et sa collection de minéraux. Les travaux anatomiques en cire du docteur *Caldani;* la collection de pétrifications des montagnes du *Véronais* et du *Vicentin* de M. *Vandelli*, et celle des productions des monts volcaniques du marquis *Dondi Orologio*. Entre autres établissemens d'utilité publique, on remarque le jardin économique, consacré aux expériences d'agriculture. Il y a encore plusieurs autres objets de curiosité, tels que l'amphithéâtre appelé palais de l'Arène, qui conserve quelques traces d'antiquité, et qui sert pour les fêtes publiques; le palais où l'on voit la grande bibliothéque, le château des munitions; le pont *Molino;* le pré de Mars; le palais Zabarella, et d'autres où l'on voit de bonnes peintures et des collections d'objets rares et curieux; les trois portes, de *Portello*, de *Savonarolo* et de *Saint-Jean;* le théâtre qui est fort beau et le salon de redoute. On remarque dans la cathédrale une superbe vierge de *Giotto*, et une collection de peintures dans la sacristie: le chapitre possède une bibliothéque riche en manuscrits. Le séminaire enrichi de bons tableaux est un édifice superbe, auquel est jointe une imprimerie. L'église de Saint-Gaëtan est bâtie sur les dessins de *Scamozzi*. A Sainte-Croix, dans le couvent de la Madelaine, aux Hermites, et dans quelques confréries, on conserve des tableaux précieux; mais les deux églises qui méritent une attention particulière, sont, Sainte-Justine des Bénédictins et Saint-Antoine: la première est un temple d'un goût noble, singulier et orné avec une élégante simplicité; elle fut construite par André *Riccio*, architecte de Padoue, sur le dessin de *Palladio*. Le martyr de la sainte, qu'on voit au fond du chœur, est un chef-d'œuvre de *Paul Veronèse;* on doit voir aussi le monastère et la bibliothéque. La seconde, dédiée à saint Antoine, patron de la ville, est un bel édifice gothique, commencé par Nicolas Pisano en 1255, et achevé en 1307, fort vaste et enrichi de peintures, statues, bas-reliefs, etc.

Elle a six coupoles, et quatre orgues extraordinaires, auxquels sont employées continuellement quarante personnes. Le martyr de sainte Agathe de *Tiepolo* est le meilleur tableau qui soit dans cette église. La chapelle du saint est surprenante par le nombre de ses ornemens; on y admire un crucifix en bronze de Donatello; saint Antoine qui relève un jeune homme, et autres bas-reliefs de *Campagna*, et dans la chapelle de saint Félix, un crucifiement de Giotto: sur la place devant l'église on voit la statue équestre en bronze du général *Gattamelata*, coulée par *Donatello*. Le collége près de l'église est peint à fresque par le *Titien*, et autres qui y ont représenté la vie et les miracles de saint Antoine. Les antiquaires peuvent remarquer près de l'église des Servites deux anciens tombeaux, l'un est d'*Antenor*, fondateur de Padoue, et l'autre de *Titolavato*, ancien poëte de Padoue. On montre aux étrangers une maison où a demeuré Tite-Live. Cette ville peut se vanter d'avoir eu l'honneur de donner naissance à ce fameux et illustre historien, ainsi qu'à *Rolandin*, à *Padouan*, peintre célèbre, à *Dondi Orologio*, à *Albert Mussato*, à *Vallisnieri*, à *Morgagni*, anatomiste savant, à *Marsili* et à *Vallisnieri*, l'un professeur de botanique, et l'autre d'histoire naturelle, etc., etc., et d'avoir donné asile au célèbre *Pétrarque* qui fut chanoine de la cathédrale, à Galilée qui y fut électeur de l'université jusqu'en 1610. A *Bernouilli*, à *Montanari* et à *Hermann*. Les étrangers ne manquent jamais de couronner le tombeau de Pétrarque à Arqua, à 4 l. S. O. de Padoue, et visiter la maison de campagne du chanteur de Laure. Cette ville a produit aussi un grand nombre de femmes illustres et savantes, et en possède encore aujourd'hui. Plusieurs personnes ont désiré savoir d'où vient l'origine du proverbe vénitien. *Je suis entre le chi va li et le chi va là*. Dans les derniers siècles, les étudians de Padoue y exerçaient le brigandage, et lorsque la nuit venait, ils s'attroupaient par bandes derrière les piliers des portiques de Padoue, et lorsqu'un étranger avait le malheur de passer, l'un d'eux criait, *Chi va li?* un autre criait, *Chi va là?* L'étranger ne pouvant avancer ni reculer, périssait souvent sous les coups de ses assassins, qui pourtant regardaient cela comme un amusement. Le gouvernement jugeait à propos de fermer les yeux sur de telles horreurs. Aujourd'hui les étudians aiment la science et ne s'occupent que d'étudier, aussi en sort-il continuellement de grands hommes. On trouve à Padoue des marchands et des artisans de toute espèce; autrefois les Padouans fournissaient aux Romains de belles tuniques de lin. Il y a de belles fabriques de drap ordinaire et de soieries. Les étrangers qui aiment la tranquillité et la vie paisible, se plairont dans cette ville, où ils trouvent, outre un excellent climat, une société honnête, instruite et agréable. La campagne aux environs produit en abondance toutes sortes de denrées. Le vin, surtout le blanc, en est fort estimé. On y trouve à chaque pas des jardins et des maisons de plaisance magnifiques. On voit avec plaisir la Chartreuse, le palais Obizzi, à Catojo. A six milles environ de Padoue est le village d'Albano, célèbre dans l'antiquité, et même aujourd'hui par ses eaux minérales, appelées *Acqua aponi*; ces bains sont très-fréquentés, et on y trouve toujours une société agréable. (*Voyez* SALA et STRA.) De Padoue on va à Venise par eau, sur la Brenta, dont les bords sont enchanteurs et garnis de jardins et de maisons agréables et magnifiques. Ce voyage par eau est très-agréable. Padoue est située dans le terrain le plus fertile de l'Italie, sur les rivières de Brenta et de Bachiglione, à 10 l. S. O. de Venise, 8 l. S. E. de Vicence, 90 l. N. de Rome. Long. 9. 32. 30. lat. 45. 25. 40.

PADULA, petite ville du royaume de Naples dans la principauté ultérieure.

PAGLIA, rivière qui a sa source dans le Siennois, et se jette dans le Tibre. Elle est traversée par un grand pont bâti par Grégoire XIII, à un quart de lieue d'Acquapendente.

PAGLIANO, village très-agréable, près du Tibre.

Pago, île du golfe de Venise, à une lieue de la côte d'Istrie, a environ 13 lieues de tour; elle est assez peuplée et a un château pour sa défense. L'air y est froid; le sol stérile. On y trouve des salines. Long. 13. 8. 13. 80. lat. 44. 45. 45. 1.

Palata, petite ville du duché de Venise, sur la rive droite d'une branche du Pô, près de son embouchure, dans le golfe Adriatique et dans un sol humide.

Palazzuolo, petite ville de la Sicile, dans le Val de Noto. Il y a aussi un bourg de ce nom dans le Bressan.

Palerme, grande, belle et ancienne ville bien peuplée, capitale de la Sicile, dans le val de Mazara. C'est l'ancienne *Panormus;* elle est située sur la côte septentrionale de cette île, dans une plaine fertile et riante, et sur le golfe auquel elle donne son nom. Sa population est de 100,000 habitans, une noblesse distinguée, la magnificence de ses édifices, ses vastes places et ses belles rues, très-longues et très-bien alignées, ornées de statues et de fontaines, fixent l'attention de l'étranger; de quelque côté qu'il tourne la vue, il trouve mille objets dignes de son admiration. La plus grande rue de Palerme est Cassaro, qui traverse toute la ville. Le palais du vice-roi est vaste, et ses jardins délicieux. Au milieu de la place, sur laquelle s'élève ce superbe édifice, est une statue de Philippe IV, dont le piédestal est orné de bas-reliefs ; les quatre statues allégoriques qui l'entourent, représentent les quatre vertus cardinales. Sur les deux côtés de la même place, on voit l'hôpital du Saint-Esprit, et l'église métropolitaine. Sur une autre belle place, en suivant la même rue de Cassaro, on voit devant un palais une statue en bronze de Charles V, sur un piédestal en marbre ; plus loin, le superbe collége des Jésuites, dont l'église mérite d'être remarquée, tant par son architecture que par la richesse de ses ornemens. Dans l'endroit où la rue neuve vient couper celle de *Cassaro*, on voit l'église de Saint-Mathieu, également remarquable par sa magnificence. Chaque angle formé par ces deux rues, est orné d'un palais, d'une fontaine et d'une statue. Les quatre statues représentent Charles V, Philippe II, Philippe III et Philippe IV. Le monument le plus admirable est la fontaine, située sur la grande place, près du palais de justice, et dont la grandeur, les ornemens et la noble architecture sont également étonnans. La cathédrale est un vieux temple gothique, soutenu dans l'intérieur par 80 colonnes de granit oriental ; on y voit les tombeaux de plusieurs rois normands. Dans l'église du palais, on remarque les anciens travaux en mosaïque, dont elle est toute revêtue à l'intérieur. Les rues de Palerme sont bien alignées, et viennent presque toutes aboutir aux deux principales, la rue Cassaro et la rue Neuve. Cette ville a beaucoup souffert par les tremblemens de terre, en 1693 et 1726. C'est la seule ville de la Sicile où l'on bat monnaie. Les environs de Palerme offrent le tableau de la plus grande abondance dans toutes les productions, et les naturalistes y trouvent plusieurs objets intéressans. On peut observer le mont Trapani, anciennement *Erix*, et le mont *Pellegrino* qui servit de retraite à sainte Rosalie. Palerme est célèbre par son université et son port, bien défendu par deux citadelles qui sont à l'entrée : il est un des plus beaux de la Méditerranée. On fabrique particulièrement dans cette ville des gants de soie et de fil de pine marine, d'une finesse et d'une beauté surprenantes. Jean-Philippe *Ingrassia*, citoyen de Palerme, s'est rendu célèbre par ses découvertes en médecine et en anatomie. C'est aussi la patrie de Jean-Mathieu de *Giberti*, de Joseph *Galean*, d'*Antoine* de *Palerme*, et d'une infinité de grands hommes. Palerme est l'entrepôt des productions des îles, et on exporte des blés, grains, légumes, thon salé, anchois, sardines, et beaucoup d'autres poissons salés; manne, sumac pulvérisé; amandes douces et amères, vins excellens, vinaigre, eau-de-vie, soufre, soies, coraux, sel, huile d'olives, graine de lin, chanvre, figues et autres fruits secs, noix de galle, sculptures et dorures en bois. Il y a près de Palerme des souterrains formant plusieurs rues assez hautes et assez larges ; dans les parties latérales sont des niches renfermant des squelettes anciens bien conservés. Palerme est sur la côte septentrionale de l'île, au fond du golfe du même nom, à 44 l. O. de Messine ; 70 S. q. O. de Naples. Long. de Paris 11. 1. lat. 38. 6.

PALESTRINE, ancienne ville de l'état du pape, dans la Campagne de Rome. Elle appartenait à la maison de Colonna, et fut détruite en 1432, par le cardinal *Vitelleschi*, par ordre du pape Eugène IV. C'est l'ancienne *Preneste* des Romains, que Virgile fait remonter avant la fondation de Rome, et il lui donne pour fondateur *Cæculus* fils de Vulcain. *C. Marius* y fut assiégé par *Sylla*, et se réfugia dans une caverne de la montagne avec *Pontius Telesinus*, ils voulurent se tuer l'un l'autre : *Télésinus* fut assez heureux pour mourir de la main de *Marius*, qui ne fut que blessé et se fit achever par un esclave. Sylla passa les habitans au fil de l'épée, et fit élever à la Fortune un temple magnifique dont on voit encore les restes. On conserve une partie de la mosaïque qui formait le pavé du temple : elle se trouve dans le palais *Barberini*. Elle a 18 pieds de long sur 14 de large. Cette ville est agréablement située sur une montagne près de

Frascati, et à 8 l. E. de Rome. Long. 10. 34. lat. 41. 50. Il y a près de Venise une petite île de ce nom qui est comme un de ses faubourgs.

Pallagonia, village de la Sicile, remarquable par les eaux du lac *Pallica*, qui en est voisin.

Pallavicini, petite province du duché de Parme, qui appartenait à la maison de ce nom.

Palliano, petite ville de la campagne de Rome, sur une hauteur, à 10 l. O. de Rome.

Palma-Nova, petite ville très-forte du Frioul, à 4 l. S. E. d'Udine, 22 N. E. de Venise : ses fortifications méritent d'être observées, ainsi que le canal creusé dans les environs, qui est d'une grande utilité pour le commerce. Dans les dernières guerres cette ville a soutenu plusieurs siéges qui la rendirent célèbre. Long. 11. 3. lat. 46. 2.

Palma, petite ville de la Sicile, dans le val de Mazara, sur une rivière, à 8 l. de la mer, et d'Aquilée, qui lui sert de port. On y fait beaucoup de commerce d'amandes, soufre, etc., etc.

Palmajola, petite île de la mer de Toscane près de la côte septentrionale de l'île d'Elbe.

Palmata, petite île de la mer de Gênes.

Palmi, petite ville de la Calabre ultérieure, voisine de la mer ; le terrain, mêlé de talc, résonne sous les pas.

Palo, petite ville de l'état du pape, intéressante par sa caverne. *Voyez* Foligno.

Panaria, l'une des sept îles de Lipari, au

nord de la Sicile : c'est le cratère d'un volcan éteint. Il y a 300 habitans ; elle produit d'excellent vin, du blé, raisins de Corinthe, etc. *Voyez* LIPARI.

PANARO, rivière navigable du duché de Modène, qui se jette dans le Pô, à 4 l. de Ferrare.

PANCALIERI, petite ville du Piémont, sur le Pô, dont le marquisat est un titre qui appartient à la maison Turinetti.

PANDATARIA, l'une des îles Ponce, devant le golfe de Gaëte ; c'est l'île où fut exilée la fameuse *Julie*, fille de l'empereur *Auguste*.

PANORO, village à 4 l. de Bologne, sur la Savena.

PANTALARIA, île de la mer Méditerannée, entre la Sicile et l'Afrique, appartenant au roi des Deux-Siciles, d'environ sept lieues de tour ; elle abonde en vins, fruits et coton. Long. 10. 12. lat. 36. 55.

PANTALÉON (SAINT), petite île près des côtes de la Sicile, entre Tapano et Marsala.

PAOLA, village du royaume de Naples, dans la Calabre citérieure, n'a rien de remarquable que d'avoir été le lieu de la naissance de saint François de Paule, fondateur de l'ordre des Minimes.

PARENZO, petite mais forte ville de l'Istrie, sur le golfe de Venise, avec un bon hâvre. Long. 11. 26. lat. 45. 49.

PARME, riche, bien peuplée, ancienne et

très-belle ville de la Lombardie, capitale du duché de même nom, gouverné par l'archiduchesse Marie-Louise, fille de François Ier, empereur d'Autriche, veuve de *Napoléon Bonaparte*, après la mort de laquelle ce duché sera l'apanage de la duchesse actuelle de Lucques. Parme doit son origine aux Étrusques; les Gaulois Boiens s'en emparèrent. Elle fut une colonie romaine 185 ans avant J. C., passa, en 570, aux Lombards sous leur roi Alboin, et souffrit plusieurs révolutions jusqu'à Charlemagne. En 1248 elle essuya un siége par l'empereur Frédéric II, qui avait résolu de raser cette ville. Pendant deux ans que dura ce siége, tous les Parmesans qui tombaient en son pouvoir, hommes, femmes ou enfans, il les faisait lancer comme une pierre dans la ville, au moyen des catapultes. Les Parmesans firent une sortie si vigoureuse, qu'ils dévastèrent la ville de Vittoria, qui était une enceinte bâtie autour de Parme, pour servir de logement aux Parmesans : ils enlevèrent la couronne impériale, et Frédéric fut forcé de se retirer. Elle se gouverna ensuite en république, et devint successivement la proie des *Correges*, des *Sforzi*, des papes, etc., etc. Cette ville est située dans un territoire fécond, sur la rivière qui la traverse, et lui donne son nom. Elle est entourée de murs et flanquée de bastions : elle a même une citadelle, quoique incapable de faire aucune résistance. Dans un circuit d'environ quatre milles, elle renferme 30 à 35,000 habitans. Ses rues sont belles, surtout celle qui conduit d'une extrémité à l'autre de la ville, en passant sur le pont, et traversant la place; mais elles sont dénuées d'ornemens, ainsi que les places, qui sont assez spacieuses. En général, les maisons et les édifices n'offrent rien de remarquable aux voyageurs, sous le rapport de l'architecture. La cathédrale dans le goût gothique est magnifique; le baptistère mérite d'être vu, et le palais ducal est digne de remarque. Le grand théâtre, dessiné par *Vignola*, est un des plus beaux et des plus vastes d'Italie: il a trois cents pieds de long et contient sans peine 13,000 spectateurs assis. Étant parfaitement calculé, il n'a pas le défaut de plusieurs théâtres construits par d'autres architectes, où une partie des spectateurs ne peut voir la scène: celui-là est disposé de manière, que tout le monde jouit du spectacle, et que d'un bout à l'autre de la salle, on entend distinctement une personne qui parle à demi voix; quand on hausse la voix on n'entend ni écho ni confusion. Le proscennium est décoré d'un grand ordre corinthien qui comprend toute la hauteur de la salle. Les intérieurs des colonnes sont ornés de niches et de statues. La salle est de forme ovale, dont le pourtour est orné de douze rangs de gradins à l'antique, au-dessus desquels sont deux ordres d'architecture dorique et ionique de trente-six pieds de haut, dont les entre-colonnes forment les loges. Une balustrade ornée de statues de distance en distance, termine cette architecture. On entre dans la salle par deux arcs de triomphe, surmontés de statues équestres; les piédestaux de la balustrade qui est devant les gradins ont des génies qui soutiennent des torches éclairant la salle. L'espace du milieu, ou le parterre, a vingt toises de long, sur neuf de large. Ce théâtre peut aussi servir à des spectacles sur l'eau; on le remplit par divers tuyaux. Les Français devraient prendre ce modèle pour faire le grand Opéra à Paris, et cesseraient de craindre que la voix se perde dans une salle si vaste. Dans aucun théâtre du monde on n'entend plus distinctement l'acteur qu'à Parme. Il y a encore un autre théâtre construit sur les dessins de *Bernini*. Le collége des nobles est un des plus beaux établissemens d'Italie. Ce ne sont ni les riches ornemens, ni la beauté de l'architecture, qui dans les églises fixent l'attention des étrangers, mais les fresques et les tableaux, particulièrement du *Corrège* et du *Parmigiano*. Les plus beaux tableaux se voient dans la galerie du Musée. L'église de la *Steccata* est la seule qui puisse passer pour un bel édifice : on y admire le Mariage de la Vierge, de *Procaccino*; une Flagellation et un saint Jean-Baptiste, de *Lionello Spada*; une Sybille de *Mazzuolo*; trois Sybilles et un Moïse, de *Parmigiano*; saint Georges, de *Francescano*, et le tombeau d'Octave de *Farnèse*. On remarque encore à Saint-Sépulcre le repos de la sainte famille, du *Corrège*, et la Vierge, saint Jean et deux anges, de *Parmigiano*; à Saint-Roch quelques peintures de *Crespi* et de Paul *Veronèse*; à l'Annonciade, un saint Sébastien à fresque, du *Corrège*, et une Vierge, saint Jérôme et saint Bernard, de *Parmigiano*; aux Capucins, saint François recevant les stigmates, de *Burdalocchio*, un Christ, sainte Catherine et saint François, de *Guerchin*; saint Jean l'évangeliste, et la transfiguration, de *Parmigiano*; la Sainte Famille, de Jérôme *Mazzuolo*; la fameuse coupole et les autres fresques, du *Corrège*, ou d'Antoine *Allegri*. On voit à l'académie la patente de Trajan aux Velleïens, gravée sur une table de bronze. La bibliothéque est également digne de l'attention du voyageur instruit, ainsi que la typographie du chevalier *Bodoni*, qui a porté l'art de l'imprimerie au plus haut degré de perfection: les éditions qui sortent de chez lui sont fort recherchées. De l'université de Parme sont sortis plusieurs savans. Hors de la ville est le palais *Giardino*, ainsi nommé pour la beauté de ses jardins. L'architecture en est noble et régulière, et dans les appartemens on voit de belles fresques d'Augustin *Carrache*. Il faut monter sur la terrasse pour jouir d'un beau point de vue du côté de la campagne. C'est précisément sous cette terrasse, que fut donnée la fameuse bataille de Parme gagnée par les Français, sur les Autrichiens, le 29 juin 1734. A un mille environ de la ville, est la Chartreuse, où l'on conserve une belle adoration des Mages de *Parmigianino*. Les étrangers ne manquent pas de visiter Colorno, maison de plaisance délicieuse. (*Voyez* Colorno.) On voit à Parme fleurir l'industrie et le commerce, dont les branches principales, sont : les soies, laines, riz et fromages très-renommés dans toute l'Europe. Les Parmesans sont polis, affables, et la société y est fort agréable. Parme a produit beaucoup de grands hommes, parmi lesquels se trouvent *Cassius*, un des conspirateurs contre César, *Cassius*, poëte, et *Macrobe*, historien, *Pomponio Torelli*, poëte tragique, *Panormi*, célèbre antiquaire, *Lanfranc* et François *Mazzuolo*, dit le Parmesan, peintres célèbres; l'historien *Rossi*, *Bottari* et *Bayardi*, grands jurisconsultes, la famille *Buttari*, est établie à Toulouse, sous le nom de *Boutaric*; le marquis *de la Rosa*, *Sacchi* et *Sacchini*, médecins, le père *Zucchi*, premier inventeur (en 1615) des télescopes de réflexion par le moyen des miroirs concaves, etc., etc. Cette ville est à 12 l. S. E. de Crémone, 14 l. S. O. de Mantoue, 15 l. N. E.

de Modène, 30 l. S. E. de Milan. Long. 8. 0. 19. lat. 44. 48. 1.

Parme (le duché de), province de la Lombardie, bornée N. par le Pô, qui la sépare du Cremonèse, N. E. par le Mantouan, E. par le duché de Modène, S. par la Toscane. Il est composé du duché de Parme, des états de Plaisance et de Guastalla, et est actuellement gouverné par l'archiduchesse Marie-Louise. Le pays est très-fertile, pittoresque et délicieux, et produit en abondance, blé, huile, pommes de terre, fruits, lin, etc. Les pâturages y sont excellens. On y fait un grand commerce d'huile de petrone, plâtre, craie, cuivre, fer, bêtes à cornes, porcs, soies, laines, lin et fromages excellens. Les habitans des montagnes sont très-pauvres et envoient leurs enfans en France pour mendier. Outre le *Corrège*, *Lanfranc*, le *Parmesan*, etc, ce duché a produit encore beaucoup d'autres excellens peintres, tels qu'*Amidano*, qui vivait en 1550. Philippe *Mazzola* et Jérôme *Mazzola*, cousins du *Parmesan*, F. M. *Fondani*, Jacinthe *Bertoja*, Jean-Baptiste *Tinti*, et Sixte *Bardalocchio*, élève de *Carrache*. (Voyez *Parme*, qui en est la capitale.)

Passignano, petit village de l'état du pape, sur le lac, et à 5 l. S. de *Perugid*, célèbre par la bataille qu'Annibal remporta sur les Romains sous la conduite de Flaminius, l'an 217 avant l'ère vulgaire. Il y a près de là un autre petit endroit et un pont appelé *Ponte Sanguinetto*, ainsi nommé, dit-on, de la grande quantité de sang dont ces lieux furent inondés ; d'autres personnes placent le champ de bataille à Ossaïa. (Voyez *Ossaïa*.)

PASSO DI PORTELLO, petite ville du royaume de Naples, située sur les frontières de l'état de l'église, dans la terre de Labour. C'est là que le roi de Naples reçut en 1738, pour la première fois, la reine son épouse, sous une superbe tente.

PATRIMOINE DE SAINT-PIERRE, province de l'état du pape, d'environ 14 l. de long, 12 de large, bornée N. par l'Orviétan et l'Ombrie, E. par la Sabine et la Campagne de Rome, S. par la mer, O. par le duché de Castro et la mer. Elle renferme, outre le patrimoine particulier, le duché de Bracciano et l'état de Ronciglione. Cette province produit blé, vin, huile, alun en abondance. Viterbe en est la capitale.

PATRIMONIO, village de l'île de Corse.

PATTI, jolie ville de la Sicile, dans le golfe du même nom, à 14 l. O. de Messine, au sud de Melazzo. Elle est très-agréablement située, au milieu de collines et de jardins. Les rues sont bien entretenues et viennent presque toutes aboutir à la grande place. La cathédrale, enrichie de marbre et de peintures, mérite d'être remarquée:

on y voit le magnifique tombeau de la reine Adelasia. On observe dans cette ville plusieurs ruines de l'ancienne Tindaride, près de laquelle le comte Roger, après avoir vaincu les Sarrazins, fit bâtir la ville de Patti. On montre aux étrangers le lieu où se livra cette fameuse bataille, sur une colline près de la mer, à la distance de six milles. Dans cet endroit existe un temple dédié à la Vierge, dite de Tindaro. Le pays est très-fertile. Long. 12. 53. lat. 38. 14.

PAULE. (*Voyez* PAOLA.)

PAUSILIPPE, montagne célèbre, située le long du bassin de Naples, au couchant. Son aspect est très-riant; elle est couverte de belles maisons et de jardins toujours en végétation. Sa situation la garantit des vents du midi. C'est la promenade la plus agréable des Napolitains. Le terrain est fertile en vin excellent et en fruits de toute espèce forts délicats. Un poëte a dit avec raison que c'était un lambeau du jardin céleste. Elle est percée d'une extrémité à l'autre par un chemin souterrain, qu'on appelle la Grotte de Pausilippe, qui a 970 pas de long, sur 30 pieds de large et 50 de haut. La grotte est éclairée, autant qu'elle peut être, par deux soupiraux à chaque extrémité, et par une petite ouverture qui est au milieu, au-dessus d'une chapelle de la Vierge. Ce chemin souterrain paraît avoir été fait pour abréger le chemin de

Pouzzol à Naples, et pour éviter de passer sur la montagne. Elle passe pour être plus ancienne que Rome. Pierre de Tolède, vice-roi de Naples, la fit élargir et paver. On croit qu'elle fut creusée par les habitans de Cumes, ville jadis très-célèbre, puisque la pierre est de la même nature que celle de la grotte de Cumes. En quelques endroits il y a de la pouzzolane durcie, et ailleurs du moëlon tendre. Au-dessus d'une des ouvertures de la grotte est le tombeau de Virgile, c'est une masure ou espèce de tour en forme de lanterne, entourée de petites niches pratiquées dans les côtés, et propres à placer des urnes cinéraires : celle de Virgile devait être au milieu, mais aujourd'hui on ne voit plus ni urnes ni colonnes, que quelques historiens du XVe siècle ont dit être dans les petites chambres. Quoique ce mausolée soit bâti de gros quartiers de pierre, il ne laisse pas d'être couvert de broussailles et d'arbrisseaux qui y ont pris racine ; voici l'épitaphe de Virgile, fait, dit-on, par lui-même, gravé sur un marbre bleu et attaché au rocher :

Mantua me genuit, Calabri rapuere, tenet nunc,
Parthenope, cecini pascua, rura, duces.

Au-dessus du tombeau est un laurier qu'on prétend aussi ancien que le tombeau et que le fanatisme poétique fait naître des cendres de ce grand poëte. Cette opinion fabuleuse était généralement celle de tous les habitans de Naples, qui ont une grande vénération pour Virgile, tantôt considéré comme saint et tantôt comme magicien. Elle fut consacrée par une inscription de quatre vers latins, par Pierre d'*Aragon*, placés au-dessus de la grotte. Sur le sommet de la montagne est l'église des Servites, sous le nom de *Santa Maria del Parto*, fondée par *Sannazar*, excellent poëte italien, à la place d'une maison de campagne qui lui fut donnée par Frédéric II, roi de Naples. Il y avait une tour à laquelle Sannazar était fort attaché, et que le prince d'Orange, vice-roi de Naples, l'obligea de démolir; au lieu de la faire rebâtir, il fonda le couvent des Servites, qui lui élevèrent un beau mausolée après sa mort. Ce monument est de marbre blanc, d'un travail fini et vraiment parfait; le buste de *Sannazar*, couronné de lauriers, est au-dessus et au milieu de deux génies. Apollon et Minerve sont assis de chaque côté, mais on a soin de dire que c'est David et Judith, afin que les scrupuleux ne se formalisent pas de trouver dans une église des dieux de la fable; au-dessous de l'urne est un bas-relief représentant Neptune, Apollon, Pan, et les divinités symboliques des poésies de Sannazar, qui avait pris, pour contenter son ami

Jovianus *Pontanus*, le nom d'*Actius Sincerus*. Il fit lui-même cette épitaphe :

Actius hic situs est. Cineres gaudete sepulti.
Jam vaga post obitus Umbra dolore vacat.

Le Bembo fit le distique suivant que l'on a mis sur le tombeau :

D. O. M.
Da sacro cineri flores : hic ille Maroni
Sincerus Musa proximus ut tumulo.
Vixit ann. LXII. A. D. M. D. XXX.

Au-dessus du tombeau de Sannazar, *Rossi* a peint le Parnasse, Pégase, et une rénommée qui tient une couronne sur la tête du buste. On y voit un superbe tableau réprésentant saint Michel, ayant sous ses pieds un diable, qui a une très-belle tête de femme, et un beau sein. *Diomede Caraffa*, évêque d'Ariano, fit peindre sous cette figure une dame qui l'obsédait : ayant fait semblant de céder à sa poursuite, il lui donna la main, feignant de l'accompagner chez elle, et l'engagea auparavant d'entrer dans l'église des Servites pour y voir un chef-d'œuvre de peinture : la dame reconnut l'évêque dans les traits de l'archange, et son portrait dans la figure du diable. Le buste de cet évêque est dans une chapelle de l'église. On jouit à Pausilippe d'une superbe vue. La nuit on y voit la mer éteincelante de lumière, phénomène occasioné en même temps par les vers luisans et par l'agitation des flots. On sait que l'eau de la mer est phosphorique, surtout dans les pays chauds. La pointe du Pausilippe est fortifiée. On voit près de là les restes des bains de Lucullus et d'un temple de la fortune, qu'on appelle dans le pays l'école de Virgile. On a trouvé au cap la moitié du buste du fils de Pollion, ce qui a fait conjecturer que c'était l'endroit où Pollion faisait faire la pêche pour couvrir sa table. Ce n'est actuellement qu'un rocher.

Pavèse, pays fort agréable du Piémont, coupé de collines.

Pavie, Pavia, Papia ou Ticinum, ancienne et célèbre ville de la Lombardie, et seconde capitale du duché de Milan, située dans une belle plaine sur le Tessin. Son territoire est si fertile qu'on l'appelle le jardin du Milanais. Elle est plus ancienne, suivant Pline, que Milan. Lors de l'inondation des barbares, les rois Lombards en firent leur capitale. Ils y regnèrent pendant 200 ans. Charlemagne, par la bataille de Pavie, en 755, qu'il gagna contre *Didier*, son beau-père, mit fin à leur empire. Des rois Lombards, elle passa sous la puissance des empereurs d'Allemagne. Les rois de France avaient de fortes prétentions sur cette ville, ainsi que sur le duché de Milan. Elle est très-célèbre par la bataille qui fut si funeste à François Ier, en 1525, qui y resta prisonnier de Charles-Quint. En 1527, le général Lautrec abandonna la ville au pillage pour venger l'affront fait à son maître ; ce fut le commencement de sa décadence. On y voit de grands édifices, des rues larges, et bien alignées, des places assez vastes; mais partout les points de vue sont négligés. La place la plus remarquable, dans le centre de la ville, est entourée d'un vaste portique, et ornée d'une ancienne statue équestre de *Marc-Aurèle Antonin*. Le cheval est d'un beau travail, mais la figure de l'empereur est bien médiocre en comparaison de la statue de cet empereur au Capitole. On remarque quelques tours fort hautes, monumens du goût gothique, et l'on montre aux étrangers celle où fut renfermé le consul et littérateur Boëce. La cathédrale, nouvellement rebâtie, est d'un mauvais dessin ; ce qui y reste d'ancien, porte à croire que ce temple était un édifice gothique et pesant. On y conserve une lance qu'on dit avoir été celle de *Roland*, qui n'est autre chose que le mât d'une grosse barque, armé d'une pointe de fer. Sur la place de la cathédrale, il y avait une statue équestre, très-bien travaillée, en honneur d'Antonin le Pieux. L'église de Saint-Pierre, ornée de marbre et de statues, où l'on prétend que se conserve le corps de saint Augustin, est d'une belle structure, ainsi que le couvent. Les corps du roi *Luitprand*, de *François, duc de Lorraine*, et *Richard, duc de*

Suffolck, y sont aussi enterrés. Celle des Dominicains mérite aussi d'être remarquée. On y voit quelques bons tableaux et une chapelle toute en marbre, d'un fort beau travail. Aux Augustins, on voit, entre autres tombeaux, celui de Boëce. Dans la partie haute de la ville est la citadelle. Pavie a été plusieurs fois assiégée et prise d'assaut dans les guerres d'Italie. Son université, fondée par Charlemagne, a toujours été célèbre par les grands hommes qu'elle a produits, et qui soutiennent encore la réputation de cet utile institut. On remarque particulièrement la bibliothéque, le musée d'histoire naturelle, le jardin botanique, et entre autres colléges, celui *des Borromées*. Pour la richesse intérieure et la magnificence des appartemens et galeries, on distingue le *palais Botta* et *Bellisome*, et pour l'architecture et décoration des jardins, ceux de *Maino* et d'*Ollevano*. Le théâtre, de construction moderne, et ouvert depuis 1773, est aussi fort beau. Les habitans de Pavie sont en général d'une belle carnation, la jeunesse a un air de fraîcheur et de santé qui fait plaisir à voir. Le luxe qu'on observe dans les habits même des artisans annonce la richesse de ce pays, qui en effet abonde en vins, fromages, blé, chanvre, etc. Le pont du Tessin, bâti par les ordres de *Galéas Visconti*, dans le temps qu'il fit construire la citadelle, est de briques, et en partie revêtu de marbre, il est couvert et sert de promenade aux habitans. En sortant de Pavie on voit les ruines d'un parc enceint de murs d'environ vingt milles de circonférence, célèbre par la victoire de Charles-Quint contre François Ier. A une petite lieue de Pavie on trouve le monastère de la célèbre Chartreuse, supprimée par Joseph II, et réputée la plus belle et la plus riche de l'Europe. Cet édifice annonce la plus grande magnificence. La peinture, la sculpture et l'architecture ont concouru à l'euvi à l'embellissement de l'église et du monastère. Un jour entier ne suffit pas à un voyageur pour en observer en détail toutes les beautés et les pierres fines dont chaque autel est orné. Pavie n'a aujourd'hui qu'une population de 22,000 habitans. C'est la patrie de *Boëce*, du pape *Jean XVIII*, de Jérôme *Cardan* et de *Lanfranc*. Le célèbre *Scarpa*, professeur de médecine et chirurgie, dont les ouvrages sont si connus en Europe, y a son domicile actuel. Pavie est à 7 l. S. de Milan, 10 N. E. de Plaisance. Long. 6. 49. lat. 45. 10.

Pecetto, bourg du Piémont, entre Alexandrie et Bassignana, connu par la victoire que les Français remportèrent sur les Russes en 1499.

Pedena, ancienne petite ville de l'Istrie à 14 l. S. O. de Trieste.

Pelagosa, petite île au milieu du golfe de

Venise, vis-à-vis la Capitanate, Long. 13. 50. lat. 42. 40.

PENNA. *Voyez* PINNA.

PENTELLARIA, ville et petite île de la Méditerrannée, entre l'Afrique et la Sicile, de 8 l. de tour; son territoire sec et pierreux produit peu de blé, mais cependant beaucoup de légumes, vin, coton, et fruits excellens. Ses habitans sont grecs et bons nageurs; elle est sous la domination du roi des Deux-Siciles. Long. 10. lat. 36. 55.

PERINALDO, village du Piémont, dans le comté de Nice, remarquable par la naissance de J. D. Cassini et de Maraldi.

PERUGIA, ou PÉROUSE, ancienne, belle et forte ville de l'état du Pape, capitale du Perugin et de l'Ombrie, et située sur le haut d'une montagne. Ses fortifications ne servent qu'à tenir en respect les habitans qui sont au nombre de 12 à 13,000. On fait remonter à Janus sa fondation, lorsque quittant la Grèce il vint s'éblir en Italie dont il rassembla les peuples sauvages et leur donna des lois et une religion. Elle se soutint long-temps contre les Romains. Annibal, quoique vainqueur au Trasimène, n'osa l'assiéger. Elle fut brûlée et détruite par Auguste et rebâtie ensuite. Elle soutint un siége de sept ans contre les Goths, qui enfin s'en emparèrent, fut reprise par Narsès, et se donna enfin aux papes. En 1416 elle se choisit un chef, le brave *Forte Braccio*, qui s'empara de Rome, à la tête des Perugins à qui sa mémoire est toujours chère. Il embellit Perugia de monumens dignes des anciens Romains; creusa des souterrains immenses sur lesquels il éleva la place de Perugia. Il fit le canal, pour dégorger le lac qui est l'ancien lac de Trasimène, célèbre par la bataille qu'Annibal gagna dans la plaine qui l'avoisine, (*Voyez* lac de Peruse, ou Perugia). Cette ville se remit enfin sous la domination des papes, après la mort de *Forte Braccio*. Les Pérugins sont vifs, et étaient toujours prompts à se révolter contre les papes. Paul III voulant mettre un frein à ce peuple, proposa de bâtir un hôpital, et fit bâtir en très-peu de temps une bonne citadelle, dans laquelle il mit vingt pièces de canons et une bonne garnison. Cette ville a cinq portes. Sur la place qui est devant la cathédrale, est une belle fontaine ornée de statues : l'eau en est légère et saine. On y voit de remarquable les beaux tableaux de Pierre Perugin, ou *Vanucci* qui fut le maître de *Raphaël*. Dans la cathédrale, dédiée à saint Laurent, on admire une descente de croix, de *Barocci*; le mariage de la Vierge, du *Perugin*; une Notre-Dame, de Luc *Signorelli*; et quelques peintures, de *Scaramucci*. Le chapitre possède une bibliothéque, où l'on conserve quelques manuscrits rares. Dans l'église de Saint-Pierre des Bénédictins, qui est soutenue par des colonnes de marbre, dans la sacristie et dans le monastère on voit des peintures singulières du *Perugin*, de *Raphaël*, d'*Albano* et de *Vassari*. Les Philippins conservent un beau tableau de *Guido Reni*. Aux Dominicains on observe avec plaisir la façade de l'église, ornée de statues et bas reliefs d'Augustin de la *Robbia*, et dans l'intérieur une Gloire du *Perugin*. En général, toutes les églises de Perugia possèdent beaucoup de superbes tableaux de Pierre *Perugin*, et de *Raphaël*, son élève; outre ceux qu'on vient de citer, il ne faut pas négliger de voir ceux qui existent à Sainte-Marie-Neuve, a Saint-Augustin, à Saint-François, à Saint-Sever, à Monte Morosini, à Saint-François, hors des murs, à Sainte-Anne, à Saint-Ercolano, à Saint-Jérôme, à Saint-Antoine, abbé, et à Sainte-Julienne : les particuliers même possèdent dans leurs palais des tableaux et des fresques de grand prix. Dans le palais public, on remarque un tableau du *Perugin* représentant Jésus-Christ avec la Vierge, et quatre saints; et dans la chapelle, le Christ au tombeau de la Vierge. Toutes les peintures qui ornent le *collége del Cambio*, et la chapelle sont aussi du *Perugin*, ainsi que la Présentation au temple, et l'Adoration des mages, qui sont au palais du légat. C'est la patrie de Vincent *Dante*, peintre sculpteur, architecte et poëte, du *Pérugin*, un des plus grands peintres d'Italie, et maître de *Raphaël*, de *Balthasar Ferri*, célèbre chanteur, et de plusieurs autres grands hommes. Il ne reste à Perugia presque aucune antiquité. Dans la place *Grimana* existe une porte appelée l'Arc d'Auguste, et dans la paroisse de Saint-Ange on voit les ruines d'un temple avec une ancienne inscription. La campagne de Perugia est fertile et riante. A peu de distance de cette ville on passe le Tibre, sur le pont Saint-Jean. La vallée de Perugia offre un coup d'œil agréable : elle est une des plus belles et des plus riches de l'Italie, surtout, du côté de Foligno. Le lac est à 3 l. O. de la ville. Perugia est entre le Tibre et la rivière Genna, à 4 l. O. d'Assise, 31. N. de Rome. Long. 10. 158. lat. 43. 6. 46. *Voyez* PERUGIA (lac de).

PERUGINO, ou PÉROUSIN, province de l'état du pape, bornée, N. par le duché d'Urbin, E. par l'Ombrie et l'Orvietan; O. par la Toscane. Elle a environ 10 l. de long, sur presque autant de large. Le pays est fertile en tout. *Voyez* PERUGIA.

PESARO, ancienne et jolie ville de l'état du pape, dans le duché d'Urbino, entre la mer et les collines, près de Foglio (ISAURUS). Elle eut le sort des autres villes d'Italie; en 568 de la république romaine il y établit une colonie. Aprés avoir passé des Gaulois aux Romains, et de ceux-ci aux Goths, elle eut différens maîtres.

De la domination des ducs d'Urbin : elle passa à celle de l'église, sous le pontificat d'Urbain VIII. Elle offre un coup d'œil agréable et riant. On y voit de beaux édifices, et dans les églises, on conserve des tableaux et des fresques très-estimés; on admire, entre autres, plusieurs tableaux excellens de *Barroche*, qu'on peut regarder comme le maître de la peinture dans la Romagne. On remarque dans la cathédrale une Circoncision de cet artiste, et un Saint-Jérôme du *Guido Reni*; dans l'église du Nom de Jésus, une autre Circoncision de *Barroche*, et dans celles de Saint-François et de Saint-André, plusieurs autres tableaux du même maître. A Saint-Antoine, abbé, on admire un beau tableau de *Paul Veronèse*. La place est ornée d'une fontaine et d'une statue en marbre d'Urbain VIII. Il faut visiter aussi le port, les ruines d'un pont antique, construit sous l'empire d'Auguste ou de Trajan, la collection d'inscriptions et autres antiquités d'*Olivieri*, et le Musée de *Passeri*. Ceux qui sont curieux d'antiquités trouveront à *Pesaro* de quoi satisfaire leur goût. Le terrain des environs, du côté de la mer, est fertile en olives et figues qui sont très-estimées. La campagne abonde en blé, maïs, fruits excellens, légumes, fenouilles (fruit très-connu en Italie, et qui a un goût anisé, espèce de racine), asperges très-renommées et d'un goût exquis, vin, etc. Le palais de Plaisance de Mosca, à quelques milles de distance, mérite d'être visité; dans le jardin il y a de superbes jets d'eau. L'air y est très-sain depuis le desséchement des marais voisins. C'est la patrie de *Clément XI*. Le prince de Canino, et *Caroline*, la feue reine d'Angleterre, y ont fait un long séjour. Bergami, fameux dans le procès de ladite reine, y fait sa résidence. Elle est sur une hauteur, à l'embouchure de la Foglia, dans la mer Adriatique, au-dessus de plusieurs coteaux très-fertiles, à 7 l. N. E. d'Urbin, 13 l. N. E. d'Ancône, 52 l. N. E. de Rome. Long. 10. 33. 21. lat. 45. 55. 1.

Pescara, très-forte ville du royaume de Naples, dans l'Abruzze citérieure, avec un fort beau château. Ses fortifications, ainsi que quelques édifices publics, méritent d'être vus. Elle est à l'embouchure de la rivière Aterno, à 3 l. N. E. de Naples. Long. 11. 55. lat. 42. 32.

Peschiera, petite ville forte du Tirol, dans le Véronais, sur le lac de Garde, avec un château et une bonne forteresse qui mérite d'être vue, célèbre par les siéges qu'elle a soutenus. Cette ville est la clef de l'Italie, du côté du Tirol; elle est environnée de jardins bien cultivés; les Alpes et le lac y forment une perspective agréable et une vue superbe; à 5 l. O. de Vérone. Long. 8. 12. lat. 45. 23.

Pescia, petite ville de la Toscane, dans le

Florentin, à 3 l. N. E. de Lucques, 3 l. S. O. de Pistoie. Elle n'a rien de remarquable.

Pesti ou Pæstum, village situé dans la principauté ultérieure, dans le golfe de Salerne, à 18 l. de Naples; c'est le reste de la ville de Pæstum ou Possidonia, qui donnait son nom au golfe. Il ne s'y trouve plus que de superbes ruines qui restèrent long-temps inconnues, cet endroit n'étant pas sur la route fréquentée par les curieux. L'ancienne ville de Pæstum fut fondée, suivant les uns par les Sybarites, et selon les autres par les Doriens. On admire ses ruines comme des restes de ce que l'architecture grecque a produit de plus parfait. Elles étaient entièrement oubliées, lorsqu'en 1755, un jeune peintre de Naples, venant de Cappacio, y fut conduit par hasard; il aperçut des murs, des portes de ville, des temples et des colonnades couvertes de broussailles; de retour à Naples, il en parla avec tant de chaleur qu'il réveilla l'attention des savans. On y voit une belle porte au nord; les ruines de trois superbes temples; celui du milieu à six colonnes de face était découvert et sans voûte; le fronton qui le couronne est dans le goût du Panthéon; le temple est composé de colonnes doriques, cannelées, sans bases, ainsi que cela se pratiquait dans le plus ancien temps, mais élevées sur trois marches ou socles, qui sont en retraite l'une sur l'autre;

les deux autres temples ne sont pas moins frappans par la beauté et par l'architecture. Ces ruines sont habitées par des mendians et vagabonds, qui y vont chercher un abri.

PETIGLIANO, forteresse de la Toscane, à 3 l. N. E. de Castro.

PIANOSA, petite île voisine des côtes de la Toscane. C'est la *Planasia* de Tacite; on y voit encore les ruines d'un ancien temple en granit. Agrippa y fut envoyé en exil par Auguste. Long. 8. 5. lat. 42. 43.

PIAVE (LA), fleuve du Tirol, qui se décharge dans le golfe de Venise; célèbre par plusieurs faits d'armes, sur ses bords, dans les dernières campagnes.

PIAZZA, petite ville de la Sicile, dans le Val-di-Noto, au centre de l'île. La nature et des ruines antiques l'embellissent. Ses environs sont fertiles et délicieux; elle est à 15 l. N. O. de Noto, 20 l. N. E. de Syracuse, 31 l. S. O. de Messine, 31 l. S. E. de Palerme. Long. 12. 30. lat. 37. 23.

PIEDIMONTE, pet. ville du royaume de Naples, où l'on fabrique des draps.

PIÉMONT, beau royaume d'Italie, borné par la France, la Suisse et le duché de Milan; c'est un pays des plus fertiles, des plus agréables et des plus peuplés de l'Italie. On trouve dans les montagnes dont il est entouré des mines de cuivre et de fer. Les rivières y sont très-poissonneuses, et les forêts très-abondantes en gibier. Une des plus importantes productions pour le commerce est la soie. Le royaume est fertile et produit froment, seigle, riz, orge, maïs, vins abondans sur les coteaux, olives, oranges, citrons, limons, figues, amandes, grenades, pommes, châtaignes, truffes, etc. Les Piémontais sont savans, industrieux, et courtois envers les étrangers. Les soldats sont devenus guerriers depuis les dernières guerres. Ils ont des fabriques et des manufactures. Turin en est la capitale.

Pienza, petite ville de la Toscane, dans le Siennois, passablement peuplée, patrie de Pie II, à 10 l. S. E. de Sienne. Long. 9. 20. lat. 43. 4.

Pietola, Pietocle ou Pictocle, autrefois Andes, village près de Mantoue, lieu de naissance de Virgile, quoique ce poëte ait dit, *Mantua me genuit*; sans doute qu'il avait honte de se dire natif d'un village, qui même aujourd'hui n'a rien de remarquable.

Pietramala, ou Monte di Fo, ou Monte Fuoco, est une montagne à 11 lieues de Florence, continuellement couverte de nuages. Sur le sommet on trouve des fentes ou crevasses d'où s'exhale continuellement de la fumée, et souvent des flammes, qui éclairent les montagnes voisines lorsque la nuit est obscure, et qui s'élèvent à 15 pieds de terre à la ronde. Lorsque le temps est pluvieux ou disposé à l'orage, la flamme devient plus vive. Le bois s'y enflamme et les pierres n'y paraissent presque pas altérées. Le terrain n'est chaud que dans le lieu où sont les flammes. On aperçoit dans les villages situés dans les montagnes à une très-grande hauteur, des pierres calcinées, quelques-unes tout-à-fait noires, d'autres entièrement vitrifiées, des scories de fer, etc. Ce pays est souvent sujet à des tremblemens de terre. Les naturalistes ont leur opinion partagée sur ce phénomène : les uns disent que ce feu n'est que le reste d'un volcan éteint depuis long-temps, mais rien ne s'annonce pour appuyer cette opinion; d'autres, dont le sentiment paraît plus fondé, l'annoncent comme un volcan qui deviendra très-redoutable lorsque le fer s'y rencontrera en assez grande quantité avec le soufre; ils donnent pour preuve le Vésuve, dont on ne connaît point d'éruption avant celle de 79, qui couvrit *Herculanum* et *Pompeïa*. Les montagnes des environs de Pietramala ne produisent que de faibles plantes. On remarque encore à une demi-lieue de ce volcan, une source d'eau froide appelée *Acqua Buja*, qui s'enflamme à l'approche d'une lumière. Le village de *Pietramala* est situé sur la même montagne, à 8 l. de Bologne, et à 10 l. de Florence, entre *Feligure* et *Fiorenzuola*.

PIETRA PILOSA, pet. ville d'Istrie, sur un rocher.

PIETRA SANTA, pet. ville de la Toscane, près de

la mer. Dans cet endroit était autrefois le *Fano* et *Luco de Feronica*. Elle est à 5 l. N. O. de Lucques.

Pietro-del-Fratri (san), petite île qui prend son nom de l'église qui y est bâtie ; elle est dans le golfe de Salente, près de la principauté citérieure.

Pieva-de-Cadore, près de Cadore, célèbre pour être la patrie du célèbre *Titien*.

Pieve, village près de Cento ; il n'y a qu'un pont à traverser, de manière qu'il n'est effectivement qu'un faubourg de cette ville.

Pignerol, petite ville du Piémont, bien peuplée et très-commerçante en grains, vins, eau-de-vie, bestiaux, bois à brûler, draps, laines, étoffes de soie, etc. Les Français la démantelèrent en 1696. Elle est à 7 l. S. O. de Turin, 28 N. de Nice. Long. 5. 59. lat. 44. 37.

Pinna, ancienne ville du royaume de Naples, dans l'Abruzze ultérieure, près de la rivière de Saline; on y voit plusieurs ruines ; elle est à 10 l. N. E. d'Aquila, 4 N. E. de Chieti.

Pino, bourg de l'île de Corse.

Piombino, petite mais forte ville de la Toscane, avec une forteresse. C'est la capitale d'une principauté du même nom, entre le Siennois et le Pisan ; elle avait ses princes particuliers sous la protection du roi de Naples, qui mettait garnison dans la forteresse. Ses églises n'ont rien de remarquable; elle est près de la mer, bâtie sur les ruines de l'ancienne *Papulonia*, qui en est à une lieue, à 6 l. S. E. de Livourne, 24 S. O. de Florence. Long. 8. 10. lat. 42. 56.

Piperno, petite et misérable ville de la Campagne de Rome, sur un mont escarpé, anciennement *Pipernum*, ville des Volsques, et la patrie de cette Camille dont parle *Virgile* dans l'Énéide. Cette ville est pauvre et mal bâtie, et ne mérite pas l'attention du voyageur qui se fixe sur la campagne des environs, bien cultivée et couverte de vignes, d'oliviers et de marroniers. Les lis et les narcisses y viennent sans culture. Elle est à 4 l. de Terracine.

Pirano, pet. ville de l'Istrie vénitienne, avec un bon port, près Capo-d'Istria, très-commerçant.

Pisan (le), province de la Toscane, d'environ 17 l. de long, sur 10 de large, bornée N. par le Florentin et la principauté de Lucques, E. par le Siennois, O. par la mer. C'est un des meilleurs pays de la Toscane; 50 mille habitans. Pise en est la capitale.

Pisatello, petite rivière de l'état de l'église. (*Voyez* Rubicon.)

Piscina, petite ville du royaume de Naples, dans l'Abruzze citérieure, sur le lac, et à 2 l. de Celano. C'est la patrie du cardinal Mazarin.

Piscine merveilleuse, c'est un vaste édifice carré, de 180 pieds de long, sur 128 de large, voûté, et soutenu par quarante-huit pilastres, placés sur 4 lignes. Il n'y a plus qu'un escalier pour y descendre, au lieu de deux qu'il y avait. On voit encore aux voûtes quelques beaux reliefs. L'enduit gris dont l'édifice est couvert entièrement, est aussi beau et reluisant que s'il venait d'être fait, et dur comme la pierre, étant composé de poussière de marbre, de chaux, et d'une espèce de bitume que l'on trouvait dans le pays, on y ajoutait des blancs d'œufs pour y donner le luisant. On tourne autour de la Piscine par une plate-forme garnie de pierres très-grandes et bien unies, autour de laquelle il y a de larges degrés pour descendre, et puiser l'eau à mesure qu'elle manque. Dans la voûte il y a plusieurs ouvertures par où on recevait l'eau, et les réservoirs s'emplissaient d'eau de pluie, qui en certains endroits y reste en quantité; même à présent elle s'y conserve encore, quoiqu'on n'ait pas la précaution de nettoyer la Piscine : c'est l'ouvrage le mieux conservé des anciens, et un des plus beaux. Elle est située dans les environs de Naples, au cap de Misène, près le golfe de Pouzzol; sa conservation est due à l'enduit dont l'intérieur est couvert. Agrippa, commandant les forces navales des Romains, la fit construire pour servir de réservoir d'eau douce pour les vaisseaux; aussi l'appelle-t-on la Piscine merveilleuse ou *Réservoir d'Agrippa*.

Pise, ancienne, grande et belle ville, la seconde de la Toscane, suivant Strabon et Virgile. Pise fut fondée par les Arcadiens, habitans de

Pise en Elide. Rutilius fait remonter son origine encore plus haut, et prétend qu'elle fut fondée par Pelops, fils de Tantale, roi de Phrygie. Cette ville est dans une plaine riante, ayant environ 5 milles de circuit. L'air y est sain pendant toute l'année, et le climat si doux, que dans plusieurs journées d'hiver on y jouit d'un vrai printemps. Elle devint une des douze principales villes d'Étrurie, fut déclarée colonie par Auguste, ayant son sénat et ses magistrats. Dans le renversement de l'empire romain, elle s'érigea en république. L'Arno lui servit de port, et la mettait à l'abri des corsaires; elle fit un commerce considérable, et devint une puissance maritime redoutable. Les Pisans conquirent la Corse et la Sardaigne sur les Sarrasins, ainsi que Palerme et Carthage, donnèrent des secours considérables aux Croisades, et délivrèrent Alexandrie assiégée. C'est à cette époque que furent construits ses superbes édifices. Pise se mêla dans les guerres des Guelfes et des Gibelins. Tantôt elle fut pour les papes, tantôt pour les empereurs. Sa décadence date de la guerre qu'elle eut avec les Génois, qui lui prirent toute sa marine, son commerce et le port Pisano. *Ugolino della Gueradesca*, citoyen de Pise, fut un de ses premiers tyrans; il usurpa le commandement suprême, fut chassé et rétabli par les Florentins, arrêté par les Pisans; il mourut de faim avec son fils, dans une tour que l'on montre encore. L'autre tyran vendit cette ville à *Galeazzo Visconti*. Enfin, après des guerres civiles continuelles pour leur liberté, elle fut forcée, en 1509, de passer sous la domination des Médicis. Ils se soulevèrent encore pour leur liberté cent ans après, mais ils furent réduits par le grand duc qui y mit ordre. Les Pisans perdirent toute émulation avec leur liberté; la population se montait autrefois à 150,000 habitans; elle est aujourd'hui réduite à 15 mille. En vain ses souverains cherchèrent tous les moyens possibles pour la repeupler, soit en y fondant une des plus célèbres universités de l'Italie, ou par des priviléges, ou en y établissant l'ordre militaire de Saint-Étienne, jamais cette belle ville, malgré sa fertilité, son doux climat, sa belle position et ses superbes monumens, n'a pu se relever de sa décadence. L'Arno la traverse en formant un demi-cercle, la divise dans toute sa longueur en deux parties presque égales, et trois beaux ponts établissent la communication d'une rive à l'autre. Les deux grands quais, sur l'Arno, sont ornés de superbes édifices de la plus noble architecture, et dont quelques-uns sont même ornés de marbre. Les rues sont en général larges, droites et pavées de grandes pierres. Le Dôme, eglise primatiale, est un édifice majestueux, situé à l'extrémité N. O. de la ville, entouré en dehors de colonnes antiques de divers ordres et incrustées de marbre de différentes couleurs, et de bas-reliefs d'un mauvais goût gothique, il a trois belles portes plus modernes, et une antique de bronze : l'intérieur est majestueux, orné de bas-reliefs et de tableaux superbes ; le pavé est une espèce de mosaïque. La tour, qui a environ 13 pieds de pente, et qui sert de clocher, est l'édifice le plus singulier de Pise : elle est en marbre, de figure ronde, haute de 190 pieds, et à plusieurs rangs de colonnes avec un escalier si peu rapide, qu'on pourrait le monter à cheval. Elle fut faite sur les dessins de *Guillaume d'Almon*, et fini par *Buocci* et *Thomas de Pise*. Le baptistère, en face de la cathédrale, est un grand édifice gothique, de figure ronde, construit en marbre et orné de fort belles colonnes. Dans le voisinage est un cimetière appelé *Campo Santo*, avec une cour spacieuse, entourée d'un portique gothique très-léger, de 60 arcades, ornées de marbre et de porphyre; sur les murs est peinte à fresque une partie de l'Histoire Sainte, par *Giotto d'Orgagna*, et par Simon *Memmi*. La place des Chevaliers de Saint-Étienne offre de beaux morceaux d'architecture, et l'église conventuelle du même ordre mérite d'être vue pour les belles peintures qu'elle renferme, et pour son magnifique autel de porphyre; ouvrage de *Foggini* de Florence. L'église de Saint-Mathieu possède aussi de belles peintures des frères *Melani* de Pise. On ne doit pas négliger de voir le jardin botanique, riche en plantes étrangères. La bibliothéque publique, le grand hôpital, l'observatoire et l'édifice du séminaire. Il y a encore divers autres monumens presque tous dans le goût gothique ancien. La loge (ou bourse) des marchands, dont les arceaux sont à jour, et tenus par des pilastres d'ordre dorique, est d'une bonne architecture. On voit dans cette ville beaucoup de grands palais ; les plus beaux sont ceux de *Lanfreducci*, *Lanfranchi*, le long de l'Arno; celui de l'archevêque mérite aussi d'être vu. Pise a plusieurs colléges et une célèbre université qui a quarante-cinq professeurs, à la tête desquels est l'archevêque de Pise, comme grand chancelier. C'est la patrie de l'astronome Galilée et de plusieurs grands hommes. Dans le territoire de Pise on trouve des carrières de très-beaux marbres et plusieurs mines. Les étrangers ne négligent pas de voir le vaste monastère de la Chartreuse de Calci. A une lieue et demie de Pise, on voit les bains de Saint-Julien ; c'est un endroit célèbre par ses eaux thermales, les plus fréquentées de l'Italie. Dans les bâtimens construits en 1743, on trouve toute sorte de commodités : les bains sont pratiqués dans des petites chambres qui se remplissent avec un robinet; il y a des douches et des étuves ; celles-ci sont des chambres placées sur la source même, et dont le parquet est de planches trouées, au travers desquelles toute la chaleur se communique au malade. Ceux qui vont y prendre les eaux trouvent une bonne cuisine et de beaux appartemens. Au centre de l'édifice, il y a quatre chambres pour les jeux, et au milieu un grand salon pour danser. La chapelle est située de manière que tout le monde peut de sa chambre entendre la messe et voir le prêtre sur l'autel. Les eaux thermales de Saint-Julien sont les plus salutaires d'Italie et les plus fréquentées. Le célèbre Jean *Cocchi*, Toscan, et Jean *Bianchi*, de Rimini, ont écrit des dissertations savantes sur les bains de Saint-Julien. Les amateurs de l'antiquité pourront observer le lieu où existait l'ancien port Pisan, entre le *Gastrum Liburni* et l'embouchure de l'Arno; il n'en reste d'autres traces que trois tours, et les ruines des anciens thermes aux environs de Pise à l'orient. A 4 milles, en ligne droite, vers l'ouest, on trouve la mer; et les collines les plus fertiles et les plus riantes, couvertes d'oliviers, forment une couronne autour de la ville, vers le Levant. L'huile du Pisan est excellente, et les étrangers la confondent avec celle de Lucques qui est également bonne. On fait à Pise un grand commerce de fleurs artificielles très estimées. Le territoire produit du genêt, dont on tire un fil aussi fin que celui du plus beau chanvre. Pise est environnée de marais; elle est à 1 l. de la mer, 4 l. N. de Livourne, 17 O. de Florence. Long. 8. 5. 45. lat. 43. 43. 7.

Pistoie ou Pistoia, belle et considérable ville de la Toscane, située dans une plaine fertile, au pied de l'Apennin, près du fleuve Ombrone, autrefois république qui subit le même sort que Pise, et perdit sa liberté, ce qui fut l'époque de sa décadence. Il y a peu de villes en Italie où les rues sont aussi droites et aussi larges qu'à Pistoie. Ses palais annoncent la magnificence, mais sa population n'est plus aujourd'hui que de 10,000 habitans. La cathédrale est un bel édifice, et le trésor des reliques qu'elle possède est fort estimé; on voit dans cette église les tombeaux du cardinal *Forteguerri* et du célèbre *Cino Gingiboldi*, professeur de législature. L'église de l'Esprit-Saint est d'un beau dessin et possède un orgue excellent. L'église la plus remarquable pour sa structure est celle de *l'Umiltà*, d'une élégante et parfaite architecture, et particulièrement la coupole de *Vassari*. Dans les églises de Saint-François et de Saint-Dominique on voit quelques peintures à fresque de *Puccio Capanna*. Le palais public est magnifique, ainsi que l'édifice de la *Sapienza*, où est la bibliothèque publique. Aux Philippins est encore une autre bibliothéque publique riche en manuscrits; c'est un legs du cardinal *Fabroni*. Il ne faut pas négliger de voir le vaste édifice moderne du collége, et le séminaire parfaitement distribué pour l'objet auquel il est destiné. On fabrique à Pistoie de fort bonnes orgues. Dans la manufacture de fer qui sert à la subsistance d'une grande partie du peuple, on coule de bons canons de fusils.

Elle est à 8 l. N. O. de Florence, 8 l. N. E. de Lucques, 12 N. E. de Pise. Long. 8. 32. Lat. 43. 36.

Pizzighitone. Petite ville forte de la Lombardie, dans le Crémonais, entre Lodi et Crémone, à la jonction du Serio et de l'Adda, célèbre par ses fortifications et par les siéges qu'elle a soutenus. La citadelle fut bâtie par Philippe-Marie Visconti. C'est dans cette ville que François Ier fut détenu prisonnier jusqu'à ce que Charles-Quint le fit passer en Espagne. Elle est à 12 l. de Milan. Long. 5. 23. Lat. 45. 10.

Pizzo. Petite ville du royaume de Naples, sur la côte de la Calabre. Cette ville est surnommée la fidèle, parce que les habitans arrêtèrent en 1815 l'ex-roi Murat qui y était débarqué, et qui fut condamné, par un conseil de guerre, à être fusillé.

Plaisance. Belle ville du duché du même

nom, dans la Lombardie, bâtie presque sur le bord du Pô, à l'embouchure de la Trébia, dans une plaine délicieuse entre Milan et Parme à 13 l. de l'une et de l'autre. Plaisance est, dit-on, ainsi appelée à cause de l'agrément de sa situation et de la salubrité de l'air qu'on y respire. Elle tire son origine d'une colonie romaine qui s'y établit l'an de Rome 350. Les Carthaginois la saccagèrent et la brûlèrent; les Romains la rétablirent pendant la guerre d'Othon et de Vitellius. Son bel amphithéâtre qui était hors de la ville fut brûlé. Elle soutint un siége contre Totila, roi des Goths; les habitans préférèrent se réduire aux plus cruelles extrémités, et se manger l'un l'autre plutôt que de se rendre. Albin la prit en 570. Elle passa ensuite sous la domination des rois lombards et de Charlemagne, tantôt sous la faction des Guelfes et tantôt sous celle des Gibelins; elle eut successivement pour maîtres les *Scotti*, les *Landi*, les *Turriani*, les *Visconti*, les *rois de France*, les *papes*, les ducs de *Parme* et de *Plaisance*, les *Français*, et, après le congrès de Vienne, en 1814, elle fut gouvernée par Marie-Louise, archiduchesse d'Autriche, régnante. La situation de cette ville, son coup d'œil, ses places, ses rues et ses édifices justifient pleinement son nom; elle est célèbre par son antiquité, dont elle ne conserve cependant aucun monument, par une suite naturelle des siéges qu'elle a soutenus, et des nombreux combats qui se sont livrés dans ses environs depuis le temps des guerres puniques jusqu'à nos jours. On voit dans les églises de cette ville des fresques et des tableaux des meilleurs maîtres. La cathédrale est d'une architecture élégante, et l'église des chanoines réguliers de Saint-Augustin a été bâtie sur les dessins de *Vignola*. Les deux statues équestres de *Ranuccio*, et d'Alexandre *Farnèse*, de Jean de Bologne, qui sont sur la grande place, fixent principalement l'attention du voyageur. Le palais public, construit aussi sur les dessins de Vignola, mérite d'être remarqué; l'intérieur des appartemens en est très-bien ordonné. Plaisance renferme environ 25,000 habitans; la richesse et la fertilité du pays donne une idée de leur industrie et de leur activité. Le théâtre est bien construit, commode, mais peu considérable. Les principales maisons sont celles des *Scotti*, *Landi* et *Aguscioli*. C'est la patrie de *Murenus*, beau-père de l'empereur Auguste; de *Raphael Fulgose*, du pape *Grégoire X*, du cardinal *Alberoni*, de *Laurent Valle*, etc., etc. Il y a encore dans cette ville une riche manufacture de futaines, et des moulins pour la soie. Le territoire est agréable et fertile, les pâturages y sont excellens. Au-dessus de Plaisance on trouve le *Campo Morto*, c'est le champ de bataille de la Trébia, où les Romains furent défaits par Annibal, l'an de Rome 535. Les Français et les Espagnols, en 1746, donnèrent une bataille auprès de Plaisance, contre les Allemands, sous la conduite du maréchal de Maillebois. Il y a un superbe pont sur le Pô. Elle est à 13 l. N. E. de Parme, 4 l. S. E. de Milan. Long. 7. 4. 15. Lat. 45. 2. 44. (*Voyez* Velleïa.)

Platano. Rivière de la Sicile dans le val de Mazara.

Pleurs, autrefois jolie petite ville des Grisons, vers les confins du Milanais. Les Milanais allaient y passer l'automne. Le 26 août 1618, cette ville fut abîmée par une montagne qui se fendit et l'écrasa; de deux mille habitans qui y étaient pas un seul ne put se sauver.

Pô (le), l'Eridan des anciens, le plus grand et le plus considérable fleuve de l'Italie, prend sa source près du mont Viso, dans le Piémont; après avoir traversé une partie de l'Italie, et reçu une quantité de rivières il se jette dans le golfe de Venise par plusieurs embouchures. Sa vue est imposante, son cours majestueux; sa largeur, son étendue, le grand nombre de canaux qui y aboutissent, les barques et les gros navires à voiles dont il est couvert, les villes et campagnes qu'il arrose, tout concourt à lui confirmer le titre de roi des fleuves que les anciens lui donnaient. Il a été chanté par Ovide, Virgile, etc., sous le nom d'Eridan, nom qu'on lui donne encore quelquefois dans la poésie.

Poggibonsi, bourg de la Toscane, près de Florence. Un palais superbe habité l'été par le grand duc le rend célèbre.

Poggio, village du Ferrarais dans des marais.

Poggio a Cajano, un des châteaux de plaisance du grand duc de Toscane, situé à 3 l. de Florence. Il y a tout auprès un superbe parc. On voit dans ce château, dont la vue est admirable, des tableaux excellens d'*Andre del Sarto*, qui représentent l'histoire de la maison des Médicis.

Poglisa, vallée de la Dalmatie, habitée par 15,000 âmes, mais qui n'ont ni villes ni villages, comme les nations nomades.

Poirino, bourg considérable du Piémont, à 5 l. S. E. de Turin.

Pola, ancienne et petite ville de l'Istrie, fondée par une colonie de Colchide, poursuivie par les Argonautes. Elle a une citadelle. On y voit un magnifique amphithéâtre ancien, un temple dédié à Rome et à Auguste, et un arc de triomphe qui sert de porte à la ville et qu'on appelle Porte-dorée. Elle fut le lieu d'exil de *Crispinius*, fils du grand Constantin. Elle est au fond d'un golfe assez profond, à 18 l. S. de

Capo-d'Istria, 32. S. E. de Venise. Long. 11. 47. lat. 45. 6.

Polana, petite ville de la Sicile dans le val de Demona, près de la mer.

Polésine de Rovigo, province de l'état vénitien, bornée N. par le Padouan, S. par le Ferrarais, E. par le duché de Venise, O. par le Véronais. Elle a 17 l. de long, 7 de large. C'est un pays très-fertile en froment, maïs, chanvre, bétail, etc. Cette province a 72,000 habitans. Rovigo en est la capitale.

Policastro, ville presque ruinée du R. de N., dans la principauté citérieure sur le golfe du même nom, à 22 l. S. E. de Naples. Long. 13. 15. lat. 40. 7. Il y a une autre ville de ce nom dans la même province.

Polignano, petite ville du R. de N., dans la terre de Bari. On y voit la magnifique abbaye de San Vito et des cavernes curieuses et agréables. Long. 14. 58. lat. 41 13.

Polina, rivière de la Sicile, dans le val de Demona.

Polistère, petite ville de la Calabre ultérieure, entre deux rivières qui se débordent souvent.

Polizzi, petite ville de la Sicile, dans le val de Noto, au pied du mont Madonia, à 14 l. S. E. de Palerme.

Polo, petite île de la Sardaigne, au golfe de Cagliari.

Pomeranza, petite ville du Pisan, très-agréable, mais peu peuplée.

Pompeïa, était une ville de la Campanie, dans le royaume et au S. de Naples, près d'*Herculanum*, dont elle subit le même sort ainsi que *Stabia;* elle fut ensevelie sous les cendres du Vésuve. Ces villes ont été trouvées par hasard : Pompeïa l'a été près du fleuve Sarno, par des paysans qui avaient creusé la terre pour des plantations. La hauteur des cendres n'est pas si considérable que celle d'Herculanum : il n'y a que deux ou trois pieds au-dessus des édifices. On commença les fouilles en 1755, et on y trouva une porte de ville et un petit temple tout entier dont les colonnes sont de briques revêtues de stuc; l'escalier qui conduit au sanctuaire est étroit et revêtu de marbre blanc. Il y a des autels isolés en entier; au milieu du temple dans une chapelle en pierre est un escalier, au bas duquel on éprouve une vapeur dangereuse. Une inscription porte que ce temple était dédié à la déesse *Isis;* qu'il avait été renversé par un tremblement de terre, et que le peuple et le sénat l'avaient fait rétablir. Quoique ce monument ne soit pas considérable, il est cependant très-précieux, parce qu'il est entier et qu'on voit sur les murs les peintures d'usage en ce temps. On peut à Pompeïa se promener dans les rues, et entrer dans les maisons des anciens Romains, ornées de peintures à fresque bien conservées. On y a trouvé des cadavres entiers, dans différentes attitudes, et qui tombaient en poussière en les touchant. Des temples, des théâtres sont aussi bien conservés, ainsi que plusieurs statues, bas-reliefs, tableaux, etc., qui ont été portés au Musée. *Voyez* HERCULANUM. Pompeïa est près de Portici.

POMPONESCO et OSTIANO, deux petits villages du Mantouan, à peu de distance l'un de l'autre, fertiles et commerçans.

PONCES (LES ÎLES), îles de la Méditerranée, sur la côte du royaume de N., à l'entrée du golfe de Gaëte. Elles sont au nombre de cinq; ce sont des volcans éteints qui sont aujourd'hui cultivés. Celle qui porte le nom de Ponce a environ 5 l. de tour, a un bourg et un petit fort. Long. 10. 40. lat. 40. 58.

PONGIBONSI. *Voyez* POGGIBONSI.

PONTE, bourg de Piémont.

PONTEBA, petite ville de la Carinthie, sur la Fella, à 10 l. N. d'Udine, a un port qui fait le meilleur passage des Alpes, d'où commençaient les états vénitiens. Long. 10. 49. lat. 46. 35.

PONTE-CENTINO, à 3 l. de Radicofani, premier village des états du pape en sortant de la Toscane. De Radicofani on descend vers Ponte-Centino, qui paraît être au fond d'un précipice; il est arrosé par un ruisseau qu'on passe sur un vieux pont. C'est là qu'on trouve la première douane des états ecclésiastiques.

Ponte-Corvo, ou Fregelle, petite ville du royaume de Naples, dans la Terre de Labour, appartenant au pape. Le général Bernadotte, actuellement roi de Suède, a le titre de duc de Ponte-Corvo. Elle est sur la rivière de Garigliano.

Ponte-Stura, petite ville du Piémont, dans le Montferrat, au confluent de la Stura et du Pô.

Ponte-Sussiza, village près de Trieste; il y a une grande verrerie, dont les envois se font au Levant.

Ponthia, petite île de la mer de Toscane, sur la côte de la principauté citérieure.

Pontremoli, ville forte de Toscane, avec un bon château et 4,000 habitans. Elle a six portes, dont la plus belle est la porte Saint-Pierre. La plus grande partie de l'ancienne ville, qui était située dans le fond, a été comblée et enterrée par les alluvions naturelles des deux rivières, la Magra et la Verde, qui font leur jonction à cette ville. On remarque quelques restes de vieilles fortifications et plusieurs tours, dont deux ont été converties en clocher. Les rues sont belles, et le palais de plaisance des marquis Dosi est magnifique. Les Espagnols la vendirent au duc de Toscane en 1650. C'est la patrie d'Antoine

Corini. Elle est au pied de l'Apennin, à 16 l. S. E. de Gênes, 30 l. N. E. de Florence. Long. 7. 29. lat. 44. 24.

Popolo, petite ville du royaume de Naples, dans l'Abruzze ultérieure, sur la rivière de Pescara où il y a un beau pont.

Poretta, village à 8 l. S. E. de Bologne, sur le Reno, sur la nouvelle route de Modène à Pistoie. Avant d'arriver à Boscolungo, on trouve le petit lac *Scaffajolo*, au nord duquel on voit les bains de la Porretta, sur le Reno, au pied d'une montagne d'où descend cette rivière. Ces bains sont très-estimés; l'eau s'enflamme à l'approche d'une lumière comme l'*Acqua Buja di Pietramala.* L'eau qui tombe en filet d'un pouce de diamètre, paraît tout environnée d'une flamme légère, qui continue sans interruption, à moins qu'on ne l'éteigne avec force. Dans la cour de la maison où sont les bains, il s'élève une vapeur à 6 pieds de terre, qui s'enflamme avec la même facilité, et dont le feu dure plusieurs mois. (*Voyez* Pietramala.)

Porta-Maggiore, village fertile et très-commerçant du Ferrarais, près le Pô.

Portatore, rivière de la Campagne de Rome.

Portici, belle maison de plaisance du roi de Naples, à une lieue et demie de la capitale, au bord de la mer, près du mont Vésuve, bâtie sur les ruines d'Herculanum; le palais fut bâti par les ordres du duc d'Elbeuf, mort en France en 1763. Il est en très-bon air, et dans une position vraiment séduisante. Le jardin principal, qui s'étend jusqu'au bord de la mer, est bordé dans toute sa longueur par deux terrasses, qui sont de niveau à l'appartement du roi. La cour du palais est octogone. Il y a dans ce palais deux statues de marbre blanc, tirées d'Herculanum, et dont on fait un grand cas; l'une est celle de *M. Nonius Balbus* fils, elle est sous le vestibule du palais, environnée de vitrages; et l'autre est celle de *Balbus* père, proconsul d'*Herculanum*. On y voit aussi la chambre de porcelaine, dont le revêtissement et les meubles sont d'une très-belle porcelaine. Les appartemens sont pavés d'une ancienne mosaïque grecque et romaine. Il renferme une superbe collection de statues, de bas-reliefs, de vases précieux, et d'autres monumens antiques, la plus grande partie tirée d'*Herculanum*, *Pompeïa* et *Stabia*. Il s'y trouve aussi de très-belles peintures de Jean de *Beughel*, d'Annibal *Carrache*, quatre petits camayeux antiques, peints sur marbre, les premiers qu'on connût jusqu'à leur découverte : on lit sur l'un le nom d'Alexandre d'*Athènes*. Le bâtiment est simple ; la façade regarde le golfe, qui lui procure un point de vue superbe.

Porto, petite ville forte, dans les états de Venise, sur l'Adige, à 10 l. S. E. de Vérone.

Porto, ville détruite, dans le Patrimoine de Saint-Pierre, à l'embouchure occidentale du Tibre. C'est le reste d'une ville considérable que les empereurs *Claude* et *Trajan* avaient fait construire. On y trouve les vestiges d'un ancien port. Les eaux de la mer paraissent s'être retirées, et le Tibre, qui tout près de là a son embouchure dans la mer, ne forme qu'un petit canal. Les environs de Porto, qui étaient très-agréables, sont à présent très-malsains. Long. 9. 54. 10. lat. 41. 46. 44.

Porto-d'Ampugnani, petite ville de l'île de Corse, à 7 l. S. O. de Bastia.

Porto-Ercole, petite ville de Toscane, a un bon château et un port presque rempli, défendu par deux forts. A 1 l. S. d'Orbitello.

Porto Ferrajo (*Voyez* l'Ile d'Elbe.)

Porto-Fino, bourg de l'état de Gênes, avec un port entre deux montagnes, et un château sur un rocher. Dans ce port fut embarqué François Ier lorsqu'il fut conduit prisonnier en Espagne. A 6 l. S. E. de Gênes.

Porto-Gruaro, petite ville du Frioul, sur la rivière de Limène, à 3 l. S. E. d'Udine.

Porto-Longone. (*Voyez* l'Ile d'Elbe.)

Porto-Pisan. C'était l'ancien port de Pise, sur l'Arno, à 4 lieues de cette ville. Le port fut détruit par Charles, duc d'Anjou, en 1268. Les Génois l'enlevèrent entièrement, en 1284, aux

Pisans, ce qui fut la cause de la décadence de Pise. (*Voyez* Pise.) On y voit encore trois tours.

PORTO-RÉ, petite ville du littoral de Trieste, dont Charles VI fit réparer le port, a deux châteaux pour sa défense, et un chantier de construction. Aux environs de cette ville croissent des vins qui sont très-recherchés.

PORTO-DI-TORRE, village de l'île de Sardaigne, sur la mer, au N. de Sassari.

PORTO-VECCHIO, ville de l'île de Corse, avec un port spacieux. Les marais de son territoire rendent l'air malsain. Elle est à 5 l. N. E. de *Bonifacio*. Long. 6. 56. lat. 41. 45.

PORTO-VENÈRE, pet. ville du duché de Gènes, à l'entrée du golfe de Spezia, sur une colline au haut de laquelle est une forteresse. Le port est commode, spacieux, et un des plus sûrs de la Méditerranée. Cette ville était déjà célèbre du temps des Romains. A Porto-Venère on tire des carrières un marbre jaune, taché de noir, extrêmement beau. Elle est à 2 l. de Spezia. Long. 7. 23. lat. 44. 4.

POSSIDONIA, ancienne ville du royaume de Naples, près de Capaccio, sur la côte orientale du golfe de Salerno. Elle a été ruinée en 1080 par les Guiscards. On y voit les ruines de trois temples antiques, un théâtre et un amphithéâtre magnifiques. Les habitans sont pauvres, et ces ruines leur servent de refuge. Elle est à 22 l. S. E. de Naples, à l'embouchure du Silaro, et à 8 l. S. E. de Salerne.

Potenza, petite ville du royaume de Naples, dans la Basilicate, à 3 l. S. O. de Cirenza, vers la source du Bussento. Elle fut presque ruinée par un tremblement de terre, en 1694. Long, 13. 30. lat. 40. 29.

Pouille (la), province du royaume de Naples, bornée N. et E. par la mer Adriatique, S. par le golfe de Tarente, O. par l'Abruzze; elle comprend la Capitanate, la Terre de Bari et celle d'Otrante. Le pays est abondant et fertile, le sol rocailleux; les villages y sont aussi beaux que ceux de la Terre d'Otrante. Il n'y a dans cette province ni source ni ruisseaux; on y boit de l'eau de citerne. En avril et en mai on y fait la pêche du calmar. Lecce en est la capitale.

Pouzzol ou Pozzuoli. Autrefois ville considérable, appellée par les Grecs *Dicearchos*, située à 2 l. de Naples, vers le couchant, sur le golfe de Pouzzol, autrefois *Sinus Puteolanus*. Elle fut fondée, suivant quelques historiens, 522 ans avant J.-C., par *Dicearchos*. Le nom de *Pouzzol Puteoli* lui fut donné à cause de la grande quantité de puits ou de sources minérales dont elle abonde. Elle fut gouvernée en république, et avait ses *décemvirs*, ses *décurions*, ses *basiliques*, etc. Les Romains y élevèrent un grand nombre d'édifices, de maisons de campagne et de lieux de plaisance. Il est prouvé que la cathédrale était un temple, à cause des colonnes corinthiennes qui y sont encore, et suivant une inscription qu'on y trouve, il semble avoir été dédié à Auguste. On voit à Pouzzol le reste d'un temple qui paraît avoir été superbe, et qu'on croit, suivant les uns, avoir été dédié à Serapis; et, suivant d'autres, aux nymphes, par Domitien. On trouve encore une partie des beaux marbres d'Afrique et de Sicile dont les dix-huit chapelles qui l'environnaient étaient revêtues, ainsi que la salle des bains, à l'usage des sacrificateurs. Le pavé, en marbre blanc, l'écouloir des eaux et du sang des victimes, les anneaux auxquels on les attachait, et quelques colonnes, sont bien conservés. La cour de Naples se servit des matériaux de ce temple pour construire le château de Caserta. On voit sur une place un piédestal de marbre blanc, de 6 pieds de long, sur 3 et demi de haut, où sont en relief quatorze villes d'Asie, détruites par un tremblement de terre, et réparées par Tibère, dont la statue ornait le piédestal. Il y a sur une autre place la statue bien conservée de *Flavius-Marius-Egnatius-Lollianus*, préteur et augure. Aux Capucins se trouve une citerne singulière, en forme de vase; elle est bâtie en briques, revêtue de stuc en dedans et en dehors, soutenue sur un pilier renfermé dans une voûte, et entièrement isolée, ne touchant au terrain d'aucun côté. L'amphithéâtre est le monument le mieux conservé; on l'appelle Colysée, il était aussi grand que celui de Rome. L'arène est aujourd'hui un jardin; on distingue les portiques qui servaient d'entrée, les caves où l'on renfermait les bêtes. Devant chaque pilier il y a une pierre creusée pour recevoir l'eau qu'on donnait à boire aux animaux. Le labyrinthe de Dédale est un bâtiment souterrain pour conserver les eaux à l'usage de la ville. On montre le reste de la maison de campagne de Cicéron, sur le bord de la mer, qui couvre une quantité immense de ruines, et en rejette de temps en temps; parmi lesquelles sont des masures, et il reste encore treize piliers et plusieurs arcs : on appelle cet endroit pont de Caligula; c'est un mole qu'on a cru être le reste d'un pont que Caligula fit faire pour triompher de la mer. Cette ville contient aujourd'hui 7 à 8,000 âmes. Ses environs sont curieux. (Voyez *Achéron*, *Averne*, *Cumes*, *Grotte du chien*, *Étuves de Tritoli*, *Baies*, etc., etc.) La mer forme un golfe qui a la figure d'un vaste demi-cercle enfoncé dans la terre, et qui a une lieue et demie de traverse jusqu'à Baja, et deux lieues jusqu'au cap de Misène. Pouzzol est à 3 l. N. de Naples.

Pratica, bourg dans la campagne de Rome,

bâti sur les ruines de Lavinium, au bord de la mer, à 3 l. S. de Rome.

Prato, jolie petite ville de Toscane, dans le Florentin, bâtie sur les bords du Bisonzio, qui en baigne les murs, dans un terrain bas, mais fertile : ses habitans, au nombre d'environ 10,000, sont très-industrieux. On y travaille divers ustensiles en cuivre, et il y a plusieurs fabriques de draps ordinaires. La cathédrale est une belle église où l'on conserve avec une grande vénération la ceinture de la Sainte-Vierge. L'église *delle Carceri*, est d'une belle architecture, et celle de Saint-Vincent est ornée de travaux en stuc, d'un très-bon goût. La place du marché est assez vaste, mais dénuée d'ornemens. Le collége Cicognini, un des plus accrédités de la Toscane, est un édifice commode et bien distribué. Le pain qu'on fait dans cette ville est excellent, et le meilleur de la Toscane. Les naturalistes doivent visiter une colline appellée *Monte-Ferrato*, à peu de distance de Prato, ils auront de quoi faire leurs observations. On y fabrique des chapeaux de paille. Elle est à 5 l. N. O. de Florence. Long. 8. 48. lat. 43. 34.

Pratolino, maison de plaisance du grand duc de Toscane, près de Florence, sur une colline très-agréablement située, bâtie par le grand duc François I, en 1575. Tout y est magnifique, les jardins y sont ornés de statues superbes, de jets d'eau, de fontaines, de machines hydrauliques qui font mouvoir des statues et jouer des orgues. Au bout d'un parterre est une statue colossale de l'Apennin, qui a plus de 60 pieds de haut, formée de grands quartiers de pierre entassées avec art d'une manière si admirable, qu'à un certain point de vue la statue paraît bien proportionnée et finie; mais à mesure qu'on s'approche, les traits grossissent, et de près ce n'est qu'un monceau de pierre; sous cette figure elle paraît un monstre qui vomit de l'eau. On pénètre dans l'intérieur, et l'on se trouve dans une grotte remplie de coquillages et de jets d'eau. Cette figure vraiment singulière est de *Jean de Bologne*.

Presidi (Stati degli), sont des forteresses sur les côtes de la Toscane, où jadis le roi de Naples tenait garnison. Orbitetto est la principale.

Primaro, bourg avec un petit fort appellé la Tour Grégorienne, à l'embouchure méridionale du Pô.

Principautés (les deux), provinces du royaume de Naples, dont l'une est appellée *Principauté citérieure*, et l'autre *Principauté ultérieure*. La principauté citérieure est bornée S. et O. par la mer, N. par la Principauté ultérieure, et E. par la Basilicate. Elle a environ 17 l. de large et 25 de long. Salerne en est la capitale. La Principauté ultérieure est bornée S. par la Principauté citérieure, N. par le comté de Molise et la Capitanate, E. par le même et la Basilicate, O. par la Terre de Labour: elle a environ 17 l. de long, sur 10 de large. Avellino en est la capitale. Les principautés sont fertiles et abondent en bestiaux; on y trouve une quantité de ruines anciennes.

Prizi, petite ville de la Sicile, vers le centre de la vallée de Mazara.

Procida, petite île dans le golfe de Naples, près de l'île d'Ischia, ayant environ 3 l. de tour, est très-fertile en bons vins, abonde en perdrix et en faisans, et est très-peuplée. Procida en est la capitale: c'est une petite ville assez jolie et assez bien fortifiée, bâtie sur une pointe haute et fort escarpée du côté de la mer, et qui a 4,000 habitans. Dans le dernier siècle, on avait défendu à tous les habitans de cette île d'avoir des chats, et cela pour la conservation du gibier, ce qui causa en peu de temps une si grande quantité de rats, que tout le pays en était inondé: les enfans dans leurs berceaux, les cadavres avant d'être inhumés, et toutes les provisions, étaient la proie de ces animaux. Les paysans désolés allèrent se jeter aux pieds du roi, qui révoqua la défense. Long. 11. 29. lat. 40. 46.

Prosecco, village célèbre, près de Trieste, à cause de ses vins, qui sont excellens, et de l'air qui y est très-sain.

Q.

Querasque. *Voyez* Gherasco.

Quiers, ou Chieri, autrefois ville forte du Piémont, sur les confins du Montferrat. On dit que cette ville se gouvernait autrefois par ses propres lois. Pendant les guerres que les Français firent dans ce pays sous le règne de François Ier, elle était devenue une place importante. Il n'y a guère de villes d'Italie où il y ait plus de noblesse : presque toute la population est noble. Elle est sur le penchant d'une colline dans un terrain fort agréable, bordée de coteaux couverts de vignes très-fertiles et parsemés de maisons de plaisance et de jardins délicieux. A 3 l. E. de Turin, 7 l. N. O. d'Asti. Long. 5. 25. lat. 45. 5.

Quieto, rivière de l'Istrie, la traverse presque toute de l'E. à l'O, et se jette dans le golfe de Venise.

Quirico (San), gros bourg de la Toscane, entre Radicofani et Torrinieri. Sur la route de de San-Quirico à Radicofani, le pays est inculte et peu peuplé ; dans les torrens qui sont en grand nombre sur la route on trouve des pierres de toutes grosseurs et de diverses couleurs, même agathisées, qui peuvent servir au travail de la mosaïque.

Quistello, petite ville du Mantouan, sur la

rive orientale de la Sesia, à 1 l. et demie de son confluent avec le Pô. Elle est fameuse par l'action qui s'y passa le 15 septembre 1734, entre les Impériaux et les Français. Le maréchal de Broglio y fut surpris.

R.

Raganetto, petite rivière de la Calabre ultérieure.

Raconiggi, petite ville du Piémont, sur les rivières de Grana et de Mara, à 5 l. N. O. de Saluces. Elle est fort commerçante, et est située dans une plaine agréable.

Radicofani, petite, mais forte ville de la Toscane, dans le Siennois. Elle est sur une montagne escarpée très-difficile à gravir. Du côté de l'ouest, sous les fortifications, on voit un grand amas de pierres, et l'on prétend qu'il y avait autrefois un volcan. Ce pays a souvent éprouvé des tremblemens de terre. Cette petite ville, ou plutôt ce bourg, est un peu plus bas que le sommet de la montagne. C'est un poste essentiel, qui défend ce passage important de la Toscane. Les environs abondent en sources d'eau très-fraîche. A 8 l. N. O. d'Orviette, 11 l. S. par E. de Sienne.

Raguse, ville, jadis capitale de la république du même nom, dans la Dalmatie, actuellement sous la domination de l'empereur d'Autriche.

Son gouvernement aristocratique était autrefois modelé sur celui de Venise. Raguse n'est ni belle ni considérable : à peine y compte-t-on 7 à 8,000 âmes. Elle a un bon port, défendu par un bon fort. Elle fut presque abîmée par un tremblement de terre, en 1667. En 1762, il y eut une espèce d'anarchie, à la suite d'une violente dispute entre les nobles. La population est divisée en trois classes : les sénateurs ou la noblesse, les marchands et propriétaires, les marins et le peuple. Son territoire est stérile. Elle est obligée de tirer ses provisions des provinces turques voisines. Les îles des environs sont fertiles, remplies de beaux palais. C'est la patrie de *P. Boscoswich*, célèbre astronome et géomètre du siècle dernier. A 2 l. de Raguse on voit les ruines de l'ancienne Raguse, autrefois Epidaurus. Elle est sur la mer, à 44 l. N. de Brindes. Long. 15. 40. lat. 43. 30.

Randazzo, petite ville de la Sicile, dans la vallée de Demona, fertile et agréable, à 15 l. S. O. de Messine.

Rapolla, petite ville du R. de N., dans la Basilicate, près de Melfi, à 6 l. N. O. de Cirenza.

Rappallo, petite ville maritime, près de Gênes. Elle abonde en excellente huile. C'est la patrie de *Fortunio Liceti*, célèbre médecin. Il y a une fabrique de toiles dont on fait un bon commerce.

Ravello, petite ville du royaume de Naples,

dans la principauté citérieure, bâtie en 1086. Elle a de belles rues, quelques belles maisons et des fabriques de toiles. Elle est à 1 l. de la mer, 4 l. O. de Salerne, 8 l. S. E. de Naples.

RAVENNE, très-ancienne et très-célèbre ville de l'état du pape, capitale de la Romagne, située près du Ronco et du Montone réunis, et autrefois capitale sous l'empire de Théodoric, était très-florissante sous le gouvernement des Exarques, avant de passer sous la domination des Vénitiens et des Lombards. On la dit fondée par les Thessaliens. Elle passa des Sabins aux Gaulois-Boyens établis sur le Pô, qui furent chassés par *Paul Emile*, qui sauva Rome dans cette occasion. Le port de Ravenne était autrefois un des meilleurs de l'Adriatique. Auguste y tenait ses flottes. Il y avait des édifices superbes qui ont été couverts par les attérissemens; ils étaient élevés par *Auguste*, *Trajan*, *Tibère* et *Théodoric*. *Odoacre*, roi des Hérules, y résidait; il fut tué par le roi des Ostrogots, qui embellit Ravenne. On voit encore le tombeau qu'*Amalasonte* fit ériger à Théodoric son père; il est hors de la ville; c'est une rotonde à deux étages, dont le premier est enterré et rempli d'eau; celui qui est au-dessus est couvert par un seul bloc de pierre d'Istrie, de 34 pieds de diamètre hors d'œuvre, en forme de coupole. Il était autrefois sur le bord de la mer, aujourd'hui il se trouve éloigné d'une lieue et demie. Cette ville renferme plusieurs autres monumens précieux de son antiquité et de sa magnificence ; ses mosaïques, marbres, sarcophages, méritent d'être remarqués. On y voit aussi de beaux édifices modernes ornés de fresques et des tableaux estimés, principalement de l'école bolonaise, qui cependant souffrent de l'humidité du climat. La cathédrale est un édifice magnifique, qui a été réparé dans le goût moderne. Les colonnes qui soutiennent la nef sont d'un beau marbre. La coupole et la chapelle *Aldobrandini* sont peintes à fresque par *Guido Reni*, dont on voit aussi un superbe tableau représentant Moïse qui fait pleuvoir la manne ; l'ancienne chaire ou jubé, un siége d'ivoire, et le calendrier pascal, sont trois objets d'antiquité chrétienne qui méritent d'être remarqués. Les antiquaires verront avec plaisir un grand nombre de pierres sépulcrales trouvées dans les fouilles qu'on fit pour réparer ce temple, et maintenant rangées avec ordre dans une cour. Les fonds baptismaux sont encore dans leur état primitif, de forme octogone, avec huit grandes arcades, et, sur le devant, un grand bassin de marbre blanc de Grèce. L'ancienne église de Saint-Vital des Bénédictins est aussi un bel octogone soutenu par des colonnes de marbre grec, et orné de porphyres, mosaïques et bas-reliefs, monumens de l'ancienne magnificence de Ravennes : on voit dans la sacristie le martyre de Saint-Vital, peint par le *Baroche*. On remarque en outre la bibliothéque et l'infirmerie du monastère, et, dans le jardin, le tombeau de *Galla Placidia*. L'église de Saint-Jean, construite par *Placidia*, a été réparée dans le goût moderne. Néanmoins on y voit encore vingt-quatre colonnes antiques en marbre de Carrare, appelé *Cipollino*, ainsi que des morceaux de porphyre et de vert antique, et l'ancien pavé d'une chapelle en mosaïque, du IVe siècle, qui se conserve encore tout entier. L'église de Sainte-Apollinaire des Camaldules est soutenue par vingt-quatre colonnes de marbre grec apportées de Constantinople; l'autel est enrichi de porphyre, de vert antique et d'albâtre oriental. La tribune, soutenue par quatre colonnes de marbre noir et blanc, est ornée des plus parfaites mosaïques. A *Saint-Romuald* des Camaldules, on voit une annonciation de *Guido Reni*, un saint Nicolas de *Cignani*, un autre saint avec un ange qui chasse le diable, du *Guerchin;* et dans le réfectoire, le tombeau du Christ par *Vassari*. La bibliothéque et le musée d'Antiquités renferment aussi des objets curieux. A Sainte-Marie du Port, on remarque le martyre de saint Marc, peint par le vieux *Palma*. Dans une rue au coin de l'église et du couvent des Franciscains, on voit le tombeau du *Dante*, que le cardinal légat *Valenti Gonzaga* a fait dernièrement décorer à ses frais. Dans les palais *Rasponi* et *Spreti*, on voit divers tableaux de *Guido*, du *Baroche*, et du *Guerchin*. La place est ornée de deux colonnes de granit fort hautes, d'une belle statue de Clément XII, en marbre blanc, et d'une autre d'Alexandre VII, en bronze, mais d'un médiocre travail. En face du baptistère est une pyramide élevée en mémoire de Clément VII. La belle urne de porphyre qui était placée sur le sommet du mausolée de Théodoric, se voit aujourd'hui dans la ville à l'angle d'un édifice, dans une rue très-belle et fort large. Quoiqu'on trouve quelques marais dans le territoire de Ravennes, il est néanmoins agréable, et produit en abondance des vins excellens. La population ne s'élève aujourd'hui que de 48 à 49,000 âmes. Cette ville a produit quantité d'hommes illustres, et les *Ginnani* se sont distingués par leur ouvrage sur l'histoire naturelle. Elle est à 15 l. S. E. de Ferrare, 15 l. S. E. de Bologne, 23 N. E. de Florence, 55 N. de Rome. Long. 9. 20. 36. lat. 45. 25. 5.

Razaluero, village du royaume de Naples, dans la Calabre ultérieure, près du mont Aspero, dans la grande chaîne des Apennins. Il avait 6,000 habitans; le tremblement de terre du 5 février 1783 le renversa, aucun d'eux ne put se sauver.

Recanati, petite, mais très-riche ville de la

Marche d'Ancône; il s'y tient tous les ans une foire. On y voit de fort belles maisons, et un monument en bronze élevé sur le palais public, en honneur de Notre-Dame de Lorette. A une demi-lieue de *Recanati* est un bel aquéduc construit par Paul V pour conduire les eaux de la montagne de Recanati aux fontaines de Lorette. Le corps de Grégoire XII repose dans la cathédrale, qui est bien ornée. Les figues de ce pays sont exquises, et renommées dans l'Italie; le territoire est fertile en blé, soie, maïs, vins et fruits excellens; elle a un petit port à une lieue de la ville, qui est l'entrepôt des blés des négocians d'Ancône. De Recanati à Macerata l'agriculture est si florissante, que cette ville paraît aux voyageurs un lieu de délices. Elle est à une lieue de la mer, 5 l. S. d'Ancône, 2 l. S. O. de Lorette. L. 11. 11. lat. 43. 23. 44.

Reggio, *Regium Julii.* Ancienne ville du royaume de Naples, dans la Calabre ultérieure. Elle est à l'extrémité de l'Apennin, sur le Phare de Messine, à 80 l. S. Q. E. de Naple Le tremblement de terre du 5 février 1783 l'a détruite avec tous ses environs, qui formaient un séjour délicieux, et presque la population entière y a péri; cependant elle fut rebâtie, et est toujours une des plus considérables villes du royaume de Naples. Les habitans de

Reggio sont commerçans et manufacturiers; ils travaillent fort bien la soie et la laine de couleur terne, qu'ils tirent de la pine marine. Ils ont des fabriques d'huiles et de toutes sortes d'essences. Avec la soie des pines marines ils fabriquent une espèce d'étoffe légère impénétrable au froid. Cette ville avait été détruite par un tremblement de terre avant la guerre de Marses, et rebâtie par Jules *César;* elle fut aussi plusieurs fois saccagée par les Turcs. C'est la patrie d'*Agathocle*, tyran de Syracuse, des papes *Agathon*, *Léon II* et *Etienne III.* Son vin est fort estimé, et la ville offre un beau coup d'œil. Long. 13. 48. Lat. 38. 6.

Reggio de Modène (*Regium Lepidi*). Ancienne, belle et forte ville du duché de Modène, capitale du duché de Reggio, avec une bonne citadelle; elle renferme 16 à 17,000 habitans. Dans la cathédrale on voit des tableaux des plus grands maîtres; la Vierge, dite de la Giarra, et la chapelle de la mort, curieuse par les peintures qui y sont conservés, méritent l'attention du voyageur. On voit au coin d'une rue un bas-relief antique qu'on dit être de *Brennus*, chef des Gaulois. Il faut aussi examiner le musée d'histoire naturelle du célèbre *Spallanzani*, acquis par le gouvernement pour servir à l'instruction publique. C'est la patrie de Ludovico *Ariosto*, le chanteur de l'*Orlando Furioso* : il y naquit en 1474 et vécut à Ferrare, ainsi que le célèbre jurisconsulte *Gui Pancirole*. Cette ville fut une colonie romaine, détruite par les Goths en 409; d'autres peuples barbares la ravagèrent, et elle fut rétablie par Charlemagne. Il y a de belles églises, des palais et un beau théâtre; tous les ans il s'y tient une foire célèbre, fréquentée par une foule de marchands étrangers, d'où résulte un grand profit pour la ville. Elle est dans une campagne fertile au N. de l'Apennin, à 6 l. N. O. de Modène, 6 l. S. E. de Parme, 12 l. S. O. de Mantoue, 33 S. E. de Milan. Long. 8. 15. Lat. 44. 43.

Regino. Petite ville de l'île de Corse.

Remano. Petit village du Bergamasque.

Remy (Saint-) ou San Remo. Jolie petite ville et port du Piémont dans les états de Gênes, à 5 l. E. de Monaco, fut bombardée en 1744 par les Anglais. Les environs sont très-fertiles, et produisent une quantité de belles oranges et de citrons; on y voit plusieurs plantations de palmiers qui ne réusissent pas dans d'autres pays de l'Italie.

Reno. Fleuve rapide, mais non navigable, qui traverse le Bolonais et se jette dans le Pô, à l'O. de Ferrare. Dans une de ses îles se forma le triumvirat romain.

Resina. Beau village près de Naples, en

grande partie ruiné par le Vésuve dans l'eruption de 1632. Il reste encore quelques belles maisons. Herculanum se trouve en partie au-dessous de ce village, et en partie sous Portici.

Restonica. Ruisseau de l'île de Corse, qui se jette dans le Tavigliano; ses eaux, légèrement minérales et très-salutaires à boire, blanchissent tout ce qu'on y jette, et tout ce qu'elles arrosent; les pierres de son lit sont comme de la craie. Les Corses y trempent le fer de leurs fusils, qui devient aussi blanc que de l'argent et ne se rouille plus.

Retorbio. Bourg dans le Milanais, renommé par ses bains chauds, très-salutaires, par son trafic et par ses fromages.

Revello. Petite ville du Piémont dans le marquisat de Saluces.

Revere. Petite ville assez forte du Mantouan, sur le Pô, vis à vis d'Ostiglia, à 8 l. S. E. de Mantoue. Elle est bien commerçante, et son territoire est très-fertile en riz de la mêmequalité que celui d'Ostiglia. Fabrique de chapeaux de paille, etc., etc.

Rho (*Raudi Campi*). Lieu dans les environs de Milan, célèbre par la victoire de Marius sur les Cimbres.

Ricca. Petite ville du royaume de Naples dans le comté de Molise, à 6 l. N. de Bénévent.

Riccia (la). Bourg de la Campagne de Rome

où l'on voit une église en forme de rotonde, bâtie par le *Bernin*. C'est un des édifices les plus élégans de ce grand architecte : la rotonde est formée par huit pilastres cannelés d'ordre corinthien, avec des arcades formant huit enfoncemens qui contiennent sept autels et la porte; les pilastres supportent les arcs qui se réunissent sous la lanterne.

Rieti. Ancienne ville de l'état du pape, au duché de Spolette, vers les confins de l'Abruzze, sur le Velino. Son territoire, fertile et agréable, faisait les délices des anciens Romains. Elle conserve quelques monumens témoins de son antiquité. A 11 l. S. Q. E. d'Orviette, 16 l. N. E. de Rome. Long. 10. 36. Lat. 42. 25.

Rimini, très-ancienne et belle ville de la Romagne, de 14 à 15,000 habitans, située près de la mer sur la Marecchia (autrefois *l'Ariminium*). Cette rivière forme à son embouchure un port qui ne sert maintenant qu'à des bateaux pêcheurs. La mer s'étant retirée, on voit à peine quelques traces de son ancien port. On entre à Rimini par la porte Saint-Julien, sur un pont superbe, construit du plus beau marbre blanc, sous les empereurs *Auguste* et *Tibère* dans le lieu même où se réunissent les deux routes consulaires la Flaminienne et l'Emilienne. En sortant de la ville on passe par la porte Romaine sous un bel arc de triomphe élevé en honneur d'Auguste. La cathédrale et plusieurs églises sont ornées des marbres qu'on a tirés du port. On voit dans cette ville plusieurs édifices élevés pour la plupart aux dépens de *Malatesta*. L'église principale est bâtie sur les ruines de l'ancien temple de *Castor et Pollux*. Celle de Saint-François, superbe édifice du 15e siècle, fut commencée sur les dessins de *Léon Baptiste Alberti*, célèbre architecte de Florence. Aux Capucins, on voit les ruines de l'amphithéâtre de *Publius Sempronius*, et à la place du marché, où est encore le portique de la poissonnerie, on remarque un piédestal qui était la tribune d'où *Jules César* harangua son armée avant le passage du Rubicon. Sur la place devant le palais public, on voit une belle fontaine de marbre, et la statue de Paul II en bronze. Dans l'église de Saint-Julien, on remarque le martyre de ce saint de *Paul Veronèse*, et dans l'oratoire un autre tableau du *Guerchin* qui représente ce même saint, écrivant. On admire l'ordre parfait de la bibliothéque du comte *Gambalonga*, autant que l'élégance de l'édifice. La collection d'inscriptions et autres objets d'antiquité, formée par le soin du docteur Jean *Bianchi*, mérite de fixer l'attention des antiquaires. Le marché aux poissons est remarquable par sa propreté et par les fontaines placées dans les quatre angles. Les vivres y sont à très-bon compte. Rimini était autrefois une ville considérable, mais elle est bien déchue de son antique splendeur. C'est la patrie de *Grégoire l'Hermite*. Le sol est très-fertile et produit en abondance toutes sortes de denrées. Elle est située dans une plaine bien cultivée, à 8 l. S. E. de Ravenne, 7 l. N. E. de Pesaro, 58 l. N. q. E. de Rome. Long. 10. 12. 36. lat. 44. 3. 43.

Rinco, village du Piémont, dans le Montferrat.

Rio, village de l'île d'Elbe, près de Porto-Longone.

Ripalta, petite ville du Milanais, sur l'Adda, avec un château. C'est près de là que les Français, en 1509, battirent les Vénitiens.

Ripatransone, petite mais jolie ville forte de l'État du Pape dans la Marche d'Ancône, à 2 l. de la mer. Sa situation, ses maisons, et quelques édifices méritent qu'on la visite. Elle est à 3 l. S. E. de Fermo. Long. 11. 25. 15. lat. 30. 0. 24.

Risano, petite ville de la Dalmatie, dans l'Herzegowine. C'est aussi le nom d'une rivière de la Dalmatie.

Riva, petite ville forte du Tirol, dans le Trentin, avec un château nommé *Rocca*. Il y croît des oranges et des citrons.

Riva de Quiers, village considérable du Piémont, à l'E. de Turin.

Rivallo, petite ville du royaume de Naples,

dans la Terre de Labour, à 8 l. de Naples, agréablement située sur une colline.

Rivara et Rivarol, deux villages considérables du Piémont.

Riviera, petit pays dans le canton de Tessin.

Rivoli, gros bourg du Piémont, à 2 l. O. de Turin, avec un superbe château de plaisance de la famille royale. L'allée par laquelle on y arrive est une des plus grandes de l'Italie. Le château est bâti en briques, il a trois étages, et onze croisées de face. Les jardins sont délicieux, et on y respire un très-bon air. Il y a un autre bourg de ce nom sur l'Adige, près du lac de Garde, célèbre par la victoire que les Français y remportèrent sur les Impériaux en 1797.

Rizano, petite ville de la Dalmatie, ruinée par les Turcs, à 2 l. N. O. de Raguse.

Rocca-Bruna, bourg de la principauté de Monaco. Ses environs produisent les meilleurs citrons et les plus belles oranges de l'Italie.

Rocca d'Anfo, petite ville très-forte du Bressan, sur le lac d'Idro.

Rocca-d'Annone et Rocca-d'Arazzo, sont deux forts du Piémont dans le Montferrat.

Rocca-di-Baldi, village considérable du Piémont.

Rocca-Monte-Piano, village dans l'Abruzze, qui en 1765, fut subitement écrasé par un tremblement de terre, et par les rochers auxquels ce village était appuyé; ces rochers en se détachant donnèrent passage à un torrent si impétueux, que de mille habitans, vingt seulement échappèrent à ce commun désastre. Ces tremblemens de terre et les inondations ont changé la face de ce canton; les vallons furent comblés, les plantations entraînées, et ses rivières mêmes ont changé de lits.

Rocca-Spaccata, rocher de la montagne au-dessus de la Gaëte, ainsi appelé parce qu'il ne formait autrefois qu'un seul massif, fendu par quelque secousse extraordinaire depuis la cime jusqu'au pied, qui touche la mer; la solution paraît évidente par l'inspection des parties correspondantes des parois: on y a fait un escalier perpendiculaire de six pieds qui conduit à une chapelle.

Rocella-Amfisia, petite ville de la Calabre ultérieure, près de laquelle on pêche beaucoup de corail.

Rogliano, petite ville de l'île de Corse. Il y a un bourg de ce nom dans la Calabre citérieure, à 4 l. et demie de Cosenza.

Rogna, village de l'île de Corse.

Romagne, province de l'état de l'église, bornée N. par le Ferrarais, S. par la Toscane et le duché d'Urbin, E. par le golfe de Venise, O. par le Bolonais. C'est un pays fertile, abondant en bon vin, blé, fruits exquis, huile, gibier, pâturages, mines, eaux minérales, et surtout en salines. Ravenne en est la capitale.

Romano, petite ville du Bergamasque, sur une petite rivière, entre l'Oglio et le Ferio. Grand commerce de grains.

Rome, grande et très-belle ville d'Europe, une des plus fameuses du monde, capitale des états du pape et de tout le monde chrétien, dans la Campagne de Rome. Elle fut fondée par *Romulus* et *Remus*, l'an du monde 3252, 752 ans avant Jésus-Christ, et donna le nom au célèbre empire romain. Les Romains secouèrent le joug de leurs rois l'an 509 avant l'ère chrétienne, et on établit le gouvernement consulaire et républicain. L'autorité des consuls était presque souveraine; mais elle diminua beaucoup sous les empereurs, qui ne leur en laissaient que le nom, et enfin cette dignité fut abolie l'an de J. C. 541, sous l'empereur Justinien. César ayant été créé dictateur perpétuel, 50 ans avant l'ère chrétienne, la république prit le nom d'*Empire romain*, lequel fut ensuite divisé en empire d'Orient et empire d'Occident. *Romule Augustule* fut le dernier empereur d'Occident, vers la fin du Ve siècle. Les Hérules, les Ostrogoths et les Lombards s'emparèrent de Rome; mais, l'an 800, Charlemagne se fit déclarer roi des Romains. Cette capitale du monde fut dévastée et saccagée douze fois, 1° par *Brennus*, roi des

Gaules, l'an 363 de sa fondation ; 2° par *Alaric*, l'an de J. C. 410 ; 3° par *Genseric*, roi des Vandales, l'an 458 ; 4° par *Odoacre*, roi des Hérules, l'an 476 ; 5° par *Théodoric*, roi des Ostrogoths, l'an 536 ; 6° par *Vitige*, roi des Goths, l'an 538 ; 7° par *Totila*, roi des Ostrogoths, l'an 546 ; 8° saccagée de nouveau par le même *Totila*, l'an 548 ; 9° par *Astolfe*, roi des Lombards ; 10° par *Arnolfe*, empereur d'Allemagne ; 11° par l'empereur *Henri* ; 12° par *Charles-Quint*, en 1527. Rome est située dans un climat tempéré ; elle a près de 13 milles de circuit, et renferme environ 150 mille habitans et 81 paroisses. (Sous le règne de Claude, la population de Rome, y compris les faubourgs, montait à 6,969,000 âmes.) Le Tibre, fleuve très-profond, si célèbre dans l'histoire, mais peu considérable, quoique navigable, la divise en deux parties. les sept collines qui sont renfermées dans l'enceinte de Rome, et qui semblent dominer sur l'univers entier, sont : 1° le *mont Capitolin*, 2° le *mont Esquilin*, 3° le *mont Viminale*, 4° le *mont Quirinal*, 5° le *mont Palatin*, 6° le *mont Celius*, 7° le *mont Aventin*. Les églises, les palais, les maisons de campagne, les collines, les places, les rues, les fontaines, les aquéducs, les statues, les antiquités, les ruines, les jardins, tout annonce dans cette ville son ancienne magnificence et sa grandeur actuelle. Je me bornerai ici à indiquer les monumens les plus remarquables. Les étrangers trouveront une infinité d'ouvrages [1], et des gens instruits pour les guider dans leurs recherches. Saint-Pierre est non-seulement la plus belle église de Rome, mais peut-être le plus bel édifice du monde. Sa construction dura plus d'un siècle, et coûta 45 millions d'écus romains, environ 247,500,000 francs de France. Bramante fut le premier architecte qui y travailla; mais la plus grande partie des dessins sont dus à *Michel-Ange*, qui en éleva l'immense coupole, haute de 68 toises jusqu'au sommet de la croix; plusieurs autres architectes y travaillèrent depuis, enfin *Maderni* en acheva la façade et les deux tours. Les premiers objets qui s'offrent à la vue avant d'arriver à ce superbe temple, sont : la vaste place qui le précède; le portique circulaire du chevalier *Bernin*, composé de 286 colonnes très-grosses, dont les galeries sont ornées de 138 statues de différens saints; les deux magnifiques fontaines; l'obélisque égyptien; la façade; la mosaïque de

---

[1] Rome ancienne de Nardini, 1666.

Rome moderne, par Venuti, 1766.

Les Antiquités romaines de Piranesi.

Il Mercurio errante de Rossini, 1771.

Description des peintures, sculptures, etc., de Titi, 1763; etc., etc.

Giotto, appelée la nacelle, sous le portique en face de la grande porte; le grand bas-relief de *Bernin*, où J. C. dit à saint Pierre : *Pasce oves meas*; enfin les deux statues équestres aux deux extrémités du portique, l'une de Constantin, du chevalier *Bernin*; l'autre de Charlemagne, de *Cornacchini*. L'intérieur de l'église a 29 autels, qui sont ornés par 102 colonnes, partie ancienne, partie moderne, qui soutiennent en même temps les architraves; la réunion de ces divers chefs-d'œuvre produit sur les âmes sensibles au beau et au sublime un effet inexprimable. L'harmonie et les proportions qui règnent dans l'intérieur de ce superbe temple, de 569 pieds de long, sont telles que, tout vaste qu'il est, l'œil en distingue sans confusion et sans peine toutes les parties; et ce n'est qu'en les examinant en détail qu'on demeure surpris de leurs dimensions, trouvant tous les objets infiniment plus grands qu'on ne se l'était d'abord imaginé. Après avoir jeté un premier coup d'œil sur cet édifice, le premier objet qui attire l'attention de l'observateur est l'immense baldaquin du grand autel, soutenu par quatre colonnes spirales de bronze de 122 pieds de haut. La coupole, la chaire, les superbes ouvrages en mosaïque, les sculptures, les excellens tableaux, les fresques, les marbres précieux, les bronzes et stucs dorés, les pierres fines, les mausolées, la sacristie moderne, bâtiment magnifique, mais qui n'est pas proportionné au reste de l'édifice, sont autant d'objets qui demandent plusieurs jours pour être admirés en détail. Après Saint-Pierre, les deux plus belles églises de Rome sont les basiliques de Saint-Jean-de-Latran et de Sainte-Marie-Majeure. La première était autrefois église mère : on y voit plusieurs colonnes de granit, de vert antique et de bronze doré, les douze apôtres, les uns de *Rusconi*, les autres de *Legros*; mais ce qu'on admire le plus, c'est la chapelle *Corsini*, la plus belle peut-être de l'Europe, tant par ses proportions que par la disposition des marbres : l'architecture est d'Alexandre *Galilei*, le tableau de l'autel est une mosaïque travaillée sur le dessin du *Guide*, et le beau sarcophage de porphyre qu'on voit sous la statue de Clément XII fut trouvé dans le Panthéon, et renfermait, dit-on, les cendres de *Marc Agrippa*. Cette église a été consacrée par Constantin, qui en fut le fondateur ; et lors de sa consécration, il apparut une tête du Sauveur au milieu de la tribune, laquelle tête, qu'on voit encore, est faite en mosaïque. Sainte-Marie-Majeure était anciennement le temple de *Junon Lucine*; la nef est soutenue par 40 colonnes ioniques de marbre grec, tirées dudit temple; le plafond fut doré avec le premier or apporté du Pérou; on y admire encore diverses mosaïques. Le grand autel, composé d'un grand sarcophage antique de porphyre; la chapelle de *Sixte V*, bâtie sur le dessin de *Fontana*, est bizarrement ornée; celle de *Paul V*, enrichie de marbre et de pierres précieuses; la chapelle *Sforza*, de *Michel-Ange*, et divers tombeaux de *Guillaume de la Porta* et de *l'Algarde*. Sur la place devant la façade, on voit une colonne de marbre d'ordre corinthien, d'une forme élégante, qu'on regarde comme un modèle en ce genre, et au-dessus de laquelle est la statue de la Vierge en bronze doré; cette colonne a été prise du temple de la Paix. Les autres églises les plus remarquables sont: *Saint-Paul*, hors des murs, à un mille environ, sur la route d'Ostie; ce temple, quoique très-humide et abandonné, mérite néanmoins l'attention des curieux par son antiquité qui remonte jusqu'à *Théodose*: on y remarque un grand nombre de superbes colonnes, un beau pavé, des mosaïques, des marbres précieux, des inscriptions, les portraits de tous les papes depuis saint Pierre jusqu'à Benoît XIV, et de belles portes de bronze. *Saint-Laurent*, hors des murs, qui renferme de rares monumens d'antiquité; *Saint-Pierre-aux-liens*, où l'on voit la fameuse statue de *Moïse*, de *Michel-Ange*. *Sainte-Agnès*, sur la place Navone, commencée par *Rainaldi* et achevée par *Borro-*

mini; cette église est une des plus ornées, principalement de sculptures modernes; on y remarque surtout un merveilleux bas-relief de *l'Algarde*, représentant sainte Agnès dépouillée de ses vêtemens. *Sainte-Bibiane*, où l'on admire la belle statue de la sainte, chef-d'œuvre de *Bernin*. La *Vierge de la Victoire*, où l'on remarque une autre statue du même artiste, représentant sainte Thérèse en extase; Adolphe *Maderni* fut l'architecte de cette église, le frontispice est de *Jean-Baptiste Soria*, et l'intérieur de *Bernin*. L'*église de Jésus*, construite sur les dessins de *Vignole*, et achevée par *Jacques de la Porta;* l'autel de saint Ignace, enrichi de marbres, de pierres précieuses, et de bronzes dorés, est soutenu par 4 superbes colonnes de lapis-lazuli et on y voit en outre deux beaux groupes de *Legros* et de *Teudona*. La basilique de *Saint-Sébastien* à un mille hors de la porte Capenne, sur la route Appienne: on y voit la statue de saint Sébastien blessé à mort, de *Giorgetti*, élève de *l'Algarde* et maître de *Bernin:* les colonnes du grand autel sont de vert antique; on y conserve une pierre avec l'empreinte des pieds *qu'on dit* être ceux de J. C., lorsqu'il apparut sur la route Appienne à saint Pierre fuyant le martyre, au temps de Néron; dans une petite caisse il y a des reliques de 174 mille martyrs et de 46 papes martyrs, tous enterrés sous cette église, dont les catacombes sont moins grandes que celles de Naples; ces souterrains étaient des carrières de pouzzolane, qui servirent de cimetière, d'abord aux païens, et ensuite aux chrétiens. *Sainte-Agnès*, hors des murs, à un mille de la Porte-Pie; on y voit de belles colonnes placées sans ordre, les quatre de porphyre qui soutiennent le grand autel sont regardées comme les plus belles de Rome; on remarque dans une petite chapelle le buste du Sauveur par *Michel-Ange*, vrai chef-d'œuvre, qui a été copié par plusieurs sculpteurs. *Sainte-Constance*, rotonde contiguë à l'église de Sainte-Agnès; cette sainte y fut baptisée, et son corps trouvé dans un tombeau qu'on y voit encore. *Saint-Augustin*, où l'on admire un beau tableau de *Raphaël* représentant le prophète Isaïe, et une Assomption de *Lanfranc*; le couvent possède une grande et riche bibliothéque appelée l'*Angélique*, augmentée de celle du cardinal *Passioneï*. *Saint-Ignace*, église magnifique, dont l'architecture, surtout dans l'intérieur, est superbe; elle fut enrichie de peintures, d'un bas-relief de *Legros*, et autres ornemens précieux. *Sainte-Cécile*, dans le quartier de Transtevère, enrichie de marbres et d'agates; on y voit la sainte, peinte par *Guido Reni*, une vierge d'Annibal *Carrache*, et la belle statue de sainte Cécile de *Maderni*. L'*église des Capucins* renferme un beau tableau du *Guide*, représentant l'archange vainqueur de Satan. Pour le bon goût et la beauté de l'architecture, on remarque les églises suivantes, savoir : *Saint-André* della Valle, dessin de Charles *Maderni*. *Saint-André* du Noviciat, dessin de Bernin ; il y faut remarquer la chapelle et la chambre de S^{t}. Stanislas. *Saint-Charles aux Catenari*, dessin de *Rosato Rosati*, et le frontispice de *Soria* ; on y admire de belles peintures de Pierre de *Cortone*, du *Guide*, de *Lanfranc*, de *Domenichino*, etc. *Saint-Charles au Cours*, architecture d'*Honorius Longhi*. *Saint-Jean des Florentins*, de *Jacopo de la Porta*. *Notre-Dame del Popolo*, construite par *Vignole*, sur les dessins de *Michel-Ange Buonarotti*, et réparée par le chevalier *Bernin*. *Sainte-Marie degli Angeli*, superbe église élevée par *Michel-Ange*, sur les thermes de *Dioclétien*, où l'on voit aujourd'hui le *gnomon* et la *méridienne* de monseig. *Bianchini* ; des colonnes superbes, des peintures, et des tableaux excellens ornent cette magnifique église, où est le tombeau de *Salvator Rosa*, fameux poëte et peintre célèbre. *Sainte-Marie in Via Lata*, *Saint-Martin* et *Saint-Luc*, construites sur un dessin singulier de *Borromini*. *Sainte-Marie in Valicella*, et beaucoup d'autres encore, parmi lesquelles il ne faut pas oublier *Saint-Pierre in Montorio* et *Sainte-Marie de la Minerve*. En général, toutes les églises de Rome renferment des monumens rares et curieux des beaux-arts. Parmi les palais sans nombre que renferme cette grande ville, on remarque le Vatican, habitation habituelle des papes, édifice immense, orné d'un grand nombre de peintures, et destiné à conserver les monumens les plus précieux de l'antiquité et les ouvrages des grands hommes des derniers siècles. On y compte douze mille cinq cent vingt-deux chambres, vingt-deux cours, et peut contenir douze cents feux. (Voyez *il Mercurio errante*, p. 36.) C'est assez pour dire que ce palais est comme une ville. Sous le pontificat de Clément XIV et celui de Pie VI, il a été enrichi d'une nombreuse collection d'antiquités et de statues magnifiques qui portent le nom de *Musée Pio-Clementino*. La bibliothéque, d'environ soixante-dix mille volumes, est célèbre par la prodigieuse quantité de manuscrits qu'elle renferme, au nombre de quarante mille. Parmi les peintures qui ornent ce palais, on admire l'Ecole d'Athènes, plusieurs autres fresques de Raphaël, et ses arabesques déjà connues par les belles gravures de *Volpato*. On admire aussi les peintures de *Zuccari*, de *Vassari*, de *Marc de Siena*, d'*Horace Sammachini*, de *Salviati*, de *Raphaellino* de *Reggio*, de *Luc* de *Cortone*, de *Perrugino*, de *Guido Reni*, etc., etc. Enfin dans la chapelle *Sixtine* on voit le jugement universel de *Michel-Ange* et dont la composition et l'expression sont également étonnantes. Les sculptures des meilleurs maîtres abondent dans ce palais. Ses fontaines sont magnifiques, et tout ce qu'il recèle est digne d'admiration. *Monte Cavallo* ou *Quirinale* est un autre superbe palais du pape; le jardin est vaste, avec des jets d'eau, et orné de superbes fontaines; l'air y est très-sain, et on y jouit d'une vue superbe sur toute la ville; il est aussi orné de peintures et de sculptures de maîtres. Sur la place on voit deux colosses avec deux superbes chevaux anciens, grecs: ce sont les chevaux, dit-on, que Tiridate, roi d'Arménie, donna à Néron. Parmi les édifices publics on remarque la *Curia Innocenziana*, le palais de la *Chancellerie apostolique*, architecture de *Bramante;* le palais des *Conservateurs;* celui de *Saint-Marc;* l'*Académie de France*, où sont les pensionnaires du gouvernement de S. M. T. C.; et plusieurs autres bâtimens très-vastes et magnifiquement décorés. Parmi les palais des particuliers, celui de *Barberini* est d'une très-belle architecture de *Bernin:* on y voit la Madeleine de *Guido*, et un des plus beaux ouvrages du *Caravage*; les peintures du grand salon, qui sont le chef-d'œuvre de *Pierre de Cortone*, ainsi que plusieurs autres tableaux précieux. On y admire, entre autres sculptures, le faune dormant, statue grecque, et le charmant groupe d'Atalante et Méléagre;

une Junon; un satyre malade, de *Bernin*; le buste du cardinal *Barberini*, du même; et ceux de Marius, de Sylla et de Scipion l'Africain. La bibliothéque de ce palais est immense; elle contient, dit-on, 60,000 volumes imprimés, et 9,000 manuscrits; auprès est un cabinet de médailles de bronze et de pierres précieuses antiques. Le palais *Borghèse*, construit par *Bramante*, est vaste et d'une belle architecture; la colonnade de la cour en est magnifique. Il renferme une nombreuse collection de tableaux, de rares morceaux de sculpture, des tables et des meubles précieux, d'un fort beau travail, en porphyre rouge, en albâtre fleuri, etc. L'appartement supérieur est vraiment enchanteur; les grands paysages de *Vernet* dont il est orné sont d'une telle vérité, qu'en y entrant on croit être en pleine campagne. Le palais *Albani*, dont la situation est une des plus agréables de Rome, possède aussi une bibliothéque considérable, un grand nombre de tableaux, et une collection de dessins de *Carrache*, de *Polidore*, de *Lanfranc*, de *Spagnoletto*, de *Cignani*, etc. Le palais *Altieri*, un des plus vastes de Rome, est d'une architecture fort simple; il renferme plusieurs manuscrits rares, médailles, tableaux, etc. Le palais *Colonne* renferme une riche collection de tableaux des premiers maîtres; tous les appartemens en sont ornés, mais surtout la galerie, qu'on regarde comme une des plus belles et des plus riches de l'Europe ; dans le jardin on voit les ruines des bains de Constantin et du temple du soleil. Le palais *Aldobrandini* possède le plus beau monument de peinture antique, connu sous le nom de la noce *Aldobrandini*, superbe fresque où le dessin est porté à la dernière perfection. Dans le grand et beau palais *Farnèse*, d'architecture de *Michel-Ange*, on conserve, entre autres morceaux curieux, les plus belles fresques d'*Annibal Carrache*, représentant le triomphe de Bacchus, Galatée, l'histoire de Persée et d'Andromède, etc. A la *Farnesine*, qui formait autrefois le jardin de Geta, on admire des peintures de *Raphaël* et de son école. Près de là est le palais *Corsini*, à la *Longara*; il renferme une bibliothéque considérable. Le palais *Giustiani* possède aussi une galerie ornée de diverses statues et sculptures très-estimées, entre autres la fameuse statue de Minerve, la plus belle qui existe de cette déesse, et le bas-relief d'Amalthée qui nourrit Jupiter. Dans le palais *Spada* on voit une statue de Pompée, qui est celle même au pied de laquelle *César* fut assassiné par *Brutus*, au milieu du sénat. On doit remarquer aussi le palais *Costaguti*, orné de belles fresques; celui de *Ghigi*, d'une belle architecture; il renferme de beaux tableaux et une bibliothéque considérable. Le palais *Mattei* est orné avec profusion de statues, bas-reliefs et inscriptions antiques. Le vaste palais *Pamfili*, d'architecture de *Borromini*, est orné de beaux tableaux et annonce la magnificence. Le palais *Pamfili*, sur la place Navone, renferme une bibliothéque et une galerie. Le palais *Raspigliosi* et celui de *Santa Croce* sont meublés avec goût et élégance. On ne finirait pas s'il fallait citer tous les magnifiques palais de cette capitale. Parmi les palais de Rome qui portent le nom de *villa*, on remarque la *villa Médicis*, bâtie sur les ruines des jardins de *Lucullus*, sur le mont Pincio ; elle renfermait un grand nombre de chefs-d'œuvre dans tous les genres, mais le grand duc *Léopold* et *Ferdinand*, son fils et successeur, firent transporter à Florence les plus beaux morceaux de sculpture, entre autres la *Niobé* de *Scopas*, ainsi que la *Venus de Médicis*, qui orna pendant quelque tems le Musée de Paris : ce palais mérite néanmoins d'être vu. Sous les portiques de la *villa Negroni* sont les deux belles statues de *Sylla* et de *Marius*, assis sur leurs chaises curules ; dans le vaste jardin, qui a trois milles de circuit, on a trouvé au milieu des ruines de quelques maisons de très-belles peintures à fresque. La *villa Mattei*, sur le mont *Celio*, possède une superbe collection de statues ; les plus remarquables sont : une petite de Cicéron en manteau consulaire ; une grande tête de Jupiter Sérapis; les bustes de Brutus et de Porcia; la statue de Livia Drusilla; un aigle d'un fort beau travail; une superbe tête colossale d'Alexandre; un satyre qui tire une épine du pied de Silène; une statue équestre d'Antonin le Pieux; un cheval en bronze de *Jean de Bologne*; un buste de Plotine; une belle table de porphyre gris, et plusieurs bas-reliefs antiques. La *villa Ludovisi*, située sur le mont *Pincio*, près des ruines du cirque et des jardins de Salluste, a un mille et demi de circuit, et conserve des monumens précieux des beaux-arts, entre autres, l'Aurore du *Guerchin*; un groupe antique du sénateur Papirius et de sa mère; un autre d'Aria et Pétus; et l'enlèvement de Proserpine de *Bernin*. La *villa Madama* est dans une situation délicieuse, d'où l'on découvre toute la ville et le Tibre depuis Pontemolle; deux des façades furent dessinées par *Raphaël*, et la troisième par *Jules Romain*, qui y a peint deux chambres en arabesques. Le portique de la façade du côté du jardin est un des plus beaux morceaux d'architecture des environs de Rome; dans un petit bois, près du palais, est un théâtre où se représenta pour la première fois l'Aminte du Tasse. La *villa Borghèse*, près de Rome, est dans une situation superbe, mais malsaine; on y jouit de la vue de la plus grande partie de la ville et de la campagne jusqu'à *Frascati* et *Tivoli*; elle a un jardin avec un parc très-étendu, qui a 3 milles de circuit, et dont le terrain est inégal et couvert de bosquets toujours verts et agréablement variés. Le palais est si magnifique, l'intérieur en est orné et meublé avec tant de goût, de magnificence, de richesse et d'élégance, qu'on peut le regarder comme le second édifice de Rome après le Capitole, principalement pour sa riche collection de statues; les plus remarquables sont : le gladiateur combattant; Silène et un faune; Sénèque en marbre noir; Camille; l'hermaphrodite; le centaure et Cupidon; deux faunes jouant de la flûte; Cérès; un Egyptien; une statue de Néron jeune; les bustes de Lucius Verus; d'Alexandre; de Faustine; de Verus; divers bas-reliefs, des vases superbes, etc. Des jets d'eau et des fontaines magnifiques ornent le jardin. Les façades de ce palais sont couvertes de bas-reliefs antiques [1]. La *villa Pamfili*, hors de la porte Saint-Pancrace, appelée aussi *Belrespiro*, est dans une situation agréable et a sept milles de circuit; l'architecture du palais est de *l'Algarde*; dans l'intérieur on voit quelques bonnes sculptures. Les descriptions de cette *villa*, ainsi que de la *villa Borghèse*, existent chacune en un

---

[1] Depuis que le prince Borghèse ne demeure plus à Rome, plusieurs de ces objets d'arts ont été enlevés de cette villa.

volume in-folio. La *villa Albani*, située sur une éminence qui domine Tivoli et la Sabine, peut se regarder comme le temple du goût et de la magnificence; aucune maison de plaisance de Rome, ni des environs, ne peut lui être comparée, ni pour la richesse de ses ornemens, ni pour la rareté des objets qu'elle renferme. Le *cardinal Albani*, le meilleur juge et connaisseur des beautés de l'antiquité, y a dépensé des sommes immenses, et a employé cinquante ans à rassembler tous les objets précieux que renferme cette magnifique campagne. *Mengs* a peint la voûte de la galerie, qui est, dans son genre, un modèle d'élégance. Il faut voir encore la *villa Lante*, sur le Janicule, la *villa Corsini*, et la *villa Olgiati*, que *Raphaël* habitait, et qui renferme trois fresques de ce fameux artiste dans une chambre ornée d'arabesques. Les villa *Farnesi*, *Strozzi*, *Benedetti*, *Aldobrandini*, *Ghigi*, *Caroli*, *Torri*, méritent d'être examinées. Le Capitole renferme tant de beautés dans tous les genres, qu'elles ne pourraient être détaillées que dans un volume in-folio; la place, magnifiquement décorée, le superbe escalier, et le palais, d'architecture de *Michel-Ange*, composé d'un corps de bâtiment et de deux ailes, qui occupent trois côtés de la place, sont les objets qui les premiers viennent frapper les yeux de l'étranger qui va admirer les monumens rares et précieux qui sont renfermés dans ce superbe édifice. Le corps du bâtiment est occupé par le sénateur de Rome; l'aile droite renferme le fameux Musée, et à gauche est le palais des conservateurs, la galerie des tableaux, etc. L'ancien Capitole fait face à l'arc de Sévère, ses fondemens (*Capitolii immobile saxum*) se voient encore du côté opposé au temple de Jupiter Capitolin, et mieux encore de l'autre côté, vers le temple de la Concorde. Je me bornerai à citer la statue équestre de Marc-Aurèle devant le palais, les rois prisonniers, dans la cour; la colonne rostrale; dans l'intérieur, la statue colossale de Pyrrhus, le tombeau de Sévère, les centaures de basalte, la belle colonne d'albâtre; enfin le chef-d'œuvre de l'art en mosaïque, qui appartenait au cardinal *Furietti*, les trois pigeons se jouant sur le bord d'un bassin plein d'eau, ouvrage charmant, attribué à *Soso de Pergame*. Les fontaines forment aussi un des principaux ornemens des places de Rome; on admire principalement la fontaine de la place Navone, qui est la plus magnifique : elle est surmontée d'un obélisque, et ornée de quatre statues colossales représentant les principaux fleuves du globe. Celle de Paul V, près de l'église de Saint-Pierre in Montorio, est d'une mauvaise architecture; mais elle fournit un tel volume d'eau, qu'il suffit pour faire tourner plusieurs moulins; la fontaine *del Termine* qui reçoit l'*acqua felice*, est ornée de trois bas-reliefs représentant Moïse qui fait jaillir l'eau du rocher, une statue colossale de Moïse, et deux lions égyptiens en basalte. La magnifique fontaine de Trévi, qui reçoit l'*acqua vergine*, ou l'eau vierge; cette eau est la seule aujourd'hui qui soit conduite jusqu'à Rome par un ancien aquéduc souterrain; c'est la meilleure qui se boit dans cette ville: Agrippa la fit conduire de la Sabine à Rome, pour fournir de l'eau au Champ-de-Mars. Pour passer des édifices modernes aux monumens les plus remarquables de l'antiquité, on examinera d'abord le Panthéon, construit sous le règne d'Agrippa, aujourd'hui Sainte-Marie de la Rotonde, dont l'édifice est le mieux conservé. La coupole a servi de modèle et d'étude pour toutes celles qu'on a construites depuis: le superbe portique est soutenu par d'énormes colonnes de granit d'une seule pièce. L'intérieur du temple est orné de très-belles colonnes d'ordre corinthien, et les niches sont dans les proportions recommandées par *Vitruve*, que l'on croit avoir été l'architecte de ce temple, dédié à tous les dieux. On monte sur le toit pour jouir du coup d'œil de l'intérieur par l'ouverture du milieu. Dans ce fameux temple on voit les tombeaux de plusieurs artistes célèbres, tels que *Raphaël*, *Perrino del Vaga*, *Annibal*

Carrache, *Flaminius Vacca*, *Toddée Zuccheri*, et du fameux musicien *Corelli.* Les autres édifices et monumens de la magnificence de l'ancienne Rome sont : le *Colisée*, bâti par Vespasien, et achevé par Titus, son fils : 12,000 esclaves y ont travaillé : il contenait 87,000 spectateurs assis : il fut détruit par les Goths. On y voit encore ses murs troués ; l'*amphithéâtre* construit sous Vespasien, à quatre ordres d'architecture. Le *mausolée d'Adrien*, aujourd'hui le château Saint-Ange, citadelle de Rome, où l'on tient les prisonniers d'état, et où il y a quelques canons. Le pont *Eliano*, construit par Adrien ; le mausolée d'Auguste, près de Ripetta ; les arcs de triomphe de Sévère, de Titus, de Constantin, de Janus, de Néron, de Drusus ; les ruines des temples de *Jupiter Stator*, de *Jupiter Tonnant*, de la Concorde, de la Paix, d'Antonin et Faustine, du soleil et de la lune ; celui de Romulus, aujourd'hui Saint-Côme et Saint-Damien ; le temple de Pallas, près le *Forum de Nerva* ; celui de la Fortune virile, aujourd'hui l'église des Arméniens ; et celui de Vesta. On admire aussi les ruines des thermes de Dioclétien, où l'emplacement des portiques et du Gymnase est occupé par l'église des chartreux ; quatre colonnes de granit oriental d'une seule pièce, d'une hauteur et d'une épaisseur si étonnante, qu'on ne peut com-

leurs ancêtres : il est sensible aux injures, dont il néglige rarement de tirer vengeance. Les femmes sont belles, bien faites et très-aimables. Il y a de forts banquiers, plusieurs bonnes maisons de commerce, des fabriques et manufactures. Les théâtres de Rome ne correspondent pas à la magnificence de cette ville; ils ne sont ouverts qu'au printemps et le carnaval. Les beaux-arts s'y cultivent avec succès, et la gravure en cuivre y fait sans cesse de nouveaux progrès. On voit à Rome plusieurs ateliers de peinture et de sculpture, et il s'y fait un commerce considérable de statues et de tableaux. Le célèbre Antoine Canova y avait établi son école. Les mosaïques de Rome vont par toute l'Europe. Les fabriques de gazes, rubans, satins, velours, draps, calancas et basins y prospèrent. Un volume, même in-folio, serait insuffisant pour mentionner tous les hommes illustres que cette capitale du monde a produits depuis sa fondation. Les étrangers qui vont à Rome ne négligent jamais de faire plusieurs courses dans les environs. (Voyez *Tivoli*, *Frascati*, *Marino*, *Albano*, *Castel Gandolfe*, *Savelli*, *Solfatara di Tivoli.*) Cette reine du monde est située à 277 l. S. E. de Paris, 180 l. S. O. de Vienne, 358 l. S. q. E. de Londres, 375 S. q. E. d'Amsterdam, 43 de Naples, et 110 l. de Milan. Long. à Saint-Pierre, 10. 8. E. Lat. 41. 43. 54. N.

Romette, petite ville de la Sicile, dans la vallée de Mona, très-agréablement située sur une colline.

Ronca. *Voyez* Vérone.

Roncaglia, petite ville du duché de Parme, près de Plaisance, autrefois considérable. L'empereur Frédéric Ier y assembla une diète en 1158. Vers les onzième et douzième siècles, les empereurs d'Allemagne campaient dans la belle plaine de Roncaglia, avec toute leur cour, lorsqu'ils allaient à Rome recevoir leur couronne des mains du pape.

Ronciglione, jolie petite ville de l'état du pape, dans le Patrimoine de Saint-Pierre. Cette ville est riche et bien peuplée, sur la Tereia, dans une agréable situation; les édifices sont construits en tuf. Le château offre un coup d'œil horrible : c'est un amas de petites pierres serrées les unes contre les autres, où l'on ne peut entrer que par un pont fort étroit; il ressemble plus à une prison qu'à un château. Une vallée voisine et belle présente des points de vue pittoresques. On trouve dans les environs des cavernes creusées dans le tuf. Près de là se trouve le lac Vico (anciennement *lacus Ciminus*), qui a une belle nappe d'eau; il a une lieue d'étendue et est bordé de collines couvertes de forêts. Près de Ronciglione se trouve le palais *Caprarola* des Farnèses, pentagone ingénieusement

prendre comment on a pu transporter ces masses énormes à une si grande distance. Sur le mont Palatin, dans les jardins Farnèse on voit les ruines du palais des Césars. Près de là se trouvent aussi les ruines de quelques bains, et des restes de peintures à fresque en or et en azur. On montre à quelque distance de ces bains l'emplacement de la maison de Romulus. On aperçoit encore les ruines du théâtre de Pompée près la *Curia Pompeii*, où César fut assassiné; le théâtre de Marcellus; toutes les ruines de l'ancien Forum, aujourd'hui Campo Vacino; du pont d'Horatius Coclès, ou pont Sublicio; du pont Palatin; les ruines du grand cirque; de la *Curia hostilia*; des trophées de Marius; de l'*acqua Marcia;* de l'arc de Galien, près Saint-Martin du Mont; du portique de Philippe; de celui d'Octave; de la villa et de la tour de Mécène. Près de San-Vito, les ruines du temple de Minerve Medica; de celui de Vénus et de Cupidon; de l'amphithéâtre Castrensis; des aquéducs de l'eau Claudienne; des thermes de Caracalla, et de ceux de Titus; les tombeaux de la famille Aruntia au milieu d'une vigne, près le temple de Minerve Medica; le tombeau des Scipions près la porte Caspienne; la *cloaca massima*, ou grand égoût construit par Tarquin; les ruines du tombeau de Metella, appelées Capo-di-Bove; le cirque de Caracalla; le temple de l'Honneur et celui de la Vertu; la maison de Cicéron; le temple et l'autel de Bacchus; la fontaine d'Egérie; le temple de Bacchus, près de Sainte-Agnès hors des murs, où l'on voit un superbe sarcophage antique de porphyre, orné de sculptures; enfin la prison de Jugurtha, appelée *Carcere mamertino*, où l'on prétend que saint Pierre fut enfermé. Outre les obélisques de la Porte du peuple, celui de Monte Cavallo, élevé sous le pontificat de Pie VI, mérite aussi l'attention des étrangers. Il ne faut pas négliger de voir le musée du père Kircher; et, chez plusieurs particuliers, diverses collections de camées, de médailles, et d'autres objets curieux. On voyait autrefois dans Rome les fameuses statues de l'Apollon du Belvédère et de Laocoon, qui ont si bien figuré dans le Musée de Paris, ainsi que plusieurs autres bons morceaux qui furent vendus à des particuliers. On recommande aux étrangers de visiter la statue de maestro Pasquino, et d'y lire les pasquinades, dont on peut voir les réponses à la statue de maestro Marforio; elles sont toutes deux mutilées. On trouve à Rome une société aimable et instruite, principalement parmi les gens de lettres; le goût de la satire y est dominant. Le peuple vraiment originaire de Rome, qui habite de l'autre côté du Tibre, conserve quelque chose de la fierté des anciens Romains

construit en forme de citadelle, par *Vignola*; les peintures sont de *Pierre Orbista*. De ce château on va à la ville par un beau chemin terminé par un arc de triomphe. Ronciglione est à 5 l. S. de Terni. Long. 10. 40. 50. lat. 42. 15.

Rosella, bourg de la Toscane.

Rossa, petite île de la côte méridionale de la Sardaigne.

Rossano, ville forte du royaume de Naples, dans la Calabre citérieure. Le territoire est fertile en olives, safran et poivre; il produit de la poix résine et du goudron. A 1 l. du golfe de Venise, 12 l. N. E. de Cosenza. Long. 14. 35. lat. 39. 45.

Rossena. Petite ville fertile et commerçante du duché et à 5 l. de Parme.

Rotta di Guastalla, village près de Guastalla.

Rottefredo, petite ville près de Plaisance, auprès de laquelle se donna, en 1746, une bataille où la victoire se déclara contre les Français et les Espagnols, qui furent par là contraints d'évacuer toute l'Italie; cette bataille prend ordinairement le nom de Plaisance.

Roveredo ou Rovero, petite ville du Tirol, sur l'Adige, au pied d'une montagne, près d'un torrent qu'on passe sur un pont défendu par deux grosses tours et un bon château; d'une population de 7 à 8,000 habitans. Elle est belle, riche et commerçante ; le trafic de soie surtout est considérable. La plus grande partie des maisons sont bâties en marbre. On connaît son académie dite *degli Agiati*, fondée en 1751 par *Bianca Laura Saibanti*, épouse de *Vanetti*. On remarque dans cette ville beaucoup de luxe dans les habitans, qui sont aimables et très-industrieux. Les teintures de Roveredo sont fort estimées, ainsi que les filatures de soie, qui toutes sont mises en mouvement par le moyen de l'eau. Elle est à 4 l. S. de Trente. Long. 8. 36. lat. 46. 12.

Rovigno, petite ville fort peuplée de l'Istrie, avec deux bon ports, et des carrières de belles pierres. Son territoire produit d'excellens vins. L'air y est mal sain, comme presque dans toute l'Istrie. On voit près de Rovigno, le *Monte Auro*, où était l'ancienne *Arpinum*. Elle est à 14 l. S. O. de Capo d'Istria. Long. 11. 32. lat. 45. 18.

Rovigo, petite ville de l'état de Venise, chef-lieu de la Polésine de Rovigo, sur l'Adigetto, qui est un bras de l'Adige. Elle est très-commerçante, et son territoire produit en abondance, blé, chanvre, maïs et vins; à 9 l. S. O. de Padoue, 15 l. S. O. de Venise. Long. 9. 30. lat. 45. 4. (*Voyez* Polésine.) Le château du Podesta est sur la place, ornée d'une colonne où il y a le lion de saint Marc. La chapelle de la Vierge a de bons tableaux de l'école vénitienne. Rovigo a donné naissance à *Barthélemy Rovarella*, à *Celio Rodigino*, et à *Jean Boniface*, dit de Rovigo.

RUBICON, rivière de l'état du pape, dans la Romagne, qui coule près de Rimini. En passant cette rivière, l'an 104 de Rome, César s'écria : *Le sort en est jeté;* et le passage de cette rivière par César couta la liberté à la république romaine.

RUBIERA, petite ville forte du duché de Modène, sur la Secchia, à 3 l. O. de Modène. C'est la patrie d'*Antoine Codrus*. Long. 8. 30. lat. 44. 34.

RUONFORNELLO, petite ville maritime de la Sicile, dans la vallée de Demona, très-renommée par sa fabrication de sucre.

RUTIGLIANO, village du royaume de Naples, à 3 l. de Bari.

RUVO, petite ville du royaume de Naples, à 3 l. S. O. de Bari, près d'un petit lac; son territoire est très-fertile. Elle appartient à la maison Caraffe, et était fort connue des anciens. Horace en parle dans sa cinquième satire :

« *Inde Rubos fessi pervenimus.* »

S.

SABBATO, rivière du royaume de Naples, à sa

source dans la principauté citérieure, et se joint au Volturno dans la Terre de Labour.

SABINE, province de l'état du pape, bornée N. par l'Ombrie, E. par l'Abruzze ultérieure, S. par la campagne de Rome, O. par le Patrimoine de Saint-Pierre; elle a 9 l. de long et autant de large; elle est très-fertile, et abondante en huile et en vins. Les habitans aiment le plaisir et sont négligens. Ils étaient appelés Quirites. Magliano est la résidence du légat.

SABIONCELLO, presqu'île de la Dalmatie, a environ 30 lieues de tour, et au S. du golfe de Narenta, et au N. qui la sépare de l'île de Cuzzola et de Meleda.

SABIONETTA, petite ville forte du Mantouan, avec un château. Elle est à 5 l. de Parme, 8. l. S. O. de Mantoue. Long. 7. 57. lat. 45. 2.

SACCA. *Voyez* XACCA.

SACILE, petite ville du Marché Trévisan.

SAGONE, ville de l'île de Corse, ruinée par les Pisans.

SALA, bourg près de Padoue, avec une belle maison de campagne qui appartient à la famille Farsetti. On y voit un palais orné de colonnes de granit, et des plus beaux marbres, et un vaste jardin botanique où l'on cultive les plantes les plus rares.

SALANDRA et SALANDRELLA, rivières du royaume de Naples, ayant leur embouchure au golfe de Tarente. On dit que le bourg de Salandra, sur ladite rivière, et à 9 l. de la mer, est bâti sur les ruines d'Acalandra.

SALERNE, ancienne et autrefois considérable ville du royaume de Naples, capitale de la principauté citérieure, avec un château et un port qui était fort fréquenté; on fait venir son nom de Salé et Erno, deux petites rivières qui y coulent; son école de médecine fut et est encore aujourd'hui très-célèbre. Au nombre des savans qui en sont sortis, on doit nommer avec plaisir deux femmes savantes : *Trotusa* et *Rabecca Guarna*, qui ont laissé des productions estimées. Le port de Naples a fait abandonner celui de Salerne; néanmoins cette ville est encore très-commerçante par les foires fameuses qu'on y tient tous les ans. On y voit plusieurs monumens très-antiques. Pour prouver l'ancienneté de cette ville, on chante le jour de la fête de Saint-Fortunato : *Salernum civitas nobilis quam fondavit Sem, Noe filius.* Le pays est fertile en très-bon vin, etc. Cette ville est située sur le bord de la mer, dans une petite plaine au milieu d'une campagne fertile et riante. 11 l. S. E. de Naples. Long. 12. 32. lat. 40. 45.

SALICE, petite ville du Trévisan.

SALICETTO, bourg du Piémont, à 7 l. E. q. N. de Mondovi, très-commerçant.

Salina, une des îles de Lipari, à 2 l. N. O. de l'île de Lipari, ayant 4000 habitans; le terrein ne produit pas de blé, les habitans s'en procurent en échange de leur sel et de leurs raisins secs.

Salo, petite ville du Bressan, sur le lac et à 4 l. N. O. de Garde. Les impériaux l'abandonnèrent en 1706, après la bataille de Calcinato. Elle est bien bâtie, et renferme 5400 habitans, dans une étendue d'environ sept lieues. Tout le pays est un vaste jardin. Long. 8. 12. lat. 45. 38.

Salona, petite ville de Spalatro, en Dalmatie, qui a été autrefois considérable. Les anciens en parlent souvent, et ce fut là que Dioclétien se retira. Dans le temps de la guerre civile, Salona tenait le parti de César. Octavius, général de Pompée, l'assiégea; les habitans alors donnèrent la liberté aux esclaves et les armèrent, placèrent leurs femmes sur les remparts, et de leurs cheveux on fit des cordes pour les machines de guerre. Ils firent une sortie si vigoureuse, qu'ils obligèrent les ennemis à lever le siége. Les anciens rois d'Illyrie y faisaient leur résidence; aujourd'hui il n'y a plus que des masures, une église et des moulins.

Salpe, pet. ville du royaume de Naples, dans la Capitanate, près du lac Saint-Antoine, recommandable par ses salines.

Salso, une des plus grandes rivières de la Sicile, prend sa source dans la vallée de Demona, traverse celle de Noto, et se décharge dans la Méditerranée, par deux embouchures; il y a une autre petite rivière de ce nom dans la vallée de Mazara.

Saluces ou Salusse, ville et château du Piémont. Sa cathédrale est belle et mérite d'être vue. Elle renferme quelques bons tableaux. Ses habitans, de 10 à 11 mille, sont appliqués au commerce de grains, vins, foins et bestiaux. Cette ville est l'*Augusta Vangiennorum* des anciens. C'est près de là que le Pô prend sa source. Elle est au pied des Alpes, à 10 l. S. q. O. de Turin, 6 l. S. E. de Pignerol. Long. 5. 8. lat. 44. 35.

Samogia, village des états du pape qui partage le chemin de Modène à Bologne, et la première douane de l'église.

San Germanico, petite rivière qui arrose la Terre de Labour, dans le royaume de Naples.

San Gravino, fort de Sardaigne, à 5 l. de Sassari.

San Giuliano, bain thermal. (*Voyez* Pise.)

Sangro-Sanguine, rivière du royaume de Naples, qui arrose l'Abruzze.

Sanguinara, rivière dans le Patrimoine de Saint-Pierre, a sa source près du lac Bracciano, et se jette dans la mer de Toscane.

Saint-Antiogo, île de la Sardaigne, appelée *Maeliboldes* par Ptolomée, *Enonna* par Pline, et *Plombia* par d'autres. Ces noms dérivent des plombs qu'on y trouve. Saint Antiogo étant mort en exil en cette île, elle prit son nom. On trouve dans cette île les ruines de l'ancienne ville de *Sulcis*.

SANTHIA, petite ville du Piémont, à 5 l. O. de Verceil, 12 N. E. de Turin. Commerce de blés et vins.

SARAVALLA, village de l'état du pape.

SARDA, petite ville de la Sardaigne.

SARDAIGNE, île de la Méditerranée, avec titre de royaume, au sud de l'île de Corse, 58 l. de long, 30 de large; elle est très-fertile en grains, olives, oranges, citrons, etc. On y trouve du bétail en quantité, surtout des bêtes à cornes, du gibier à foison, des mines d'or, d'argent, de plomb, etc. Dans cette île croît la *ranoncola*, espèce d'herbe, du nombre des plantes vénéneuses; l'effet de son poison est de retirer les nerfs de ceux qui en mangent, de sorte que leur contraction semble produire le rire sur le visage; ce qui a fait dire qu'ils mouraient en riant. De là est venu l'expression proverbiale du *Risus sardonicus*, rire sardonique, qu'on applique au rire de colère, de mépris ou d'ironie. La pêche y est fort abondante. La principale est celle des sardines, du thon, et du corail. L'île est mal cultivée, peu peuplée et l'air y est malsain. Elle appartient au roi de Piémont, qui y séjourna pendant la révolution française jusqu'en 1814. Les habitans au nombre de 275,000, s'appellent Sardes, Cagliari en est la capitale. Long. 6 et 7. lat. 50. 38. 55. 41. 15.

Sarno, petite ville du royaume de Naples; dans la Principauté citérieure, avec le titre de duché; assez commerçante et très-fertile. Elle est à 5 l. N. de Salerne. Long. 12. 15. lat. 41. 46.

Sarsina, petite mais très-ancienne ville, dans la Romagne, sur la frontière de la Toscane, au pied de l'Apennin, sur la rivière de Savio, appelée par les anciens *Sasseria*. C'est la patrie de *Plaute*, célèbre poëte comique. Sa situation est pittoresque, à 8 l. S. O. de Rimini, 12 S. de Ravenne. Long. 9. 51. lat. 43. 53. 54.

Sartene, ville de l'île de Corse, chef lieu de sous-préfecture, à 6 l. O. q. N. de Porto-Vecchio. Le roi Théodore institua en ce lieu l'ordre de la Rédemption, en 1736. Long. 6. 48. lat. 41. 30.

Sarzane, ancienne et forte ville du Piémont, dans l'état de Gènes. Elle fut cédée par le grand duc de Toscane aux Génois, pour Livourne. Il n'y a de remarquable que la cathédrale, et quelques autres églises, le palais public et la place. Les antiquaires y trouveront beaucoup de *lapidi lunensi;* les plus belles servirent à bâtir la maison *Benettini*, que *Muratori* aurait volontiers abattue pour les arracher aux barbares qui les ont employées à la construction de cet édifice. Sarzane est à l'embouchure de la rivière Magra, sur laquelle les vaisseaux remontent. Elle est à 13 l. N. O. de Pise, 20 l. S. E. de Gènes. Long. 7. 32. lat. 44. 8.

Sassari, grande et jolie ville de l'île de Sardaigne. Elle a été saccagée par les Français, en 1527; sa situation dans une belle plaine est riante et très agréable, avec une population de 30,000 âmes. Elle est assez grande, mais peu fortifiée, et se nomme aujourd'hui *Lugadori*, à cause des mines d'or et d'argent que cette contrée renferme. Parmi les choses curieuses que contient cette ville, on remarque une fontaine nommée la fontaine de *Rosello;* on la compare aux plus magnifiques de Rome. Les habitans de la ville en font beaucoup de cas, et ils disent: » *Chi non vede Rosello*, *non vede mondo* ». Cette ville est sur la rivière de Fiuminargia, au N. de l'île, à 8 l. S. du Castel Aragonèse. Long. 5. 13. lat. 40. 46.

Sasso-Ferrato, bourg dans la Marche d'Ancône, célèbre par la naissance de Barthole.

Sassuolo, petite ville du duché de Modène, avec un fort joli château de plaisance, sur la Secchia, appartenant à la maison d'Este. La façade est régulière, et les appartemens sont ornés de bonnes peintures de *Bibienna* et d'autres fameux peintres. Le grand jardin a 5 milles de circuit. On trouve au tournant de la rampe du palais une petite grotte en rocaille, dans laquelle est une nymphe; un triton qui paraît la garder, se cache à demi derrière un rocher et jette de l'eau aux passans avec sa trompe. Ces deux figures sont de nacre de perle. Les plus beaux tableaux qui ornaient le palais, ont été transportés depuis long-temps au palais ducal de Modène, dont elle est à 4 l. S. O.

Savelli, bourg à 4 l. de Rome, près duquel est la Solfatara. Ce lac est remarquable par la qualité de ses eaux fortement impregnées de souffre, presque bouillantes au fond, tièdes à la superficie, et couvertes d'une croûte blanche de chaux et de souffre; on s'y baigne pour se guérir de la gale et des ulcères. Ce lac est couvert d'îles flottantes, sur lesquelles croît de l'herbe et même des arbustes. (*Voyez* Solfatara di Tivoli.)

Savignano, joli village près de Rimini, sur la route, et à 2 l. de Césenne.

Savigliano, jolie et très-forte ville du Piémont. L'abbaye des Bénédictins est riche et remarquable par les tableaux et la bibliothéque qu'elle possède. Les fortifications et quelques églises méritent d'être vues. Sa population de 20 mille habitans est traficante et industrieuse. Elle est avantageusement située sur la Maira, à 3 l. E. de Saluces, 4 l. N. de Coni, q. S. de Turin. Long. 5. 20. lat. 44. 35.

Savio, rivière de la Romagne.

Savoie, duché au delà des Alpes, sous la domination du roi de Piémont. Chambéri en est la capitale.

Savone, ville forte et assez peuplée du Piémont, dans le duché de Gênes, avec deux forts châteaux. On y voit plusieurs belles églises et d'autres édifices qui méritent d'être vus. C'est la patrie de G. *Chiabrera*. On pourrait rendre son port capable de recevoir de gros vaisseaux. Elle est dans un territoire des mieux cultivés, abonde en soie et en toutes sortes de fruits; c'est dans cette ville que le pape Pie VII, *Barnaba Chiaramonte*, a été détenu par ordre de Buonaparte. Savone est sur la Méditerranée, à 10 l. S. O. de Gênes, 5 l. N. E. de Final. Long. 6. 11. lat. 44. 18.

Scala, petite ville du royaume de Naples, dans l'Abruzze citérieure, à 2 l. d'Amalfi, avec titre de principauté. Ses environs sont fort renommés par ses excellens vins muscats et par ses riches mines de plomb.

Scalea, petite ville de la Calabre citérieure, au bord de la mer; on y cultive l'olivier, la vigne, le cotonier, on recueille beaucoup de manne, du miel, et on y cultive avec succès la canne à sucre.

Scardona, ville ruinée de la Dalmatie, autrefois considérable sous le nom de *Zara Vecchia*.

Scarica l'Asino, bourg de la Toscane, entouré d'éboulemens occasionnés par une fermentation souterraine (*Voyez* Pietramala).

Scarlino, village de la Toscane, à 4 lieues de Piombino.

Scarperia, petite ville de la Toscane, à 7 l. N. E. de Pistoye, et à 10 l. N. de Florence, renommée pour sa coutellerie très-estimée.

Sciacca, petite ville de la Sicile, dans la vallée de Mazara près de laquelle sont les fameux bains de *Saint-Calogero*. Son port la rend commerçante.

Scieli, petite ville de la Sicile dans le Val-de-Noto. On y voit des ruines qui annoncent l'ancienne *Casmena*.

Sciglio, petite ville et cap dans la Calabre ultérieure près de laquelle est le fameux écueil de Scylla, si souvent chanté par les Anciens. Cette petite ville vis-à-vis le Taro, est bien peuplée et fournit de bons marins. (*Voyez* Scylla.)

Scrivia, petite rivière du duché de Milan, qui baigne Tortone et se jette dans le Pô.

Scylla, rocher des côtes de la Calabre ultérieure, fameux écueil, sur lequel est bâtie une forteresse et une ville. Le tremblement de terre du 5 février 1783 a détruit à moitié la forteresse, et entièrement la ville. Le prince de Scylla qui s'était sauvé dans une barque, périt avec tout son monde, par le gonflement de la mer; 2700 de ses vassaux qui s'étaient réfugiés sur le bord de la mer y ont également péris. Ce rocher si redouté des marins, et chanté par *Virgile*, est situé vis-à-vis Charybde sur les côtes de la Sicile, dans le détroit de Messine, et aussi dangereux; ce qui a occasionné ce proverbe: *Tomber de Charybde en Scylla*.

Sebenico, très-forte ville de la Dalmatie, avec un grand port, un bon fort, et une citadelle; elle est près de l'embouchure du fleuve Ciarca dans le golfe de Venise, à 15 l. N. O. de Spalatro, 10 l. S. E. de Zara. Long. 14. 18. lat. 44. 10.

Secchia, rivière du duché de Modène, qui se jette dans le Pô.

Segni ou Segna, ville de la Dalmatie.

Segni, petite ville de l'état du pape, à 13 l. S. E. de Rome sur une montagne fertile. C'est dans cette petite ville que les orgues furent inventées, c'est la partie du pape Vitalien.

Selva, petite île du golfe de Venise.

Seminara, gros bourg de la Calabre ultérieure, à 10 l. N. de Reggio, célèbre par la bataille où d'Aubigny défit les Espagnols en 1495. Et celle de 1503, où ce même d'Aubigny fut défait. Le fatal tremblement de terre du 5 février 1783 l'a détruit, mais les habitans se sont sauvés. Long. 13. 58. lat. 38. 26.

Senigaglia. *Voyez* Sinigaglia.

Sentino, petite rivière de l'état de l'église.

Sept Communes (les) ce sont sept villages sur des montagnes escarpées et stériles, frontières du Vicentin et du Tirol, qui sont *Asiago*, bourg principal; *Enego, Foza, Roviana, Gellio, Lusiana et Rozzo*. Les habitans sont les descendans des Cimbres, et ont un langage particulier, c'est un peuple de bergers, qui ne communique avec ses voisins que pour vendre le produit, et leurs nombreux troupeaux.

Sept Iles (les) où plutôt les îles Ioniennes, nom nouvellement donné à une petite république, formée des îles de la mer Ionienne, près de la côte occidentale de Grèce à l'exception de *Cerigo* qui est au Sud et est l'ancienne *Cythère*. Ces îles sont: *Corfou, Paros et Anti-Paros, Sainte-Maure, Ithaque, Céphalonie, Zante*, les deux *Strivali*, les trois *Sapienza et Cerigo*. Elles appartenaient autrefois à la république de Venise, et la plus grande partie est actuellement sous la protection de la Grande Bretagne.

Serchio (le) rivière du Modenais qui se jette dans la mer de Toscane.

Serio, rivière du territoire de Venise qui se jette dans l'Adda près de Crème.

Sermione, petite ville peu considérable dans le Novarèse sur une petite presqu'île dans le lac de Garda. C'est le lieu où naquit le fameux poëte *Catulle*; son excellent vin nommé *Vino santo* lui donne quelque réputation.

Sermonetà, petite ville forte de la campagne de Rome avec titre de duché, à 3 l. de Segni. C'était l'ancienne *Sulmo* des Volsques. Elle est pauvre et n'offre rien de remarquable. On y voit les ruines d'un vieux château, appartenant aux *Frangipani*, dans lequel *Conradin* poursuivi par les troupes de *Charles d'Anjou*, fut pris et conduit à Rome.

Serpentera, petite île de la Sardaigne, à 6 l. de *Cagliari*.

Serravalle, gros bourg du Piémont, à 6. l. E. d'Alexandrie, 8 l N. de Gênes, avec un château très fort. Les campagnes des environs sont fertiles et agréables.

Serravalle, endroit presqu'inexpugnable; qui sépare l'Ombrie de la Marche d'Ancône, c'est un gros bourg resserré entre deux montagnes, qui sont à peine éloignées l'une de l'autre de 150 toises. On y voit les ruines des murailles et des portes d'un château construit par les Goths.

Sésia, rivière qui prend sa source dans les Alpes, et se jette dans le Pô près de Casal.

Sessa, ancienne petite ville du royaume de Naples dans la terre de Labour; elle était autrefois très-considérable : à 3 l. N. O. de Capoue, 13 l. N. E. de Naples.

SESTO, petite ville dans l'endroit où le Tessin sort du lac Majeur.

SESTOLA, petite ville du Modenais, à 8 l. S. de Modène.

SESTRI DI LEVANTE et SESTRI DI PONENTE, deux charmans villages, l'un à 2 lieues et l'autre à 10 de Gènes. On voit à Sestri di Ponente des jardins magnifiques, où sont plantés des orangers et citroniers enclos dans des palissades de myrthes. Les palais *Lomellini*, *Spinola*, *Doria*, méritent d'être vus.

SEVERINE (SAINTE-), petite ville du royaume de Naples dans la Calabre citérieure, sur un rocher escarpé à 3 l. de la mer. Les habitans sont courageux et féroces, et font un grand commerce de bétail, d'huiles. Long. 15. 20. Lat. 39. 12.

SEVERIN (SAINT-), petite ville de la marche d'Ancône, patrie de *Caccialupi*. Elle est entre deux collines sur la rivière de Potenza, 5 l. N. E. de Camerino, 10 l. N. E. de Fermo.

SAINT-SEVERE, petite ville bien peuplée du royaume de Naples, dans la Capitanate; elle est dans une plaine fertile et agréable, à 11 l. O. de Manfredonia.

SEZZA (*Voyez* Suessa).

SEZZE-SETIA (*Satinum*), petite ville de la campagne de Rome, près les marais Pontins, située sur une montagne, un peu en deça des ruines des *Tres-tavernæ*, ou Saint-Paul passa en venant de cette capitale du monde. Cette ville est très-ancienne; elle était une des principales des Volsques, et est citée par Martial et Juvénal pour la bonté de ses vins. On remarque dans cette ville les ruines d'un temple consacré à Saturne fugitif; il est assez conservé; derrière la ville est la fente d'un rocher qu'on dit être un précipice sans fond. La montagne des Muses a une vue superbe sur les marais Pontins. Aux Franciscains on voit un superbe tableau de *Lanfranc*. Les habitans, au nombre de 5 à 6000 sont généralement pauvres. La campagne mérite l'attention des naturalistes, quoiqu'elle soit peu cultivée; il y croit naturellement des figues d'Inde dont le tronc est de la grosseur d'un homme et qui s'élève à la hauteur de 40 pieds. Ses environs sont un jardin de lauriers, de myrthes, citroniers et orangers, des aloës, etc. Il y a un bourg de ce nom, en Piémont, à 3 l. d'Alexandrie.

Siberico, ville de la Dalmatie, dans une superbe situation. Son territoire comprend la vallée de Slosella, habitée par des hommes intrépides.

Siacca. (*Voyez* Sciacca.)

Sicchina, petite rivière fangeuse du Pisan.

Sicile, la plus grande et la plus considérable des îles de la Méditerranée, entre l'Afrique et l'Italie dont elle n'est séparée que par le Phare de Messine, avec titre de royaume. Elle a la figure d'un triangle d'environ 66 lieues de long. depuis le phare jusqu'au cap de Baco, et 45 de large depuis *Punto di Milazzo* jusqu'au cap Passaro; elle est divisée en trois provinces ou vallées, de Demona, de Nota et de Mazara; on y compte environ 1,100,000 âmes; dans le val de Demona les villes principales sont : *Messine*, *Melazzo*, *Cefalu*, *Taormina*, et quelques autres dans l'intérieur. Dans cette province, près la ville de *Catanea*, est situé le mont Etna, aujourd'hui le mont Gibel, fameux volcan tant célébré par les poëtes, et souvent observé par divers physiciens et naturalistes fameux. (*voyez* ETNA.) Dans le val de Noto sont les villes de *Catania*, *Agosta*, *Syracuse*, *Noto*, *Lentini*, *Carlentini*, et plusieurs autres. Le val de Mazara comprend les villes de *Palerme*, *Mont-Réal*, *Mazara*, *Marsala*, *Trapani*, *Termini*, *Gergenti*, *Xacca*, *Licate*, etc. Les ports de mer de la Sicile sont : *Messine*, *Agosta*, *Syracuse*, *Trapani*, *Palerme*, et *Melazzo*. Toutes les villes de l'intérieur de la Sicile sont construites sur des montagnes escarpées qui, dans les temps de troubles servaient de retraite aux habitans; mais qui sont aujourd'hui désertes par la difficulté d'y aborder. Le terrain de cette île est très-fertile et abonde en vins excellens, fruits délicieux, blé, huile, laine, coton, sucre, manne excellente, miel, cire, etc., etc. On l'appelait autrefois le *grenier du peuple Romain*, l'air y est pur et sain; il y a des mines d'or, d'argent, de cuivre, de plomb et de fer; des carrières de porphyre, très-beau marbre, jaspes, agathes, émeraudes, alun, soufre, vitriol; des eaux minérales chaudes et bouillantes. La mer y est très-poissonneuse; sur la côte de Trapani on fait une pêche considérable de corail, mais la soie fait le principal revenu de l'île. Après bien des révolutions, Charles d'Anjou, frère de Louis IX, en fit la conquête; mais en 1282, Pierre III, roi d'Arragon, s'en empara en faisant massacrer tous les Français, le jour de Pâques, au premier coup de vêpres, ce qui fit donner à ce massacre le nom de *Vêpres Siciliennes*. Elle suivit le sort du royaume de Naples lorsque les Espagnols eurent conquis ce dernier royaume, et, en 1735, par le traité de Vienne, elle passa à l'infant don Carlos. Le marquis de Caraccioli qui, en 1781, en était vice-roi, a rendu libre l'exportation du blé, établi des marchés, a fait faire des grands chemins, et le 27 mars 1782, il supprima l'inquisition. Pendant la révolution française, et jusqu'en 1814, le roi des Deux-Siciles tenait sa cour à Palerme. Messine a disputé pendant long-temps à Palerme le rang de capitale de l'île, mais la destruction de Messine a terminé le différend. Long. 10. 13. 40. Lat. 36. 44. 38. 16 [1].

Sicli ou Sichili, petite ville de la Sicile dans la vallée et à 3 l. de Noto.

Siculiana, petite ville de la Sicile, dans la vallée de Mazara, à l'embouchure de la rivière de Canna, à 4 l. O. d'Agrigente.

Sienne, grande, belle et célèbre ville de la Toscane, capitale du Siennois, avec une fameuse université et une belle citadelle. La plus commune opinion est qu'elle doit son origine aux Gaulois Senonais, lorsqu'ils y pénétrèrent sous la conduite de Brennus. Les Romains y établirent une colonie sous le règne d'Auguste, sous le nom de *Sena julia*. Elle a toujours été une ville considérable. Les Toscans la comptaient parmi leurs douze cités. Après la chute de l'empire romain elle eut différens maîtres, mais elle brisa le joug de la tyrannie, et s'érigea en république libre et indépendante qui se soutint contre les Florentins et les Pisans. Ils remportèrent en 1260 une victoire complète sur les Florentins et les Guelfes. *Pandolphe Petrucci*,

---

[1] Ceux qui seraient curieux de lire l'histoire de la Sicile, peuvent consulter l'*Histoire de la Sicile de Burigny; Fazelli de rebus Siculis*, la *Description de la Sicile*, par *Villabianca*, le *Voyage en Sicile de Bridone* et celui de *Spalanzani*.

membre du conseil des Neuf, devint le tyran de sa patrie, ses descendans furent ses successeurs jusqu'à ce que leur faiblesse, qui, ne pouvant étouffer la discorde entre la noblesse et le peuple, fit tomber cette ville au pouvoir des Français, des Espagnols, des Médicis, et suivit le sort des autres villes de la Toscane. De même que Pise elle perdit sa population en perdant sa liberté. On y comptait plus de 100,000 habitans, et elle n'en a pas 18,000 aujourd'hui. Dans un circuit en forme d'étoile, elle a environ cinq milles d'étendue. Elle semble bâtie sur le cratère même d'un volcan, et elle a éprouvé très-souvent des secousses de tremblement de terre. Celui de 1798 endommagea les principaux édifices. Le Dôme surtout en souffrit beaucoup; ce monument, quoique d'architecture gothique, est parfait dans son genre, et tout incrusté de marbre tant en dedans qu'au dehors. Devant la façade de ce temple, qui fut commencé sur le dessin de *Jean de Pise*, et achevé en 1333 par *Augustin* et *Agnolo*, architectes siennois, on voit deux colonnes de porphire. Le bénitier est un bel ouvrage grec; la chaire est de marbre d'Afrique, et les bas-reliefs, principalement ceux de l'escalier sont admirables. Le pavé, partie en mosaïque, et partie ciselée a été exécuté par *Dominique Beccafumi* et d'autres bons artistes; la nef du milieu est ornée de bustes des papes;

dans la chapelle de Ghigi d'un beau dessin, on admire deux superbes statues, sainte Marie-Madelaine, et saint Jérôme, par *Bernini*; deux tableaux de Charles Maratte qui ont un peu souffert, et huit colonnes de vert antique qui soutiennent la coupole. On remarque dans cette église d'autres statues de *Bernini*, *Donatello*, *Mazzuoli*, *Vecchietti* et *Michel-Ange*, et d'excellens tableaux de *Calabrèse*, de *Trévisan*, de *Solimbeni*, du *Perugino* et de *Raphaël*, ainsi que des fresques d'*Amboise Lorenzetti*, et de *Ventura Solimbène*. Dans la salle appelée la Bibliothéque, attenante à l'église, et ornée de belles fresques de *Pinturichio* on remarque un grouppe antique des trois grâces en marbre blanc. La tour du palais, dit vulgairement de *Mangia*, construite en 1325, est très-haute : du sommet la vue s'étend jusqu'à *Radicofani*, à quinze lieues. En divers endroits de cette ville on voit de grands édifices mêlés, pour la plupart, d'un goût gothique et moderne. Le théâtre est du dessin de *Bibbiena*. Le collége Tolomei est un bel édifice bâti tout en pierres carrées; aux Augustins on voit une belle bibliothéque et la superbe église d'architecture de *Vanvitelli* est ornée de tableaux de *Romanelli*, de Charles *Maratte*, et de Pierre *Perugino*. Il ne faut pas manquer de voir les beaux tableaux qui se conservent dans les autres églises de Sienne, particulièrement dans celles de l'*Hopital*, de *San-Martino*, *Provenzano*, *San-Quirico*, des *Carmes*, et *Camaldules*, hors de la ville; aux *Dominicains* on remarque un tableau sur bois de *Guido de Sienne*, de l'année 1221. On montre aux étrangers la maison de sainte Catherine et celle de *Soccini*. Les rues de Sienne ne sont pas alignées, et le terrain est inégal. Il n'y a qu'une seule place qui est construite en forme de coquille, ornée d'une fontaine, et bordée par les beaux palais *Sansedoni*, *Chigi*, *Saracini* et le palais public. Ce dernier renferme plusieurs fresques anciennes de *Lorenzetti*, des *Memmi*, de *Tadei*, *Bartoli*, *Beccafumi*, de *Martino*, de *Barthelemy* de Sienne, de *Spinello* d'Arezzo, et plusieurs œuvres de *Sodoma*, de Luc *Jordan* et de *Vanni*. Sienne a une université, diverses académies littéraires et une académie de physique et d'histoire naturelle, appelée des *Fisocritici*, célèbre par les mémoires qu'elle a produits; enfin une bibliothéque et un musée. Les Siennois sont affables, spirituels, d'un caractère franc et gai; ils parlent avec douceur le langage le plus gracieux de la Toscane; les paysans mêmes parlent la langue italienne de la manière la plus pure et sans aucun accent. Les femmes y sont généralement belles, et ne manquent ni de grâce ni d'esprit et d'amabilité. Les étrangers sont bien reçus à Sienne. Dans le territoire on trouve beaucoup d'eaux thermales.

La campagne, excepté la plaine d'Arbia, n'est pas très-fertile, à cause de la craie. Dans les montagnes on trouve beaucoup de mines, de carrières et d'eaux thermales. C'est la patrie de sainte *Catherine* de Sienne, de saint *Bernardin*, des papes *Alexandre III*, *Pie II*, *Pie III*, *Paul V* et *Alexandre VII*, de *Mariano*, de *Fausto*, de *Lerio Soccini*, et de plusieurs savans et hommes célèbres. Elle est située sur le sommet d'une montagne, au milieu de charmantes collines, à 12 l. S. de Florence, 20 l. S. E. de Pise, 42 l. N. q. O. de Rome. Long. 8. 50. lat. 43. 20.

Signi, petite ville de l'état du pape, sur un mont fertile en vins.

Silaro, rivière du royaume de Naples, dans la principauté citérieure.

Sile, petite rivière du territoire de Venise.

Silvano, bourg de Piémont.

Simplon, mont des Alpes, aux confins du Valais et du Milanais; passage très-fréquenté depuis que les Français y ont ouvert une grande route. Il y a un hospice sur la montagne, où on loge les passagers de toute condition. Ce mont prit le nom de *Cepione Servilio*, consul romain qui poussa ses légions jusqu'au pied de cette montagne : à côté du Simplon il y a un très-vaste bassin d'eau dont une partie coule dans l'Italie, et l'autre donne l'origine à une branche du Rhône.

Sinigaglia, florissante mais petite ville de l'état du pape, dans la Marche d'Ancône, sur le bord de la mer, avec un petit port formé par l'embouchure de la Misa. Elle fut bâtie par les anciens Gaulois, dits Senones, qui lui donnèrent le nom de *Seno-Gallica*. La plus grande partie de la ville est cependant moderne. Elle est célèbre par une foire très-considérable qui s'y tient tous les ans, du 5 juillet au 5 août, qui y attire des négocians et un grand nombre d'étrangers. Les églises de Saint-Martin et la cathédrale sont les plus remarquables; on y conserve quelques bons tableaux. Aux Augustins, un Christ mis au tombeau, peint au dôme par le *Barocce*, et une sainte Hyacinthe par le même. De beaux palais renferment quelques bonnes collections de tableaux, médailles et pierres antiques. Dans le temps de la foire, Sinigaglia est vraiment pittoresque et magnifique, mais dans le courant de l'année elle est triste et dépeuplée. La plaine sur la droite est agréable, fertile, et produit beaucoup de blé, maïs, etc., etc. Le mont près de Sinigaglia est appelé Monte-Asdrubale, parce que ce général carthaginois y fut défait par les Romains. Elle est à 7 l. E. de Pesaro, 7 l. O. d'Ancône. Long. 10. 53. 15. lat. 43. 43. 16.

Sino, rivière du royaume de Naples, dans la Basilicate.

Sion, ancienne et jolie petite ville suisse sur la route du Simplon, dans le canton du Valais à quelque distance du Rhône, avec une population de 3,000 habitans, au pied d'une montagne sur laquelle il y a trois châteaux. On y trouve des *cretins*, hommes sourds et muets, imbéciles et goîtreux. Les habitans ont beaucoup d'égards pour ces malheureux. Les églises ne méritent pas que l'on s'y arrête. Elle a un collége. Sion a été réduite en cendres en 1786, et prise d'assaut en 1798 par les Français. Elle est agréablement située sur la Sitten, sur un territoire très-fertile, à 160 l. de Paris. Long. 5. 2. lat. 40, 10.

Siracuse. *Voyez* Syracuse.

Solfarino, petite ville du Mantouan.

Solfatara (la), espèce de volcan, sur une colline fort élevée, près de Naples : c'est une petite plaine ovale de 240 toises de long environ ; elle contient beaucoup de soufre qu'on y ramasse. On l'appelait autrefois *Phlegra*, *Forum Vulcani*, ou *Colles Leucogæi*. C'était le centre des champs *Phlégréens*, si célèbres dans l'histoire et dans la fable ; ils occupaient le terrain de Pouzzol à Cumes. Il paraît que l'aire de la Solfatara a été autrefois le foyer d'un volcan, actuellement éteint : le soufre n'étant plus mêlé avec les métaux, on ne doit plus craindre ses éruptions. Celle qui enleva le sommet de la montagne paraît avoir été du nord au midi, ce qui est indiqué par les ruines des bâtimens antiques qu'on y trouve à une grande profondeur. Les restes de la montagne qui entourent l'ovale ou bassin, sont en forme d'amphithéâtre; le terrain, de couleur blanche, est chaud ainsi que les pierres, sur lesquelles on aperçoit une fleur d'alun. Il y a des endroits où l'on ne sent la chaleur qu'à trois doigts de profondeur : dans d'autres, le terrain est brûlant à sa surface, et au nord sort de la fumée avec des étincelles très-brillantes la nuit : c'est cette fumée chaude et épaisse, qui monte jusqu'à 20 toises, qui donne du vrai sel ammoniac. Le papier qu'on y approche ne brûle pas, mais il se consume; l'argent noircit et le cuivre se dissout. On ramasse le sel ammoniac sur les pierres, après les y avoir laissées un mois exposées à la fumée. On pense que le feu interne consumera toute la voûte extérieure, et qu'alors il pourra se former un lac : c'est ainsi que se sont formés les lacs des environs, qui n'étaient d'abord que des petits volcans. Les bords de la Solfatara sont de 28 pieds de hauteur, et couverts d'arbustes aromatiques.

Solfatara di Tivoli, entre Tivoli et Rome. C'est un lac d'eau sulfureuse dont les eaux pétrifient les roseaux et les plantes. La pétrification s'y fait bien vite : l'eau, le soufre, la terre et le nitre sont subtilisés par la fermentation, au point de pénétrer la racine et le corps même du roseau, sans le faire changer de forme. Chaque partie conserve la sienne; racines, fibres, tiges, terre même, jusqu'à la moelle; rien ne change de figure ni de volume, et il n'acquiert qu'un plus grand poids. C'est à mesure que l'eau se retire, que l'air donne aux plantes et aux roseaux, la dureté et la solidité de la pierre. C'est la Solfatara, au-dessous du bassin en tuf léger et poreux, qui donne cette fermentation : la pierre travestine se forme de la même manière. Le terrain des environs est aussi un tuf sulfureux, couvert de mousse. Près de là est un petit lac dont l'eau épaisse et blanchâtre a une odeur fétide : il est couvert de petites îles flottantes, formées de plantes, de buissons et de roseaux. L'eau, sans être chaude, bouillonne dans certains endroits. Il s'y trouve les bains de la *Regina*, ainsi nommés à cause de la proximité des ruines d'une maison qu'on dit avoir été à *Zénobie*, reine de *Palmyre*. Le terrain d'alentour est très-fertile et bien cultivé.

Solta, petite île du golfe de Venise, près de la côte de la Dalmatie, vis-à-vis celle de Bua.

Somma (la), grosse montagne fort élevée et fort escarpée, à 2 l. de Spolette, couverte de châtaigniers et d'autres arbres. Au sommet est une plate-forme agréable où l'on trouve des sources très-fraîches.

Somma, petite ville du royaume de Naples, renommée par les soies très-recherchées dont abonde le territoire.

Sommariva-di-Bosco, pet. ville du Piémont, à 7 l. de Turin.

Soncino, petite ville près de Crémone, et dans une situation naturellement forte, sur la rive droite de l'Oglio, sur les confins du Bressan, à 8 l. N. O de Crémone.

Sondrio, joli bourg de la Valteline, sur l'Adda.

Sonnino, petite ville de la Campagne de Rome agréablement située.

Sontino, petite ville de la Sicile, dans la vallée de Noto, à 2 l. de Syracuse.

Sora, ville du royaume de Naples, dans la Terre de Labour, avec un beau château, et titre de duché, patrie du cardinal *Baronius*, sur la rivière de Galigliano, aux frontières de la Campagne de Rome, à 22 l. S. E. de Rome, 26 l. N. O. de Naples. Long. 11. 30. lat. 41. 47.

Soracte (*mons Soractes*), aujourd'hui mont *Saint-Sylvestre*, dans la Toscane. Cette montagne était consacrée à Apollon : il y avait un temple, dont les prêtres étaient de la famille des Hyrpiens. Ils persuadaient au peuple que dans leurs sacrifices ils marchaient pieds nus sur des charbons ardens sans se brûler.

Soriasco, bourg du Piémont, à 3 l. E. de Tortone.

Sorrento, ancienne ville du royaume de Naples, dans la Terre de Labour, avec beaucoup de noblesse. C'est la patrie de *Torquato Tasso*, quoique ce soit à Massa qu'il est né; mais ces deux villes sont si voisines l'une de l'autre, que les historiens ne l'ont prise que comme un faubourg de Sorrento. Ces deux villes sont bâties sur la terre et les cendres du Vésuve: les édifices sont très-beaux. Sorrento est située dans un pays délicieux et fertile, sur la côte septentrionale d'une presqu'île, dans le golfe de Naples, à 7 l. S. E. de Naples, 4 l. O. d'Amalfi. Long. 12. 2. lat. 40. 40.

Sovana, petite ville de la Toscane, dans le Siennois. L'air y est mauvais.

Spalatro, riche, peuplée et forte ville, capitale de la Dalmatie vénitienne, avec un bon port. Son nom corrompu de Spalatium lui vient de *Palatium*, qui était le palais de Dioclétien; elle est assez fortifiée. L'église est un ancien temple, qui était dans le palais de Dioclétien dont les murs embrassent les deux tiers de la ville, et font un carré avec une porte au milieu de chaque face; ils sont très-bien conservés. Son commerce était considérable, parce que les caravanes turques y déchargeaient leurs marchandises pour Venise; le gibier, le poisson, la volaille et la viande y sont à bon marché. Les bœufs y sont très-petits mais gras, le vin y est excellent. Elle a 25,000 habitans et est située sur le golfe de Venise, à 5 l. S. E. de Sebenico, 41 l. N. O. de Raguse. Long. 14. 24. lat. 43. 56.

SPELLO, petite ville de l'Ombrie, dans l'état du pape ; on y voit des restes de l'ancienne *Hispellum.*

SPERLINGA. Petite ville de la Sicile dans le val de Mazara, la seule qui s'opposa au massacre des Vêpres Siciliennes, en 1282 ; 500 Français qui s'y réfugièrent lui dûrent la vie. Elle est à 8 l. S. E. de Cefalu.

SPEZIA, ville du Piémont dans le duché de Gênes, avec un port au bord du golfe de ce nom. En 1800, les Anglais firent sauter le fort Sainte-Marie. On y voit une source d'eau douce jaillissante au milieu de la mer. L'huile dite de Lucques que les environs produisent est la meilleure d'Italie. De nombreuses maisons de plaisance et de belles plantations d'oliviers et d'arbres fruitiers rendent ses environs délicieux ; de cette ville on a la vue non-seulement de toute l'étendue du golfe, mais encore de la côte de Livourne jusqu'à environ 20 l. de distance. Elle est à 19 l. S. E. de Gênes, 23 S. O. de Modène, 26 N. O. de Florence. Long. 7. 31. Lat. 44. 4.

SPIGNO, bourg du Piémont.

SPINO, petite ville sur une montagne, près d'Alexandrie, avec titre de marquisat.

Spolette, ancienne et belle ville de l'état du pape, avec un fort beau château, au sommet d'une montagne sur un terrain inégal. Cette ville conserve encore plusieurs restes de son ancienne magnificence, tels que les ruines d'un théâtre, et le temple de la Concorde, à l'église du Crucifix, les portes et les colonnes de cet édifice paraissent avoir été fort belles; les ruines d'un temple de Jupiter, au couvent de Saint-André; celles d'un temple de Mars à l'église de Saint-Julien, et un palais construit par Théodoric, détruit ensuite par les Goths, enfin rétabli par Narsès. L'aquéduc hors de la ville, ouvrage romain, est très-considérable : il a été bâti pour amener l'eau de Monteluco, qui est à une lieue de cette ville : ces eaux passent par la *porte Sanguinario*, qui a 630 pieds de haut. En 1767 un grand tremblement de terre endommagea plusieurs édifices de cette ville, et particulièrement la cathédrale. Il faut voir aussi un arc de triomphe appelé la porte d'Annibal. Annibal, vainqueur des Romains à Trasimène, allait tout droit à Rome, mais il fut arrêté par les habitans de Spolette. Il assiégea inutilement cette ville; les Spolétiens le forcèrent de lever le siége avec une perte considérable. Ce départ, occasioné par une vigoureuse sortie des habitans, parut une fuite, plutôt qu'une retraite; ce qui sauva Rome, car une pareille résistance de la part d'une simple colonie détermina Annibal à ne pas entreprendre le siége de Rome. Les églises les plus remarquables sont : la cathédrale, où l'on voit le tombeau du peintre *Lippi*, avec son épitaphe, par Ange *Politien*, et un tableau d'Annibal *Carrache*; l'église des Philippins, construite sur le modèle de Saint-André de la Vallée, à Rome. On voit dans cette ville de beaux palais; dans celui de la famille *Ancajani*, on conserve un tableau de *Raphaël*. La manufacture la plus considérable de Spolette est la fabrique de chapeaux. En sortant de Spolette, on voit à un tiers de mille environ de la ville, à gauche, un pont construit sur un vallon : il est très-haut, soutenu par deux arches, et conduit à une montagne couverte de petites cellules habitées par des ermites. Les montagnes voisines méritent l'attention des naturalistes, à cause de leurs productions ; elles abondent en truffes excellentes. Spolette paraît bâtie sur le cratère d'un ancien volcan, et dans un terrain très-fertile, surtout en bons vins. Elle n'a aujourd'hui que 7 à 8,000 habitans et est la capitale du duché de Spolette, à 11 l. S. O. de Pérouse, 22 l. N. de Rome, 12 l. E. d'Orviète. Long. 10. 36. lat. 42. 47.

Le duché de ce nom, ou Ombrie, est borné, N. par la Marche d'Ancône et le duché d'Urbin, E. par l'Abruzze ultérieure ; S. par la Sabine et le Patrimoine de saint Pierre ; O. par l'Orviétan ; il a environ 22 l. de long.

Squillace, ville du royaume de Naples, dans la Calabre ultérieure. Elle est très-ancienne, a été autrefois une des plus importantes du pays des Brutiens, dans la Grande-Grèce, et une colonie d'Athéniens. Elle fut appelée par les anciens *Scyllatium*. C'est la patrie de *Cassiodore* et du cardinal *Sirlet*. Sa situation est charmante sur le torrent de Favellone, à une lieue du golfe qui porte son nom ; elle a beaucoup souffert du fameux tremblement de terre du 5 février 1783. Ses habitans ne sont pas encore parvenus à une parfaite civilisation. Elle est à 25 l. N. E. de Reggio. Long. 14. 48. lat. 38. 55.

Stabia, ancienne ville, possédée successivement par les Osques, les Étrusques, les Pélages et les Samnites, que les Romains en chassèrent sous le consulat de Pompée et de Caton. Sylla la réduisit en village. Elle fut couverte des laves du Vésuve, à une petite profondeur, en même temps que Pompeïa et Herculanum. Tout ce qu'on y a trouvé en bronze, marbre, etc., a été placé dans le cabinet de Portici. (*Voyez* Herculanum.)

Staffarda, petite ville du Piémont, à 1 l. N. de Saluces, sur le Pô, avec une riche abbaye, fameuse par la bataille que le maréchal de Catinat y gagna en 1690 sur le duc de Savoie et les alliés.

STAFFORA, rivière du duché de Milan, coule dans le Pavesan, baigne Voghera, et se jette dans le Pô.

STAGNO, petite ville forte de la Dalmatie, à 12 l. N. de Raguse, avec un petit port, dans la presqu'île de Sabioncello, sur le golfe de Venise.

STEFFANO (SAN), port de l'état degli Presidj, en Toscane. Il est défendu par une forteresse, sur la pointe d'une presqu'île, à 3 l. d'Orbitello.

STELLA, rivière du Frioul.

STELLATA, bourg fertile du Ferrarais.

STIGLIANO, petite ville du royaume de Naples, dans la Basilicate, avec titre de principauté. Ses bains sont célèbres. Elle est à 10 l. de Cirenza.

STIRONE, petite rivière de la Lombardie, coule dans le Parmesan et se jette dans le Taro.

STRA, joli village près de Padoue : on y voit deux superbes palais de campagne, l'un de *Pisani* et l'autre de *Tiepolo*.

STRADELLA (LA), petite ville du Piémont, autrefois au duché de Milan dans le Pavesan. C'est un passage très-important, défendu par un château sur la rivière de Versa, à 4 l. S. E. de Pavie. Long. 7. lat. 45. 5.

STRIVOLI, deux petites îles au S. de celle de Zante, occupées par 80 moines grecs, dont le couvent est bâti en forme de forteresse, pour repousser les pirates. Fruits excellens et vins exquis.

Stromboli, une des îles de Lipari. Ce n'est qu'une montagne de 4 l. de tour, qui vomit du feu au sommet, et dont les flancs sont couverts de cendres, produit de bon vin et du coton. Elle est à 2 l. et demie O. de l'île de Panaria, 14 S. p. E. de Lipari. En 1676 il y eut un combat naval près de cette île, entre les Français, commandés par Duquesne, et les Hollandais par Ruyter.

Stromgli ou Stromglo, ancienne petite ville dans la Calabre citérieure, sur un mont entre deux rochers, à 1 l. de la mer : c'est l'ancienne *Petilie.*

Stupinigi, maison de plaisance bien décorée, du roi de Piémont, avec des plafonds à fresques, fort estimées, entre autres une de Charles *Vanloo* qui est très-belle; elle représente Diane et ses Nymphes. Ce palais est d'architecture *de Giuvara.* Ses jardins sont délicieux.

Stura, rivière du Piémont qui a sa source à la montagne de l'Argentière et se jette dans le Tanaro.

Stura (la vallée de), vallée du Piémont qui va du Dauphiné en Italie, près de Turin, et est arrosée par la rivière de Stura. Elle est formée par deux montagnes escarpées, distantes l'une de l'autre de 25 toises.

SUBBIACO, petite ville de la Campagne de Rome, à 4 l. O. de Palestine, avec un vieux château sur le Teverone.

SUESSA ou SEZZA, petite ville du royaume de Naples, dans la Terre de Labour, autrefois considérable, n'est presque plus rien aujourd'hui. Sa situation est très-agréable : on découvre à main gauche la montagne de Falerne.

SULMONA, ancienne et jolie ville du royaume de Naples, dans l'Abruzze citérieure sur la Sora, avec titre de principauté. Les vivres y sont abondans, et le pays est riche en bétail. C'est la patrie d'*Ovide*. Elle est à 9 l. S. de Chieti. Long. 11. 50. lat. 42. 3.

SUPERGA. *Voyez* TURIN.

SUPINO, ancienne petite ville du royaume de Naples, dans le Comté, et à 5 l. de Molise, au pied de l'Apennin.

SUSE, ancienne et forte ville du Piémont, au pied du mont Cenis; peu considérable et médiocrement peuplée. La tradition vulgaire est qu'Hercule y passa pour pénétrer dans les Gaules, et Annibal pour entrer en Italie. Il faut voir l'arc de triomphe construit en l'honneur d'Auguste, hors de la ville, près d'un ancien château habité autrefois par le marquis de Suse. Quoiqu'il soit un peu endommagé, il conserve cependant la beauté des proportions et le goût de l'architecture romaine. Suse doit son origine à une colonie romaine qui s'y établit sous le règne d'Auguste, lorsque ce prince fit ouvrir une route pour entrer en Dauphiné. On appelait cette ville la *clef d'Italie*, et la *porte de la guerre*, à cause de sa situation sur les frontières de la France. Elle est sur la Doria, entre des monts très-agréables, à 12 l. N. O. de Turin, 9 l. N. O. de Pignerol. Long. 4. 49. lat. 45. 6.

Sultera, petite ville de la Sicile, dans le val de Mazara. Elle a plusieurs monumens très-antiques.

Sutri, petite ville dans le Patrimoine de saint Pierre, près du lac de Bracciano; elle n'offre de curieux que sa situation, à 9 lieues de Rome.

Syracuse, ancienne et très-fameuse ville de la Sicile, jadis sa capitale, très-bien située dans la vallée de Noto, avec un beau et grand port, défendu par un château très-bien fortifié où l'on trouve la fameuse fontaine d'Aréthuse, chantée par Ovide. On fait remonter sa fondation à Archias, descendant d'Hercule, et devint une des plus belles villes. Divisée en quatre parties, qui faisaient autant de villes, *Acradine*, *la Nouvelle Ville*, *Tyche* et *Ortygie*, aujourd'hui elle n'est plus qu'une ville de troisième classe. L'église de Saint-Luc est un ancien temple de Diane. C'est la patrie de *Lysias*, d'*Epicharme*, d'*Aristarque*, de *Phormion*, de *Théocrite*, etc.

Le fameux Archimède y fut tué lorsqu'elle fut prise par les Romains, l'an 542 de la fondation de Rome. Le territoire est très-fertile, comme toute l'île, mais le muscat de Syracuse est très-recherché, ainsi que tous ses autres vins, qui y sont excellens. Elle est à 29 l. S. q. O. de Messine, autant S. O. de Reggio, 44 l. E. de Palerme. Long. 13. 20. lat. 37. 12.

T.

Taggia, jolie petite ville du Piémont, dans le duché de Gênes, renommée par son vin excellent.

Tagliacozzo, petite ville du royaume de Naples, dans l'Abruzze ultérieure, à 5 l. O. de Celano : c'est la patrie d'*André Angeli.*

Tagliamento, rivière du Frioul, célèbre par la victoire des Français, commandés par le général Bonaparte, contre les Autrichiens, sous les ordres du prince Charles, en 1797.

Talamone, petite ville fortifiée avec un port, sur la côte de l'état *degli Presidj* en Toscane, à 5 l. de Grossetto.

Tamaro, rivière du royaume de Naples, coule dans la Principauté ultérieure, et se jette dans la Calore près de Bénévent.

Tanaro, rivière du Piémont qui a sa source

dans le comté de Tende et se jette dans le Pô près de Bassignana.

Taormina, ville de la Sicile, sur la côte orientale, entre Messine et Catane, fort sujette aux tremblemens de terre, endommagée par celui de 1693. La mer y est très-bruyante; il y a des gouffres souterrains, des carrières de marbres fort beaux; le territoire abonde en vins excellens. On voit des restes antiques, tels qu'un théâtre et une naumachie. Long. 13. 35. lat. 37. 50.

Tara, petite rivière du royaume de Naples: elle donne son nom au golfe et à la ville de Tarente.

Tara (le val de), petite province près du duché de Gênes.

Tarente, ville très-ancienne et bien peuplée, du royaume de Naples, dans la terre d'Otrante, avec une bonne citadelle sur une hauteur et avec un port célèbre, jadis excellent, mais à présent comblé, avec une population de 18 à 19,000 habitans, qui pour la plus grande partie se donnent à la pêche. Pyrrhus ne se détermina à faire la guerre aux Romains qu'à la sollicitation des Tarentins. Elle se donna à Annibal, et fut reprise par Q. Fabius Maximus, en 545 de Rome. On y fait un grand commerce de laine et de bétail. Cette ville, célèbre dans l'histoire, a été une des principales de la Grande-

Grèce. Tout le monde connaît la *tarentola* ou *tarentule*, appelée aussi *ragno arrabiato*, espèce de grosse araignée qui se trouve dans plusieurs provinces du royaume de Naples, et principalement dans la terre d'Otrante, dont la morsure a donné le nom à une maladie appelée le tarentisme, qui produit une telle agitation qu'on ne peut rester un moment tranquille. On disait que cette maladie se guérissait par le son de quelques instrumens, les plus sympathiques aux malades, en faisant jouer l'air qui leur plaisait le plus jusqu'à temps qu'ils perdissent leur force, ce qu'on répétait plusieurs fois; cette méthode était fort accrédité dans le pays, mais la vérité est qu'on chasse le venin par une forte transpiration, et qu'on empêche le sang de se glacer en fatiguant le malade, et en l'empêchant de succomber au sommeil. C'est la patrie de beaucoup de grands hommes, entre autres d'*Architas*, grand philosophe et mathématicien. Le terrain est fertile, les quadrupèdes y abondent, et on y fait un grand commerce de ses laines superbes. Tarente est sur une langue de terre, au bord de la mer, dans un golfe qui porte son nom; une source d'eau douce sort du fond de la mer; on peut en puiser, dit-on, à la superficie dans un temps calme. Elle est à 16 l. S. E. de Bari, 24 l. N. O. d'Otrante, 58 l. E. de Naples. Long. 15. 25. lat. 40. 45.

Taro ou Borgo-di-val-di-Taro, petite ville du duché de Parme.

Taro, rivière du duché de Parme. On vient de finir un pont superbe de vingt-une arches, entre Parme et Plaisance.

Tartaro, rivière du Véronais.

Taverna, petite ville du royaume de Naples, dans la Calabre ultérieure sur la rivière de Corace, à 5 l. N. E. de Nicastro; cette ville n'est presque pas peuplée.

Telamone. (*Voyez* Talamone.)

Telese, petite ville presque abandonnée dans le royaume de Naples, dans la Terre de Labour, à cause du tremblement de terre de 1668, qui l'a ruinée; elle avait une belle population auparavant.

Tende, ville forte du Piémont, avec un château sur la rivière la Raja; elle donne le nom de Col de Tende à ce passage des Alpes que l'on fait en cinq heures, savoir trois pour monter et deux pour descendre. Si la montagne est couverte de glaces, on peut descendre en traîneau. A peu de distance de Tende on trouve une route qui mène à Oneille et de là à Gênes.

Tenna, petite rivière de la Marche d'Ancône.

Teramo, ancienne petite ville du royaume de Naples dans l'Abruzze ultérieure au confluent des rivières de *Viciola* et de *Tordibo*, à 10 l. N. E. d'Aquila, 4 l. N. O. d'Atri

Termini, petite ville sur la côte septentrionale de la Sicile dans le val de Mazara, à l'embouchure de la rivière de son nom, qui a ses sources dans le mont Madonia, près l'ancienne *Himera*, patrie du poëte Stésichore. Elle est très-renommée par ses eaux minérales. On y voit un bel aquéduc et plusieurs beaux édifices. Elle est dans un territoire abondant en blé et en bon vin, à 27 l. N. E. de Mazara, 8 l. S. E. de Palerme. Long. 11. 44. Lat. 38. 5.

Termoli, petite ville du royaume de Naples dans la Capitanate, sur les confins de l'Abruzze, près de la mer. Il y a une grande quantité d'ânes.

Terni, ancienne et assez considérable ville de l'état du pape, au duché de Spolette, 10,000 habitans. Elle est située dans une charmante vallée entre deux bras de la Nera, qui est l'*Interamna* des Romains. On y trouve quelques beaux édifices, des ruines et des monumens antiques. Dans le jardin de l'évêché, on voit les restes d'un amphithéâtre avec des souterrains; dans l'église de San-Salvadore, les ruines d'un temple du Soleil, et à la campagne de la famille *Spada* celles de quelques bains antiques. La cathédrale est magnifique, et renferme de bons tableaux et quelques morceaux de sculpture : on y conserve, dit-on, le sang de J.-C. Son territoire est fertile et abondant en bons vins. On monte à cheval ou en cabriolet, pour aller voir la fameuse cascade *della Marmora*, formée par le Velino, qui se précipite dans la Nera, d'une hauteur de 1063 pieds romains, par un canal que *Marcus-Annius Curius Dentatus* fit creuser dans le roc vers l'an de Rome 480, pour donner un écoulement aux eaux du lac de Luco, qui traverse le Velino, et qui souvent inondait la vallée de Rieti. Cette cascade est une des plus belles de l'Europe et offre un coup d'œil surprenant et pittoresque, surtout quand on l'observe d'en bas : la plupart des voyageurs vont la voir sur la hauteur, le chemin étant plus commode : le bruit des eaux l'annonce à une grande distance : elle n'est pas composée d'une seule chute d'eau, comme celle de *Staubbach* dans la vallée de *Lauterbrunn*, mais de trois chutes consécutives; la première est de 300 pieds de haut, et les eaux tombent sur les rochers avec une telle force, qu'une grande partie, réduite presqu'en vapeur, remonte au sommet de la cascade; le reste forme une seconde cascade, et ensuite une troisième; enfin, se réunissant à la Nera, ces eaux roulent en tourbillons et blanchissent d'écume tout le long de cette profonde vallée. L'eau du Velino est tartreuse, et en tombant, elle forme un dépôt, non-seulement sur les rochers, mais même dans le lit de la Nera. Dans le lac traversé par le Velino, on trouve à une certaine profondeur les racines des arbres pétrifiés qui, sans changer de forme, prennent seulement la couleur gris-jaune du sable, ce qui ne porte cependant aucun préjudice aux arbres. Dans les campagnes arrosées par le Velino, les hommes et les animaux sont sujets à souffrir de la pierre causée par la nature des eaux. La vallée de Terni, arrosée par la Nera, est très-agréable, et couverte de plantations de vignes, d'oliviers, arbres fruitiers, etc. Les anciens eux-mêmes l'estimaient pour la fertilité du terrain; *Pline* dit que le foin s'y fauchait quatre fois par an. Deux aquéducs pratiqués par les anciens pour arroser les prés y servent encore au même usage. C'est la patrie de *Tacite*, de *Florien* et de la famille *Castelli*, qui a donné des papes et des prélats à l'église. Terni est à 6 l. S. p. O. de Spolette, 18 l. N. q. E. de Rome. Long. 10. 34. lat. 42. 34. (*Voyez* Cesio et Collicipoli.)

Terracine, ancienne ville de l'état du pape, presque ruinée, dans la Campagne de Rome, sur le territoire de la Terre de Labour, près des marais Pontins. C'est une ancienne ville des Volsques, près de la mer, et que ces peuples nommaient *Anxur*, d'où tirait son nom *Jupiter Anxur*, ainsi appelé par *Virgile*. Elle fut prise et pillée par Fabius sur les Volsques, l'an 347 de la fondation de Rome. La façade du temple de *Jupiter Anxur* existe encore; elle est soutenue par de grosses colonnes en marbre. On voit aussi les ruines d'un palais de Théodoric, et aux environs quantité de ruines de palais, de maisons de plaisance, etc. C'est surtout entre cette ville et Fondi qu'on voit le plus beau reste de la *voie Appienne*, qui conduisait de Rome à Brindes ; les pierres en étaient si dures et si bien cimentées, que plus de 800 ans après qu'*Appius* l'eut commencée, il ne s'en était pas dérangé une seule. On remarque sous le portique de la cathédrale un grand vase de marbre blanc orné de bas-reliefs, et dans l'intérieur un beau morceau de mosaïque ancienne. La situation de cette ville, bâtie sur des rochers d'une pierre blanchâtre, est fidèlement indiquée par Horace dans ce vers :

Impositum latè saxis candentibus Anxur [1].

Le climat de Terracine est doux, et les vues des environs sont pittoresques. On observe le reste d'un port construit par *Antonin* le Pieux : le nouveau palais que Pie VI a fait bâtir mérite aussi d'être vu, ainsi que plusieurs autres monumens de la munificence de ce pape. Terracine est la dernière ville des états de l'Église, et il y a une garnison. A un mille plus loin sont les

---

[1] L'ancienne Anxur était située sur le sommet de la colline au pied de laquelle passe la grande route ; ses ruines méritent d'être vues.

troupes napolitaines. Les voyageurs doivent se mettre sur leur garde, car les environs de Terracine sont presque toujours infestés de brigands qui ont leurs repaires dans les Marais Pontins. Cette ville est sur la pente d'une montagne dans un territoire des plus fertiles d'Italie, où il se trouve beaucoup de buffles, à 20 l. S. E. de Rome, 22 N. O. de Naples. Long. 10. 53. lat. 42. 25.

Terra-Nuova, petite ville de la Sicile dans le val de Noto, avec un petit port à l'embouchure de la rivière du même nom. Il y a dans l'île de la Sardaigne une autre ancienne petite ville de ce nom, à 36 l. N. de Cagliari.

Terra de Labour. *Voyez* Labour (Terre de).

Tesin ou Ticino, rivière qui prend sa source à Saint-Gothard et se jette dans le Pô, un peu au-dessous de Pavie.

Teverone, rivière de l'état de l'église, qui passe à Tivoli où elle forme plusieurs belles cascades, et se décharge dans le Tibre, au-dessus de Rome.

Thyrso ou Thorso, la plus grande rivière de la Sardaigne.

Tiano, ancienne petite ville du royaume de Naples, dans la Terre de Labour, très-renommée par une fontaine d'eau minérale, salutaire aux gens qui ont la pierre. A 5 l. N. de Capoue.

Tibre (le), *Tiberis*, et en italien *Tevere*

fleuve célèbre de l'etat du pape, prend sa source dans l'Apennin, dans la partie orientale du Florentin, vers les confins de la Romagne passe par Rome et se jette dans la mer de Toscane, à Ostia.

Tirano, jolie petite ville bien peuplée de la Valteline, sur l'Adda, à 7 l. O. de Bormio.

Tirol (le), comté d'Allemagne qui fait partie du royaume Lombard Vénitien, on le divise en quatre parties : le Tyrol propre, l'évêché de Brixen, l'évêché de Trente, et les pays annexés. Vérone est la capitale du Tyrol Italien (*Voyez* Verone.)

Tivoli, ancienne et célèbre ville, dans la campagne de Rome. Elle existait dans le temps qu'Énée aborda en Italie, et résista pendant quatre cents ans aux Romains, qui ne la subjuguèrent qu'en 401 de la fondation de Rome. Tivoli a été fort célébrée par les poëtes du siècle d'Auguste : c'était le séjour d'*Horace*, de *Tibulle*, de *Mécène*. Auguste y venait souvent, et y rendait justice sous les portiques d'Hercule, où il y avait une belle bibliothéque. C'est la patrie de *Caton*, le censeur; du pape *Simplicius*, etc. Elle n'est qu'à 6 l. N. E. de Rome. Elle renferme plusieurs monumens d'antiquité, qui doivent exciter la curiosité du voyageur. La cathédrale est bâtie sur les ruines d'un temple d'Hercule. Il faut voir le Teverone, qui, se précipitant de la hauteur d'environ 50 pieds sur un rocher, forme une cascade majestueuse, et ensuite plusieurs autres petites cascades très-pittoresques, appelées *Cascatelle;* la grotte de Neptune, où se précipite la grande cascade, est très-curieuse à voir. Les principales ruines d'anciens édifices, sont : la *Campagne de Mécène;* au-dessous de la cascade, les ruines du temple de la Sibylle, ou plutôt de *Vesta*, rotonde d'architecture grecque très-élégante. La *villa* de la *maison d'Este* est un modèle curieux de l'ancien goût des jardins; le palais en est grand et magnifique, capable d'y loger le plus grand souverain d'Europe avec toute sa cour, et malgré sa grandeur, partout il est richement tapissé, orné de superbes statues, fresques des plus grands maîtres, fontaines et jets d'eau vraiment curieux. Le jardin est plein de curiosités : d'abord on aperçoit la belle fontaine de l'*Unicorne*, avec un pavillon de quatre fontaines, qui versent l'eau en forme de miroir; le *Jeu de paume;* la fontaine de *Léda;* celle d'*Esculape;* d'*Aréthuse*, de *Pandore*, de *Pomone* et de *Flore;* une allée, où coule un eau souterraine qui traverse le jardin, et porte l'eau aux fontaines du *Pégase* et de *Bacchus;* la *Grotte* de *Vénus*; les grandes fontaines, avec les colosses de la *Sibylle;* la *grotte* de la *Sibylle;* les fontaines de *Diane* et de *Pallas;* celle qui représente *Rome;* celle des *oiseaux*, qui chantent par la force de l'air que produit la chute de l'eau ; celle de la *déesse de la Nature*, qui joue de l'orgue par le même moyen ; celle d'*Antinoüs*, des *dragons*; la belle fontaine de *Vénus*, de *Neptune* et des *tritons*; le *labyrinthe*, les *gradins* qui partout jettent de l'eau et les *bosquets* qui sont charmans : il est impossible de se préserver d'être mouillé, vu la quantité de jets d'eau qui y sont infiniment multipliés. La *girandole* est curieuse à voir : l'eau s'élève avec une telle force, qu'elle pourrait enlever un poids de *cinq cents livres*, toutes ces eaux sont fournies par la rivière de Teverone. Il y a encore plusieurs autres *villas* dignes d'être visitées. Le naturaliste observera avec plaisir la nouvelle *Pierre de Tivoli*, qui se forme continuellement du dépôt terreux des eaux qui coulent des parties calcaires de l'Apennin. Entre Tivoli et Rome, on voit les immenses ruines du palais d'Adrien, qui couvrent une vaste étendue de terrain; ils peuvent servir à donner quelque idée de la magnificence des anciens Romains. C'est dans l'enceinte de cette campagne de l'empereur Adrien, et des édifices attenans, qu'on a trouvé ensevelis sous les ruines, les plus beaux morceaux de sculpture antique qui embellissent Rome moderne. Sur la route qui conduit à Rome, on trouve un petit lac très-profond d'eau sulfureuse, au milieu duquel sont quelques îles flottantes. De ce lac sort un petit ruisseau qui forme en coulant des incrustations ; et c'est ce qu'on appelle *Confetti di Tivoli*, à 5 l. N. E. de Frascati. Long. 10. 34. lat. 41. 55. (*Voyez* Solfatara di Tivoli.)

Todi, petite ville ancienne, presque ruinée de l'état du pape, dans le duché de Spoletté, sur une colline près du Tibre, à 7 l. S. de Perouse; 8 l. O. de Spolette; 22 l. N. de Rome. C'est la patrie du pape saint Martin.

Tolentino, petite ville de l'état du pape dans la Marche d'Ancône, où fut conclu le traité de paix, entre la république française et le pape Pie VI, en 1796. C'est la patrie de Fr. *Fidelfo*, savant du XVe siècle, dont on voit le buste sur la porte du palais public. Cette ville possède peu d'objets remarquables : les Augustins y ont une église où est déposé le corps de saint Nicolas. La campagne est fertile et bien cultivée, et le pays produit en abondance maïs, blé, vin et soie. Tolentino est sur le Chiento, à 3 l. S. E. de Saint Severino; 4 l. S. O de Macerata. Long. 11. 55. lat. 43. 10.

Topino, rivière du duché de Spolette, sort de l'Apennin près de Nocera, et se jette dans le Tibre à Turciano.

Torcello, petite ville ruinée de l'état, et à 6 l. de Venise.

Torcola, petite île dans le golfe de Venise, entre Curzola et Lesma.

Torre-del-Greco, bourg du royaume et près de Naples, englouti en partie sous les laves du Vésuve en 1794. Détruit et rétabli de nouveau en 1805.

Torre, rivière du Frioul.

Torre di Patria, ancienne tour à l'embouchure du Literno où Clarico, à 1 l. N. de Cumes, ainsi appelée parce qu'on y voit en gros caractères le mot *Patria*. *Scipion* indigné de l'accusation que Caton avait intentée contre lui, se retira à sa maison de campagne près de Linterne, où il mourut 187 ans avant J. C., et fut enterré avec le poëte *Ennius* son ami ; on avait gravé sur son tombeau cette inscription :

Ingrata Patria, non habebis ossa mea.

Le mot seul de *patria* y est resté et fit appeler cet endroit Torre di Patria.

Tortone, ville du Piémont avec une bonne citadelle qui a été démolie. Le territoire abonde en mines de fer. Cette ville autrefois bien peuplée, ne contient aujourd'hui que 8 à 9000 habitans, dont les moindres services aux étrangers sont vendus à prix d'or. Il y a quelques belles maisons et quelques églises passables. Elle est située sur la Scrivia, à 9 l. S. E. de Casal, 15 l. S. O. de Milan, 13 l. de Gênes. Long. 6. 32. lat. 44. 53.

Toscane ou Étrurie, grand duché de l'Italie, borné N. par la Romagne, le Bolonais, le Modenais et le Parmesan ; S. par la Méditerranée ; E. par le duché d'Urbin, le Pérugin, l'Orviétan, le Patrimoine de saint Pierre, et le duché de Castres; O. par la mer. Il a environ 45 lieues de long, 36 de large. Sa population est d'un million d'âmes environ. Les habitans sont généralement érudits, aiment la société des étrangers, et les femmes sont spirituelles et aimables. La langue Toscane est l'italien le plus pur; mais devient plus harmonieuse dans la bouche d'un Romain. *Lingua Toscana in bocca Romana.* C'est à Sienne où se parle le meilleur Italien et sans aucun accent. Il y a de hautes montagnes où l'on trouve des mines d'argent, de cuivre, d'alun, etc., etc.; de superbes carrières de marbres et de porphires. Le pays abonde en vins, grains, oranges, citront et autres fruits excellens, produit chaque année 350 mille tonneaux de vin, 940 quintaux de soie, et généralement tout ce qui est nécessaire à la vie. Il y a de superbes manufactures et des fabriques en tout genre, particulièrement de chapeaux de paille. Les parties principales de la Toscane sont: le *Florentin*, le *Pisan* et le *Siennois*. Florence en est la capitale. On peut appeler la Toscane le jardin de l'Italie. (*Voyez* Arno.) Ce duché fut cédé au duc de Lorraine en échange de la Lorraine, par le traité de Vienne en 1736. Son second fils a été fait grand duc de Toscane le 24 août 1765. En 1807, la reine d'Étrurie le céda à la France, à laquelle il fut réuni en 1808, et en 1814, il retourna sous la domination paternelle de Ferdinand III, archiduc d'Autriche, grand duc de Toscane. On appelle mer de Toscane, la partie de la Méditerranée qui est entre la Toscane, l'état de l'église, le royaume de Naples et les îles de la Sicile, de Sardaigne et de Corse.

TOSCANELLA, petite ville du Patrimoine de saint Pierre, près de Viterbe, sur la petite rivière de Marta.

TRAETTO, petite ville du royaume de Naples, dans la Terre de Labour, bâtie sur les ruines de l'ancienne *Minturne*, près de l'embouchure du Garigliano, dans la Méditerranée, à 8 l. S. O. de Capoue : on y voit les ruines d'un aquéduc et d'un amphithéâtre. (*Voyez* MINTURNE.)

TRAINA, ou TROINA, petite ville de la Sicile, presque ruinée, dans le val de Demona, sur une montagne, à 7 l. du mont Gibel. C'est l'ancienne ville *Trajanopolis*.

TRANI, ville du royaume de Naples, dans la Terre de Bari, avec un bon château et un bon port sur le golfe de Venise. Quoiqu'elle soit située sur un terrain très-fertile, cependant la ville n'est pas assez peuplée. Les antiquaires y verront avec plaisir neuf colonnes milliaires antiques. Il y a de très-belles maisons. Elle est à 8. l. O. de Bari.

TRAPANO, ville très-marchande sur la côte occidentale de la Sicile, dans le val de Mazara, avec un bon port et un château ; ses salines, la pêche du thon et du corail procurent de l'aisance aux habitans. Elle est forte par la facilité qu'il y a d'inonder la langue de terre qui l'unit à la terre ferme. Elle est bâtie au pied du mont Éryx, à présent mont Trapani. On voit encore les ruines de la ville d'Éryx, actuellement *Trapano Vecchio.* C'est la patrie de sainte Hélène. Elle est à 10 l. N. E. de Mazara ; 12 l. S. O. de Palerme. Long. 10. 35. lat. 38. 8.

TRASIMÈNE (*Voyez* LAC DE PERUGIA.)

TREBIA, rivière de la Lombardie, se jette dans le Pô, à Plaisance, fameuse par la bataille qu'Annibal gagna sur ses bords, contre les Romains, l'an 534 de la fondation de Rome, et par la bataille, en 1799, entre les Français et les Russes.

TREMITI (LES ÎLES). Iles du royaume de Naples, dans le golfe de Venise, à 6 l. de la côte de la Capitanate. On en compte quatre : la *Caprara, Saint-Nicolas, Saint-Dominique* et *Sainte-Marie.* A Saint-Dominique il y a un couvent de chanoines, que les habitans du pays reconnaissent pour leurs juges. Il se trouve dans ces îles des oiseaux très-rares, entre autres le *Diomedeen,* oiseau singulier, qui a des dents, les yeux étincelans, et la figure d'un hibou ; son ventre est blanc et ses ailes tannées : il vole la nuit, et son cri ressemble à la voix humaine.

On l'appela Diomedeen, parce que ces îles étaient nommées *Insulæ Diomedæ*.

TRENTE, ancienne et jolie ville du Tirol italien, située délicieusement au pied des Alpes, entre l'Italie et l'Allemagne; arrosée au Nord par l'Adige, et quoiqu'elle n'ait qu'un mille de circuit, elle renferme de beaux édifices et des églises qui méritent d'être vues. La cathédrale, d'architecture gothique, est un temple magnifique composé de trois nefs, et qui possède un orgue excellent. Elle est célèbre par le concile de Trente qui y tint ses dernières séances, s'étant déjà précédemment réuni à Sainte-Marie-Majeure. Ce concile général commença en 1545, et finit en 1563. Dans l'église des Hermites on voit le tombeau du cardinal *Seripando*, célèbre par son instruction et sa piété. Les palais les plus remarquables sont: celui que *Bernard Closio*, évêque de Trente fit réparer, et celui du *Madrucci*, qui renferme de bonnes peintures et des inscriptions antiques; les rues de cette ville sont larges et bien pavées. Sur les bords d'une petite rivière qui entre dans la ville, du côté de l'Est, on voit plusieurs moulins à grains, et plusieurs manufactures de soie : les eaux de cette rivière détournées dans différens canaux, sont conduites dans presque toutes les maisons de la ville. Hors de la porte Saint-Laurent est un pont magnifique sur l'Adige. Les Alpes des environs de Trente, couvertes de neige toute l'année, sont si hautes et si escarpées, qu'elles semblent inaccessibles, et paraissent toucher le ciel. Les campagnes adjacentes sont fertiles en grains, et les collines produisent un vin fort estimé; l'air y est très-bon, mais dans l'été, et principalement dans les jours caniculaires, on y éprouve une chaleur excessive, et dans l'hiver un froid très-rigoureux. Les habitans sont robustes, industrieux et endurcis au travail. Sa population est de 10,000 habitans et 700 maisons. C'est la patrie de Jacques *Aconcius* (Aconce). Trente est située dans une vallée agréable, à 27 l. N. O. de Venise; 104 l. N. O. de Rome. Long. 8. 45. lat. 46. 4.

Trentin (le). Est borné N. par le Tirol, E. par le Feltrin, S. par le Vicentin et le Véronèse; O. par le Bressan et le lac de Garde. C'est un pays fertile et abondant en vin et en huile.

Tres Tabernæ, ancienne ville dans l'état ecclésiastique, qui n'offre plus que des ruines. On dit qu'elle fut bâtie en même temps que la Voie Appienne.

Trevi, joli bourg près de Foligno, dans l'Ombrie; c'est l'ancienne *Trebia*, bâtie en forme d'amphithéâtre, sur le penchant d'une montagne, et qui présente un beau coup d'œil: on y voit un petit temple antique, construit vers la source de *Clitumne ;* quoique actuellement ce soit une église, il conserve toujours le nom de *temple du Clitumne.*

Trévico, pet. ville du royaume de Naples, dans la principauté ultérieure, à 4 l. S. O. d'Ariano.

Treviglio. On appelle ainsi trois endroits qui ne sont qu'à une portée de fusil l'un de l'autre; savoir : *Cusarola*, *Pisnano* et *Portoli.* Il y a plusieurs foires.

Trevise, ancienne et belle ville de l'état de Venise, capitale de la Marche Trevisane. Ce fut en 1388 qu'elle tomba sous la domination des Vénitiens. Autrefois il y avait une université, qui a été transférée à Padoue. On y voit de beaux palais, des églises qui méritent d'être visitées. La cathédrale est bien ornée; une belle place et un fort beau théâtre. Il y a à Trévise 16 paroisses et 19 couvens. C'est la patrie de *Totila*, roi des Goths, et du pape Benoît IX. Les habitans font un commerce considérable de laine, de soie et de draps. Il y a beaucoup de noblesse. La campagne adjacente produit des fruits en abondance, et est couverte de bestiaux. Le Trevisan est peuplé et très-fertile. Trevise est sur la rivière de Silis, à 7 l. N. O. de Venise, 10 l. N. E. de Padoue. Long. 10. lat. 45. 43.

Trezzo, bourg de la Lombardie, sur l'Adda, à 4 l. de Bergame.

Tricarico, pet. ville du royaume de Naples, dans la Basilicate, à 4 l. S. E. de Cirenza.

Trieste, ville maritime, belle et très-commode, dans l'Istrie autrichienne. La franchise de son beau port, le plus fréquenté du golfe de Venise, appelle tout le commerce du Levant. La ville moderne, située sur une montagne, au bord de la mer, et près de l'ancien *Tergestum*, dont elle conserve encore quelques monumens, n'est pas fort grande, mais bien fortifiée; renferme des édifices d'un beau dessin, et présente un coup d'œil agréable. La cathédrale, et l'église des anciens Jésuites, sont les édifices les plus remarquables. La population est nombreuse, et composée de presque tous étrangers, qui sont adonnés au commerce et à la marine. Le port a de la magnificence, mais il n'est pas un des plus sûrs de la mer Adriatique qui regarde l'Italie. Le vent du nord, auquel il est exposé, et que dans le pays on appelle *bora*, en rend l'ancrage incommode pendant la plus grande partie de l'année. Les vignes des environs produisent un vin très-agréable. Elle est à 29 l. N. E. de Venise. Long. 11. 33. lat. 45. 33.

Trigno, petite rivière du royaume de Naples.

Trino, petite ville du Piémont, fortifiée, dans le Montferrat, à 3 l. N. O. de Casal; 5 l. S. O. de Verceil. Long. 5. 54. lat. 45. 17.

Tripergole, bourg. *Voyez* Monte-Nuovo.

Tritoli, bains de Néron. *Voyez* Étuves de Tritoli.

Trivento, pet. ville du royaume de Naples, au comté de Molise.

Troja, petite ville du royaume de Naples, dans la Capitanate, bâtie des ruines d'Aca, vers l'an 1008. Elle est au pied de l'Apennin, sur la rivière de Chilaro, à 13 l. N. E. de Bénévent. On y tint trois conciles; dans le premier, le plus remarquable en 1095, composé de 70 évêques, on statua sur les mariages entre les différens degrés de parenté.

Tropea, petite ville de la Calabre ultérieure, près de la mer, au haut d'un rocher, à 4 l. N. q. O. de Nicotera, 17 l. N. q. E. de Reggio. Le tremblement de terre du 5 février 1783 l'a presque détruite.

Tulmino, bourg du Frioul, sur une montagne.

Turin, ancienne, bien peuplée, et très-florissante ville capitale du Piémont, et une des plus belles d'Italie, située presqu'au pied des Alpes, dans une belle plaine arrosée par le Pô, à l'endroit où ce fleuve reçoit la *Dora Riparia*. Son origine remonte à la plus haute antiquité, elle fut fondée, dit-on, par Phœton, prince égyptien, frère d'*Osiris*, qui lui donna le nom de Taureau, symbole du dieu *Apis* adoré en Égypte. Il s'arrêta au confluent du Pô et de la Doire où il fonda Turin, 1529 ans avant J.-C. Son fils *Eridan* donna son nom au fleuve aujourd'hui le Pô : quoiqu'il en soit, Turin, selon Pline, est la plus ancienne ville de la Lygurie. Après avoir passé successivement pendant 2,800 ans sous la domination de toutes les puissances qui régnèrent en Italie, principalement sous celle des rois lombards en 568, et sous celle de Charlemagne en 774, elle fut enfin cédée en 1280 à la maison de Savoie, qui en fit la capitale de ses états et l'a toujours habité, excepté depuis 1801, où elle fut réunie à la France jusqu'en 1815 qu'elle fut rendue par l'acte du congrès de Vienne, au roi de Sardaigne, prince de cette maison. Cette ville est entourée de bonnes murailles et d'un large fossé, elle avait même autrefois des fortifications régulières; sa citadelle passait pour une des meilleures d'Europe; ses mines et ses souterrains s'étendaient fort avant dans la campagne, il s'y trouve un puits par où un escadron de cavalerie descend et monte par deux abreuvoirs différens. Turin est célèbre par les siéges qu'elle a soutenus et les guerres dont son territoire a été le théâtre, elle a 3 milles de circuit sur les remparts, ayant près de cent églises ou chapelles. Le palais du roi et les édifices qui l'entourent sont d'une architecture simple et noble, les rues bien distribuées et tirées au cordeau; une écluse distribue l'eau dans tous les quartiers de la ville et nettoye les rues; celle du Pô, qui conduit au palais de la reine, hors de la ville, est large, ornée de beaux portiques des deux côtés, et longue de 400 toises; le pont au bout de ladite rue et qui porte son nom, est magnifique, et a été construit sous le dernier gouvernement; la rue Neuve et celle de la *Dora grande*, sont aussi fort belles. On a de très-beaux points de vue surtout dans la partie moderne de la ville, qui est la plus régulière et présente un coup d'œil majestueux quoique monotone. L'architecture des maisons et des portiques, ornés en général avec plus d'élégance que de goût, fait un très-bel effet. La principale place est celle de Saint-Charles, elle est grande, régulière et ornée de portiques. La grande allée d'ormeaux au bout de ladite rue du Pô, est très-belle, et conduit de la Porte-Neuve jusqu'au bord du Pô, et au *Valentino*, maison de campagne très-agréable dans le faubourg. Les églises les plus remarquables sont: la *Cathédrale*, dédiée à Saint Jean-Baptiste, ancien édifice peu agréable, réparé en 1498, fondé par Agilus; la chapelle du Saint-Suaire, architecture de *Guarini*, mérite d'être plutôt remarquée par sa singularité que par sa beauté; elle est de forme circulaire, toute incrustée de marbre noir et offre l'image d'un lugubre mausolée. La Consolata, qui est une réunion de trois églises ; on y remarque aussi la bibliothéque, la salle du chapitre, et la chapelle de la Vierge. Saint-Philippe Neri, d'architecture de Juvara, mais qui n'est pas achevée ; on y voit des tableaux de *Solimeni*, de Charles *Maratti* et de *Conca*. Le *Corpus Domini*, qui passe pour l'église la plus riche et la plus élégante de Turin, mais sans goût dans la distribution des ornemens. Sainte-Christine qui a une belle façade dessinée par Juvara, on y admire deux belles statues de Legros. Les églises ainsi que les maisons de Turin sont en général très-ornées ; on y emploie le marbre bleu du Piémont, et d'autres marbres de différentes couleurs des carrières de Gênes et du Dauphiné. La nature prodigue envers ce pays des plus beaux marbres, ne lui a pas accordé les *Bramanti*, les *Buonarotti*, les *Vassari*, les *Palladio*, les *Vignola*, les *Vanvitelli*, etc. Les bâtimens où les ornemens sont répandus avec profusion, manquent généralement de régularité et de goût : le même défaut se remarque dans le palais Carignan, un des principaux édifices de Turin ; le dessin en est du *P. Guarini*, qui préférait le genre bizarre à la régularité ; les fenêtres, la porte, le grand escalier, le salon, sont dignes d'observation. L'ancien palais du duc d'Aoste, qui communique au château royal, élevé sur le dessin de Philippe *Juvara*, est l'édifice le plus beau et le plus noble de cette ville. La galerie de l'ancien palais du roi renferme une collection choisie de tableaux de peintres étrangers et de l'école flamande. Le théâtre de Carignan est d'un beau goût; mais le grand théâtre construit sur le dessin d'*Alfieri*, est un des plus beaux et des plus vastes de l'Europe. L'université, ornée dans l'intérieur de statues, de bas-reliefs et d'inscriptions antiques trouvées pour la plupart dans les environs de Turin, est un bâtiment très-considérable qui renferme le cabinet d'antiques, le théâtre anatomique, les machines de physique, et une superbe bibliothéque composée d'environ 100 mille volumes et une quantité de manuscrits. On connaît son académie des sciences, qui a publié des Mémoires sous le titre de *Miscellanea Philosophico-Mathematica*, après sous le titre de Mélanges, et ensuite sous celui de Mémoires de l'Académie Royale de Turin. On évalue sa population à 90 mille âmes; des brouillards qui s'élèvent souvent du *Pô* et de la *Dora* en automne et en hiver, rendent l'air épais et humide pendant ces deux saisons. Il y a plusieurs manufactures de soie, d'organdie, etc. Les draps, les étoffes, les bas de soie, font vivre une partie du peuple. On ne voit pas beaucoup de faste dans cette ville, mais on remarque parmi le peuple une apparence de luxe qui peut en imposer aux étrangers. Les artisans et leurs femmes mettent de la recherche dans leurs habillemens; la société est brillante, et le voyageur instruit y trouve facilement des personnes de génie dont l'entretien peut lui plaire. Le dialecte du Piémont est un mélange d'italien et de français, mais les personnes instruites parlent purement l'une et l'autre de ces deux langues. Les vivres y sont à bon marché, le pain y est excellent, et on en fait pour déjeuner de très-long et mince de la grosseur du doigt. L'étranger ne doit pas quitter Turin, sans parcourir les environs de cette ville qui lui offriront plusieurs objets dignes de son attention. Outre la promenade du Valentino, d'où on peut jouir d'un superbe point de vue; il faut voir 1° la *Veneria*, maison de campagne superbe, précédée d'un village; on y remarque des morceaux magnifiques d'architecture; quelques bons tableaux, et de vastes jardins à la française. 2° *Stupinigi*, autre maison de plaisance d'un nouveau goût d'architecture; on y voit de belles peintures. 3° *La Vigne de la Reine*, petit palais de campagne dans le voisinage de Turin, sur un endroit élevé d'où l'on découvre la ville, toute la plaine jusqu'à Rivoli et le cours du Pô, dans une étendue de plus de 10 milles. 4° *Moncalieri*, autre maison de campagne agréablement située sur le bord du Pô, dans un climat sain et plus tempéré, parce qu'elle est plus éloignée des Alpes. 5° *Superga*, très-belle église bâtie sur une colline très-élevée, à 5 milles de la ville, d'après le dessin de *Juvara*, et qu'on dit avoir coûté deux millions de livres du Piémont; elle fut fondée par Victor *Amédée*, sur le vœu qu'il fit de faire construire une église, si les Français commandés par le duc de Vendôme abandonnaient le siége de Turin, en 1706. Commencée de bâtir en 1715, elle fut terminée en 1731. Sa forme est ronde et décorée d'ordre corinthien; du haut de la coupole on a une vue très-étendue; dans les souterrains sont déposés les restes de la maison royale de Sardaigne. 6° Enfin l'église et le grand couvent des Capucins. La campagne produit en abondance toutes sortes de denrées. Sa population est de 70 à 75,000 âmes. Les habitans sont honnêtes et les femmes très-aimables. A 38 l. S. E. de Chambéry, 35 l. N. O. de Gênes, 29 l. S. O. de Milan, 112 l. N. O. de Rome, 167 l. S. E. de Paris, 60 l. S. E. de Lyon. Long. 5. 20. lat. 45. 4. 14.

Tursi, petite ville du royaume de Naples, dans la Basilicate, à 16 l. S. O. de Cirenza, n'offre rien de remarquable que sa fertilité et son commerce de bétail et de laines.

U.

Udine, belle et considérable ville du Frioul, dans l'état de Venise, ayant 5 milles de circuit. Elle est dans une belle et grande plaine, sur le bord du *Tagliamento* et du *Lisonzo*. Son climat est tempéré, et le territoire produit en abondance du vin, des fruits et du grain, ce qui rend son séjour agréable. On trouve dans les montagnes des mines et des carrières de marbre. Les églises et quelques palais méritent l'attention des amateurs des beaux arts, qui y admireront de superbes peintures. Le dôme et l'église de *Saint-Pierre martyr* des Dominicains, sont les édifices qui en possèdent le plus. Cette ville fait un grand commerce de soie. C'est la patrie de *Léonard Mattei* et de *Jean d'Udine*. Elle est à 8 l. S. O. de Goritz, 22 l. N. q. E. de Venise. Long. 10. 54. 47. lat. 46. 3. 14.

Uffente, rivière près les Marais Pontins; sur ses bords, on trouve une grande quantité de buffles qui pâturent dans ses herbes aquatiques.

Ugento, petite ville du royaume de Naples, dans la Terre de Labour, à 8 l. S. O. d'Otrante.

Ugogna, petite ville du Piémont, près de Domodossola.

Umago, petite ville dans l'Istrie vénitienne,

sur la côte occidentale, et à 8 l. O. de Capo-d'Istria. Long. 11. 22. lat. 45. 36.

UMANA, petite ville ruinée, de la Marche d'Ancône.

UMBRIATICO, petite ville presque ruinée du royaume de Naples, dans la Calabre citérieure, à 7 l. N. E. de Saint-Severine, sur le Lipuda.

URAGO et ISOLETTA; deux bourgs peu considérables, dans le Bressan, à peu de distance l'un de l'autre.

URANA, petite ville de la Dalmatie, sur un petit lac qui porte son nom, entre *Zara* et *Sebenico*.

URBIN, capitale du duché d'Urbin, dans l'état du pape, avec une vieille citadelle et de fort beaux palais, résidence des anciens ducs, et qui appartient aujourd'hui à la famille *Rovere*; les maisons y sont fort bien bâties. Cette ville est célèbre dans l'histoire d'Italie, et plus encore pour avoir donné naissance à *Polydore Virgile*, auteur d'une histoire d'Angleterre, à *Raphaël* dit *d'Urbino*, à *Bernardin Baldi*, et à *Baroche*. Il y a plusieurs manufactures; son sol produit en abondance toutes sortes de denrées, et il s'y fait un grand commerce de soie brute. Elle est située sur une montagne, entre les rivières de *Metro* et de la *Foglia*, à 8 l. S. de Rimini, 20 l. N. O. d'Ancône, 49 l. N. E. de Rome. Long. 10. 16. 50. lat. 43. 43. 36. *Voyez* FURLO.

Urbin (le duché d'), province de l'état du pape, bornée N. par le golfe de Venise, S. par le Pérugin et l'Ombrie, E. par la marche d'Ancône, O. par la Toscane et la Romagne. Elle a environ 17 l. de large, sur 22 de long. Le pays est peu fertile et mal sain; on y fait un grand commerce de soie; elle abonde en blé, vins, fruits et gibier.

Ustiano, petite ville de la Lombardie, dans le Cremonèse, sur l'Oglio. Le lin, chanvre, riz et blé, y sont en abondance; on en fait un grand commerce, ainsi que de fromages. Elle est à 5 l. N. E. de Crémone.

Ustica, petite île dépendant de la Sicile, au N. de Palerme, et à l'O. de Lipari, elle est habitée depuis 1700. Son sol est une lave, mais il est très-fertile. Long. 11. 19. lat. 38. 44.

V.

Vado, fort du Piémont, sur la côte de Gênes, à 1 l. de Savonne.

Valcimaro, endroit entre Tolentino et Serravalle; on y trouve des passages fort étroits bordés par des précipices effrayans. Le village est entouré d'arbres de Judée.

Valence, ville du Piémont, capitale de la Laumeline, près d'Alexandrie, sur une montagne près du Pô, à la frontière du *Montferrat.*

Elle ne présente rien de remarquable. A 5 l. de Casal.

Valette. *Voyez* Malte.

Valgrana, village du Piémont, près de Coni, très-marchand.

Val-Maggia, vallée du canton de Tessin, fertile en fruits et châtaignes; on y élève beaucoup de bétail.

Val-Ombrosa, ou Vallombreuse. *Voyez* Arno.

Valva, petite ville du royaume de Naples, dans l'Abruzze citérieure.

Varallo, petite ville du Piémont, cédée au roi de Sardaigne, en 1703, par l'empereur d'Autriche. Elle est à 5 l. de *Masserano*.

Varano, petite ville du royaume de Naples, dans la Capitanate, sur les rives d'un lac qui porte son nom.

Varèse, petite ville près du lac majeur. Elle a des édifices modernes, surtout un palais situé sur une hauteur, avec des jardins délicieux ornés de fontaines, et un petit théâtre. On y file beaucoup de soie.

Varzi, bourg du Piémont, sur la Staffera.

Vasto, petite ville du royaume de Naples, dans l'Abruzze, qui renferme encore huit couvens.

Veglia, île et ville du golfe de Venise, sur la côte de la Morlaquie, à l'Est de Cherso. Elle a 8 l. de long et 3 de large. C'est la plus belle et la mieux peuplée des îles de cette côte. Elle produit beaucoup d'excellent vin, et des petits chevaux fort estimés. Elle a un port défendu par un château; la ville est bâtie sur une colline qui est dominée par deux montagnes, à 7 l. N. O. d'Arbe, 44 l. S. E. de Venise. Long. 13. 5 lat. 45. 8.

Veillane, petite ville du Piémont, au marquisat de Suze, à 6 l. N. O. de Turin. Elle est fameuse par la bataille que les Français y gagnèrent sur les Piémontais en 1630.

Velleia (les ruines de), à 7 l. de Plaisance, vers le midi, au pied du *Moria* et des *Rovinasso*, montagnes très-élevées, dont l'écroulement d'un rocher écrasa *Velleia*. Les habitans furent surpris et engloutis avec toutes leurs richesses. En 1760, l'infant duc de Parme y ayant fait fouiller, on a trouvé des ossemens, des médailles et des monnaies. Une matière inflammable, une fontaine qui bouillonne sans que l'eau soit chaude; une autre, dont la surface s'enflamme à l'approche d'une chandelle; des médailles fondues et quelques matières noires, font croire que cette ville fut renversée par un volcan. On ignore l'époque de cet accident: on y a trouvé des monumens postérieurs à *Constantin*. Les rochers qui couvrent les ruines à plus de dix-huit pieds, ont rendu les fouilles très-difficiles

Les maisons étaient séparées et isolées, et formaient plusieurs étages; quelques-unes étaient pavées en marbre, et d'autres en mosaïques. On y a trouvé des peintures, des bustes en marbre, des vases en bronze, etc. On y a aussi découvert une place ornée de beaucoup de colonnes, avec un canal à l'entour pour l'écoulement des eaux; il y avait de beaux siéges en marbre, soutenus par de beaux lions; au centre de la place se trouvait un autel consacré à l'empereur *Auguste*.

Velletri, ancienne et belle ville dans la Campagne de Rome : c'était la capitale des Volsques. Les Romains s'en emparèrent, sous le règne d'*Ancus Martius*. Elle est bien bâtie, et agréablement située : on y voit plusieurs fontaines publiques, et sur la place, une statue en bronze d'*Urbain VIII*, du *Bernin*. Le palais *Ginetti*, qui appartient aujourd'hui aux *Lancelotti*, est un édifice superbe, bâti sur les dessins de *Martin Longhi*. La façade, sur la rue, est fort belle, et l'escalier construit avec élégance; le jardin est agréablement distribué et décoré : le palais public mérite aussi d'être vu. On observe dans cette ville beaucoup de ruines de monumens antiques. La montagne de Velletri est couverte de volcans, ainsi que tout le pays entre cette ville et Rome.

Venafro, petite ville du royaume de Naples,

dans la Terre de Labour, près la source du Volturno, à 11 l. N. O. de Capoue, renommée pour ses huiles. Long. 18. 27. lat. 41. 41. 16.

VENE (LE), petit endroit sur les bords du *Clitumno*, où, du temps des Romains, on faisait engraisser les victimes choisies (*grandes victimæ*), qui étaient d'une extrême blancheur.

VENISE, une des plus belles, autrefois des plus riches et des plus considérables villes du monde, capitale d'une république autrefois célèbre. Sa fondation date de l'an 568, lorsque l'invasion des Lombards força les habitans de Padoue et d'Aquilée à se réfugier dans les îles sur lesquelles cette ville est située. Les époques les plus mémorables de son histoire sont: l'année 1247, qui vit toute la puissance du doge passer dans le sénat; l'année 1508, où la république perdit tous ses états de terre ferme, par suite de la ligue de Cambrai; l'année 1618, si célèbre par la conspiration du comte de *Bedemar*, qui fut découverte par *Jaffier*, un des conjurés; l'année 1797, qu'elle fut conquise par les armées françaises, et qu'elle cessa d'être république; et enfin en 1815, qu'elle passa sous la domination de l'Autriche, par l'acte du congrès de Vienne. Cette ville offre aux voyageurs un coup d'œil vraiment surprenant, et paraît sortir des eaux comme une ville flottante, dont les tours et les clochers font un effet singulier, particulièrement lorsqu'on y arrive par Padoue, ce qu'un poëte a bien exprimé par ces vers :

Viderat adriacis, Venetam, Neptunus, in undis
Stare urbem, et toto ponere jura mari;
Nunc mihi Tarpeias; quantum vis, Jupiter, arces,
Objice et illa tui mœnia Martis, ait.
Si Pelago Tiberim præfers, urbem aspice utramque,
Illam homines dices, hanc posuisse deos.

« Lorsque Neptune eut vu Venise s'élever du centre des eaux « et donner des lois à la mer, Jupiter, s'écria-t-il, vante-moi « maintenant les forts du rocher Tarpeïen, et ces murs que ton « Mars a bâtis; si tu préfères le Tibre à l'Océan, contemple ces « villes, et tu diras : Celle-là fut construite par les hommes, et « celle-ci par les dieux. »

La population de Venise, en 1800, était de 150 mille habitans; mais aujourd'hui elle a perdu plus d'un tiers de sa population, vu la stagnation de son commerce. Toute la ville est bâtie sur pilotis d'une très-grande solidité; il y a des palais construits depuis plus de 900 ans, sans avoir eu jamais besoin de la moindre réparation, ce qu'on attribue aux fondations profondes des pilotis, qui ne prennent jamais le jour, et à une croûte ou enduit extérieur très-tenace et épais, formé par le dépôt de l'eau des canaux, chargée de matières étrangères, et uni par une espèce de bitume. Cette ville, qui a une étendue d'environ six milles de circuit, est composée de 72 petites îles, formées par main d'homme, sur des pilotis, séparées par 400 canaux, et réunies par 450 ponts environ. Elle est d'un accès difficile, à cause des lagunes et des atterrissemens qu'il faut connaître : en y arrivant, on ne voit aucun appareil imposant de môles, de fortifications et de batteries. Un grand canal, qui a la forme d'une S, divise la ville en deux parties à peu près égales. Presque au centre est le fameux pont *di Rialto*, formé d'une seule arche, de 89 pieds de corde, fondée sur 10,000 pilotis ; les pierres sont d'une espèce de marbre tiré de la ville d'Istrie, et il est orné d'un double rang de boutiques. De quelque côté que l'étranger se tourne en cette ville, partout s'offrent à ses yeux des morceaux d'architecture étonnans ; des édifices qui retracent les beautés et la grâce du goût grec, soit dans les peintures, soit dans les statues [1]. Je me bornerai à indiquer les endroits les plus remarquables, qui sont : la place Saint-Marc, ornée de superbes édifices, et les quartiers de la Mercerie et de Rialto. Du haut de la tour carrée de Saint-Marc qui a 325 pieds de haut, on a une vue superbe de toute la ville, qui, selon *Lalande*, a 2,000 toises dans sa plus grande longueur, et 1,500 dans sa plus grande largeur. C'est du

---

[1] On peut consulter l'ouvrage intitulé : Guide de l'Étranger pour voir toutes les curiosités de Venise, chez Albrizzi, 1765 ; et le Traité de peinture de l'école de Venise, par Zannetti, en 1771.

haut de cette tour que Galilée faisait souvent ses observations astronomiques. Les amateurs d'architecture verront avec plaisir la cathédrale de Saint-Marc, qui est un bâtiment carré, d'une structure grecque, enrichi de marbre et de mosaïques. La couverture consiste en plusieurs dômes, et celui du milieu est plus grand que les autres. Parmi la quantité de statues dont ce temple est extérieurement orné, l'*Adam* et l'*Eve*, achevés en 1071 par *Riccio*, sont les meilleures. On est étonné de voir dans cette église toutes les mosaïques qui la remplissent; tout le pavé en est fait et toutes les voûtes en sont revêtues, le champ est de mosaïque dorée, d'un or très-vif et incorporé au feu. Le pavé de l'église est fait de petites pièces de jaspes, de porphyre, de serpentin et de marbres de diverses couleurs. Saint-Marc est rempli d'une quantité de reliques, on y voit le rocher que Moïse frappa dans le désert, et dont sortit une si grande quantité d'eau, qui désaltéra 600 hommes avec leurs femmes et enfans, quoiqu'il n'y ait que quatre petits trous. On remarque aussi un morceau de porphyre enchâssé dans le pavé, vis-à-vis de la grande porte, c'est pour désigner l'endroit où Alexandre III mit le pied sur la gorge de l'empereur Frédéric Barberousse. Les autres églises qui sont dignes d'être vues par leur architecture, sont : Saint-Georges Majeur, temple magnifique, dont l'architecture surpasse de beaucoup celle de Saint-Marc ; on peut dire avec vérité que c'est un des plus beaux temples de l'Italie ; celles du Rédempteur, de Sainte-Marie de la Charité, delle Zitelle, de Sainte-Lucie, sont toutes dignes d'admiration. Il faut voir aussi les palais *Tiepolo*, *Grimani* et *Balbi*, près le canal Foscari, tous édifices construits par *Palladio*. La *Procuratorerie* neuve, la Monnaie, la Bibliothéque, les palais *Cornaro*, sur le grand canal près Saint-Maurice, celui de *Delfino* sur la rive de Saint-Biagio, les églises de Saint-François de la Vigne, Saint-Martin près l'arsenal, le tombeau du doge *Venieri* à Saint-Sauveur, le collége de Saint-Jean des Esclavons, les Incurables, etc., sont d'architecture de *Sansovino* ; le troisième ordre de la *Procuratorerie* neuve, la bibliothéque de Saint-Marc, le musée et le tombeau du doge Nicolas de *Ponte*, dans l'église de *Sainte-Marie* de la Charité, sont de *Scamozzi* ; le palais *Grimani* sur le grand canal près de Saint-Luc, et le palais Cornaro, à Saint-Paul, sont de *Sanmicheli* ; enfin les églises degli Scalzi et de la Salute, et le palais Pesare sur le grand canal, ainsi que celui de Rezzonico, sont de *Balthasar Longhena*. Plusieurs couvens et monastères de Venise possèdent de bonnes bibliothèques, et les cloîtres méritent d'être vus, entre autres le Zattère des Dominicains observans, où est la riche bibliothéque d'*Apostolo Zeno*, etc. Des statues antiques et modernes, des bas-reliefs, des peintures estimées, des colonnes précieuses ornent le palais ducal, la grande place et l'église de Saint-Marc, de structure grecque. L'étranger verra avec plaisir les quatre fameux chevaux de bronze doré, qui ont figuré pendant quelque temps sur la place du Carrousel à Paris, ouvrage de *Lysippe*, orner la façade de cette église. Ces chevaux furent conquis à Constantinople, dans le commencement du XIIIe siècle, par les Français et les Vénitiens réunis; ils furent transportés à Venise. La bibliothéque de Venise est célèbre par la quantité de manuscrits grecs et latins qu'elle renferme, et par le nombre de statues grecques dont elle est ornée. Non-seulement les édifices publics, mais presque toutes les églises et les palais sont ornés de tableaux, de fresques, de sculptures et de statues d'un grand prix, de marbres, de mosaïques et de colonnes antiques bien travaillées. On admire partout le pinceau de *Paul Veronèse*, *Tintoret*, *Bassano*, *Titien*, *Palma* et *Vittorio Carpacci*. Le palais *Barbarigo* est appelé l'école du Titien, à cause de la quantité de tableaux de cet auteur que cette maison possède. Les palais *Farsetti*, *Pisani*, *Moretta*,

Labbia, *Sagredo* et *Morosini*, possèdent aussi des collections de tableaux de grand prix. L'*arsenal*, qu'on regarde comme un des plus beaux d'Europe, est construit sur une île qui a cinq milles de circuit : on y voit les premières armes à feu, des canons en cuir et quantité de curiosités antiques. Venise a sept théâtres, celui de la *Fenice* est un des plus grands et des plus magnifiques de l'Italie. Il faut voir l'horloge sur la place Saint-Marc, depuis la Pentecôte jusqu'à la Fête-Dieu; plusieurs figures mécaniques en bronze représentant les trois mages qui sortent d'une petite porte, traversent une terrasse, et, après avoir adoré une Vierge dont la chapelle est au-dessus, rentrent par une autre petite porte. Une des choses les plus singulières à Venise sont les gondoles; on en trouve partout, et elles tiennent lieu de voitures, pour se transporter très-promptement et à un prix très-modique, d'un bout à l'autre de la ville : on les loue aussi par heure ou à la journée. Les gondoliers sont robustes, gais et spirituels, connus d'ailleurs pour leur fidélité; ils donnent souvent le spectacle d'une *regata* ou courses de gondoles, en se défiant mutuellement. Les piétons marchent très-mal, parce que les rues sont fort étroites, et que les ponts ont des marches en pierres très-glissantes lors des pluies. Parmi les îles des environs, *Malamocco*, autrefois résidence du doge, est très-grande et bien peuplée. Les deux lazarets, l'ancien et le nouveau, le premier pour les pestiférés, et le second pour la quarantaine, sont deux édifices très-vastes qui occupent deux îles. *Torcello, Murano, Mazorbo* et *Burano*, sont quatre îles au N. E. de Venise. Murano, qui n'est éloignée que de deux milles de Venise, est bâtie comme la ville, et renferme 7 mille habitans : on voit dans cette île la fabrique de verres et de cristaux dont Venise fait un commerce considérable ; on l'appelle *une autre Venise*, et elle fait les délices des Vénitiens. Les arts sont très-cultivés à Venise, la gravure en cuivre s'y est perfectionnée. Parmi les morceaux de sculpture, il faut remarquer les ouvrages récens du chevalier Canova, qu'on pouvait appeler avec raison le premier sculpteur de notre siècle : ce grand artiste, qui enrichit l'Italie de ses charmantes productions, né dans les États Vénitiens, vient de terminer sa carrière à Venise, le 12 octobre 1822. La typographie occupe beaucoup de personnes. Les bijoutiers y sont en grand nombre. On y fait aussi un grand commerce de velours, de masques et de bas de soie : c'est de cette ville qu'on tire les petites perles en verres de couleurs. La thériaque de Venise est très-renommée, ainsi que son marasquin et ses liqueurs. En un mot, on y trouve tout ce qui peut contribuer aux commodités de la vie et au luxe de la table. Pour vivre tranquillement à Venise et s'y livrer aux plaisirs de la société, il faut se conformer aux usages du pays. Jadis le carnaval de Venise y appelait un grand nombre d'étrangers : pendant toute la journée on ne rencontrait que des gens masqués. La jeunesse joint à un caractère doux un air aimable et intéressant. La jalousie ne paraît pas commune en ce pays; les femmes mariées y jouissent de la plus grande liberté ; elles sont en général belles, bien faites, pleines de grâces et d'esprit, et d'une gaieté qui enchante; elles accueillent les étrangers avec beaucoup d'aménité, et s'intéressent à eux. Les demoiselles sont plus réservées. L'air de Venise est sain, malgré l'odeur des canaux, qui quelquefois est insupportable. Les femmes y vieillissent moins vite que dans les autres climats chauds d'Italie, et les hommes conservent de la fraîcheur et de la force jusqu'à un âge très-avancé. Cette ville est la patrie d'un grand nombre d'hommes illustres, entre autres elle donna le jour à *Fra-Paolo*, au *Tintoret* et à *Algarotti*. Elle est à 29 l. E. q. N. de Mantoue, 90 l. N. de Rome, 120 N. q. O. de Naples, 56 E. de Milan, 46 N.-E. de Florence, 245 l. S. E. de Paris. Long. 10. 0. 44. lat. 45. 25. 32.

Venosa, ancienne ville du royaume de Naples,

dans la Basilicate, patrie d'*Horace*; elle est dans une plaine fertile au pied des Apennins, sur une petite rivière. On y voit quelques beaux monumens. Elle est à 5 l. N. O. de Cirenza, 32 N. E. de Naples.

Ventimiglie, petite ville du Piémont, avec un port sur la Méditerranée, à 10 l. d'Oneille.

Verceil, ancienne et belle ville fortifiée du Piémont, assez considérable, bien bâtie sur un terrain élevé, et dans une situation riante, à la jonction de la Cerva et de la Sessia. Elle a 16,000 habitans, et est assez commerçante; on y voit quelques beaux édifices, entre autres la cathédrale, d'architecture moderne, et les deux chapelles qu'elles renferment, où l'on vénère le corps de saint Eusèbe, protecteur de la ville et de *B. Amédée* de la famille de Savoie: *Saint-André*, d'architecture gothique, où l'on voit un crucifix dont on ne connaît pas la matière; *Saint-Christophe*, orné de peintures, parmi lesquelles on en distingue quelques-unes du fameux *Gaudenzio*; Sainte-Marie-Majeure, où l'on admire un superbe pavé en marbre représentant l'histoire de Judith; l'hôpital, édifice vaste et bien construit, avec un musée, et divers jardins dont un de botanique; enfin le palais public, où l'on montre le cadavre d'un pèlerin d'Anjou, appelé *André Valla*, qui y mourut d'une étisie en 1685, n'ayant plus que la peau collée sur les os. Son corps paraît tel qu'il était au moment de sa mort, n'ayant souffert aucune altération, même dans les rougeurs qui colorent le visage des étiques. Dans le trésor de la cathédrale, on montre un manuscrit du IVe siècle qui contient l'évangile de saint Marc en latin : c'est, dit-on, l'autographe de cet évangéliste. C'est la patrie de *Redemptus Baranzano*. C'est dans la plaine de Verceil que Marius défit les Cimbres l'an 652 de Rome. Son territoire est fertile. Elle est à 4 l. N. O. de Casal, 14 l. N. E. de Turin, 14 S. O. de Milan, Long. 6. 5. lat. 45. 24.

Verola-Alghisi, bourg très-commerçant du Bressan.

Veroli, ancienne petite ville de la Campagne de Rome, sur la rivière de la Cosa, au pied de l'Apennin ; on y voit quelques monumens anciens. Elle est à 19 l. S. E. de Rome, 10 l. N. E. de Terracine. Long. 11. 5. 31. lat. 41. 42. 40.

Vérone, grande, ancienne et fameuse ville du royaume lombard-vénitien, capitale du Véronais. Elle est agréablement située sur l'Adige, qui la divise en deux parties, dont l'une s'appelle Verona, et l'autre Veronetta. On attribue sa fondation aux Euganéens Gaulois au delà du Pô ; les Gaulois Sénonais s'en emparèrent en 392 avant l'ère chrétienne. Après avoir appartenue aux barbares, dont les rois Théodoric et

Alboin y fixèrent leur résidence, elle reprit sa liberté, qui fut usurpée par les Ezzélins et les Scaligers, et se donna enfin aux Vénitiens. Les Français l'ont prise en 1796 et en 1805. Cette ville renferme une population de 42,000 habitans, dans un circuit de près de six milles, en y comprenant les faubourgs. Nous commencerons à parcourir Vérone par l'auberge des Deux-Tours, dans la rue de Porte-Neuve. Les fortifications, construites par *Sanmicheli*, sont considérables. On remarque la Porte-Neuve, à droite de l'Adige, d'une architecture plus militaire, plus belle et plus convenable au nouveau système de fortification. Le château Saint-Ange, dont on voit les restes à gauche, et le bastion appelé bastion d'Espagne, qui est regardé comme un chef-d'œuvre du temps où il fut construit, le tout dessiné par *Sanmicheli*. C'est ce même artiste qui fit élever la porte *del Pallio*, ou *Porta Stuppa*, qui, malgré son imperfection, rivalise avec les ouvrages des anciens, en ce genre. Parmi les monumens d'antiquité qu'on trouve dans cette partie de la ville, on remarque particulièrement les trois arcs de triomphe, le premier appelé *Porta dè Borsari*, élevé sous l'empire de *Gallien*, l'an 252; le second, *Porta del Foro Giudiciale;* et le troisième, près le *Castel Vecchio*, œuvre de *Vitruve*, élevé en l'honneur de la famille *Gavia;* enfin l'amphithéâtre, qu'on appelle *Arena*, est de tous les monumens de l'ancienne Italie un des plus considérables et des mieux conservés. La partie intérieure est encore dans son entier, de même que les corridors : il est d'une forme ovale, a extérieurement 464 pieds de long, 367 de large, et un diamètre de 1331 pieds. L'arène, ou espace vide du milieu, a 225 pieds de long sur 133 pieds de large. Il y règne tout autour quarante-cinq rangées de gradins de marbre, de 18 pouces de hauteur, sur 26 de profondeur, pouvant contenir 23,500 spectateurs assis. On a fait restaurer l'édifice, à la sollicitation de *Scipion Maffei*, et il sert à donner des fêtes et des spectacles. Aux extrémités du grand axe de la figure elliptique qu'a ce monument, sont deux portes, dont chacune a au-dessus une plate-forme, ou tribune, de 20 pieds sur 10, fermée par une balustrade. Il y a quatre rangs d'issues, ou vomitoires, par où on entre et on sort. Près de là est le théâtre moderne, d'une belle construction, à cinq rangs de loges. L'entrée est un superbe portique, ou péristyle de *Palladio*, orné d'inscriptions étrusques et de bas-reliefs antiques, grecs et romains, rassemblés en cet endroit par les soins du marquis *Maffei*, auteur de l'ouvrage intitulé : *Verona illustrata*. Outre les monumens publics, on voit chez des particuliers des galeries de tableaux et des cabinets curieux d'antiquités. Le palais *Bevilacqua*, d'architecture de *Sanmicheli*, renferme plusieurs morceaux de sculptures antiques. On voit chez les *Rotario* une nombreuse collection de tableaux, et chez *Gazzola* un cabinet curieux. Le musée lapidaire du marquis *Maffei* est surtout digne d'attention. Sur la place *dè' Signori* est le palais du conseil, édifice magnifique de *Sansovino*, et dont la façade est ornée de plusieurs statues de bronze et de marbre, parmi lesquelles les meilleures sont de *Jérôme Campagna*; la salle du conseil, et le portique qui la soutient, sont du frère *Giocondo*, commentateur de *Vitruve*, et qui répara l'arche du pont, dit *della Pietra*, attribué au même Vitruve. Les peintures de cette salle, représentant des faits de l'histoire de Vérone, sont de *Paoli* et de *Brusasorzi*. Les mausolées des *Scaglieri* sont des monumens curieux d'un mauvais goût ancien. Outre les ouvrages de *Sanmicheli*, cités plus haut, les palais *Canossa*, *Verzi* et *Pellegrini*, sont aussi de ce fameux architecte, dont les ouvrages rivalisent avec ceux de *Palladio*. La cathédrale est du gothique le plus ancien : on y admir un grand tableau du *Titien*, un crucifix en bronz de *Sanmicheli*, et un crucifiement de *Bellino* L'église de *San-Zeno*, décorée d'anciens orne mens gothiques, renferme le tombeau de Pepin A Saint-Bernardin on remarque la chapelle *Va resca*, qui est un des plus beaux ouvrages de *Sanmicheli*. On voit à Saint-Anastase diverses bonnes peintures de *Torelli*, de *François Bernardi* et de *Claude Ridolfi*. Aux Capucins, on voit un Christ d'*Alexandre Turchi*, dit l'*Orbetto*; enfin dans toutes les églises il y a de superbes peintures de l'*Orbetto*, de *Brusasorzi*, de *Farinati*, *del Moro*, etc. L'amateur d'histoire naturelle ne doit pas négliger de visiter le cabinet des fossiles de Canossa, très-riche en poissons pétrifiés du mont Bolca. Les rues sont généralement belles, mais la plus remarquable est celle *del Corso*; la place la plus grande est la place d'armes, où se tiennent deux foires, l'une au printemps, et l'autre en automne. Veronetta possède aussi des monumens antiques et modernes, dignes de fixer l'attention du voyageur. On y admire surtout les restes d'un ancien édifice; quelques personnes prétendent que ce fut le *Capitole*, à l'instar de celui de Rome; mais on croit avec *Bianchi* que ce fut, selon toute vraisemblance, une *Naumachie*. Chez le comte *Moscardi*, on voit une belle collection de médailles, quelques anciennes inscriptions en marbre, et d'autres objets d'antiquité et d'histoire naturelle. Les édifices de *Sanmicheli* qu'on trouve à Veronetta, sont : le palais *Pompei* et la coupole de *Saint-Georges*: le corps de cette église, d'une belle architecture, est de *Sansovino*.

On y admire deux tableaux de *Paul Cagliari*, surnommé *Paul Veronèse*; la famine de *Farinetti*; la manne de *Brusasorzi*, et le baptême de J. C. du *Tintoret*. Dans l'église de Saint-Nazare et de Saint-Celse, on admire la sainte famille de *Raphaël*; enfin presque toutes les églises de Veronetta sont ornées de tableaux superbes de *Paul Veronèse*, de *Luc Jordan*, de l'*Orbetto*, etc. Du jardin du comte *Giusti*, on a une superbe vue de la ville et de tout le pays adjacent. Les Véronais sont d'un caractère doux, et respectent les mœurs. Les femmes y sont bien faites et d'un beau teint. La société y est honnête, instruite et agréable; le peuple y est actif. La laine et la soie seulement occupent pour leur travail 20,000 ouvriers. Les gants de Vérone et les peaux qu'on y prépare sont fort estimés. L'air y est très-pur, et le terrain abonde en denrées excellentes, principalement en huiles et vins de fort bonne qualité. Dans le Véronais, comme dans le Vicentin, on trouve des carrières de fort beau marbre. Cette ville a une académie de savans, sous le titre *degli Filarmonici*. Elle a donné naissance à une foule d'hommes célèbres, aux empereurs *Vespasien*, *Titus*, *Domitien*, à *Catulle*, *Pline*, *Vitruve*, *Cornelius Nepos*, *Emilius Macer*, *Cassius*, *Severus*, *Pomponius Secundus*; parmi les modernes, à *Frascator*, *Jules César Scaliger*, philosophe, poëte et médecin, au cardinal *Noris*, à *Paul Cagliari*, dit *Paul Veronèse*, célèbre peintre, né en 1532, qui fut un grand artiste et le rival du *Tintoret*; à *M. Bianchi*, astronome célèbre; *Lorenzi*, improvisateur distingué; à *Pindemonti*, poëte; à *Jacques Dionisi*, antiquaire; à *Antoine Montanari*, philosophe; au savant *Scipion Maffei*, grand poëte, savant antiquaire, écrivain célèbre, etc. Cette ville devient encore plus célèbre par le congrès qu'y tiennent les souverains composant la Sainte-Alliance. Les conférences ont commencé au mois d'octobre 1822, et durent encore dans le moment où nous écrivons cet article. L'empereur de Russie *Alexandre* habite le palais *Canossa*; le roi de Prusse, celui de *Cerago*; le roi de Naples, celui d'*Emilie*; le roi de Sardaigne, celui de *Giusti*; l'archiduchesse Marie-Louise, celui de *Peccana*; le grand duc de Toscane, celui de *Marioni*; l'archiduc vice-roi, celui d'*Allegri*; le prince de *Metternich*, celui de *Castellanie*; lord *Wellington*, celui de *Guglienza*; le comte russe *Nesselrode*, celui de *Portalupi*; le cardinal *Gonzalvi*, l'*Evêché*; Son Exc. le vicomte de *Châteaubriand*, ministre de France, celui de *Gezzolo*. Parmi les curiosités volcaniques de ce pays, *Ronca* et *Bolca* méritent d'être vus avec une attention particulière; ce dernier surtout, qui est un misérable village que jamais aucun étranger n'aurait envie de visiter, si les naturalistes n'étaient attirés par la fameuse montagne où l'on trouve des poissons et des plantes pétrifiés. Les arêtes des poissons et les coquillages sont entièrement conservés dans une pierre calcaire; on trouve aussi des os d'animaux étrangers et des feuilles de plantes exotiques. Il y a peu d'endroits où les traces et les effets d'un volcan soient aussi évidens et mieux conservés qu'à *Ronca*, où l'on voit avec étonnement un grand nombre de coquilles de mer mêlées avec la lave. La route de Vérone à Vicence est bordée de mûriers entrelacés avec la vigne, dans une plaine fertile et agréable. On côtoie une chaîne de montagnes peu élevées et cultivées presqu'en totalité. Vérone est à 8 l. N. E. de Mantoue, 16 l. S. de Trente, 25 l. S. O. de Venise, 169 l. de Paris. Long. 8. 41. lat. 45. 26.

Véronèse (le) est borné N. par le Trentin, E. par le Vicentin et le Padouan, S. par le Mantouan, O. par le Bressan. Il a environ 40 l. de long sur 11 de large. C'est un pays des plus fertiles de l'Italie : il abonde en blé, maïs, fruits, vins, huiles, bétail, pétrifications, etc.

Vésuve (le mont) est situé à 8 milles à l'O. de la ville de Naples, à 2 l. de Portici, à l'extrémité de la Terre de Labour. Ce volcan terrible est séparé du reste de l'Apennin : il a 8 l. de tour, 850 toises à son sommet, 1198 mètres ou 3700 pieds d'élévation au-dessus du bord de la mer. Il avait autrefois trois sommets, l'un appelé le Somma, au nord, est à moitié détruit dans toute sa hauteur; le Vésuve au midi et par derrière entre les deux hauteurs; le troisième appelé montagne d'Ottiano, qui a été emporté par quelque éruption. Celle qui a enseveli sous ses cendres, en 79 de l'ère chrétienne, *Herculanum* et *Pompeïa*, est la première dont on ait connaissance. *Pline* le naturaliste étant à Misène, à 18 milles du Vésuve, y fut étouffé. Il paraît que les trois sommets se joignaient ensemble, puisque *Strabon* parle d'une plaine au sommet du mont Vésuve; ce qui a fait croire que si cette montagne divisée par le feu a beaucoup perdu de sa masse dispersée par les éruptions, on peut conjecturer que le mont Vésuve se consumera lui-même, et qu'enfin ce terrible volcan s'éteindra. La lave [1] ou torrent enflammé qui coula lors de

---

[1] La lave est une rivière de soufre, de minéraux, de pierres en fusion, de bitume mêlés ensemble, que le mont Vésuve vomit dans ses fureurs : cette matière enflammée coule lentement en conservant sa chaleur, mais après elle devient noire et si dure qu'il n'est pas possible de la séparer. Les voies Appienne et Flaminienne sont pavées de ces pierres qu'on voit encore presque entières après dix-huit siècles. (*Voyez* l'abbé Richard.)

ladite éruption fut tellement considérable, qu'on en trouva dans les fouilles et vers la mer à 85 pieds au-dessous de la surface. Les éruptions sont presque toujours précédées de tremblemens de terre, qui renversent des villes et font sortir les rivières de leur lit. Depuis l'an 79 on en compte 34. Les plus terribles ont été celles de 79; de l'année 1036, dans laquelle, outre l'éruption de matières enflammées, le Vésuve s'ouvrit par les côtés, et il en sortit des torrens de feu qui coulèrent jusqu'à la mer. Celle du 13 décembre 1631 dura jusqu'au 25 février 1632 : la montagne s'ouvrit au milieu de sa hauteur, le torrent enflammé qui en sortit se divisa en sept branches, dévasta le territoire entre la montagne et la mer, détruisit *Resina*, ruina presque entièrement la *Torre del Greco* et *l'Annunziata*, et une branche alla jusqu'à *Portici*. Cette éruption fut précédée par des tremblemens de terre pendant trois mois. La montagne lançait des quartiers de pierres à une prodigieuse hauteur, et vomissait avec des cendres noires et brûlantes un torrent d'eau bouillante. On vit sortir de la bouche du volcan une colonne de fumée noire et épaisse, qui, s'étendant ensuite, prenait la figure d'un pin, d'où sortaient des nuages épais chargés de cendres, mêlés de traits de feu, qui s'entassant les uns sur les autres, faisait disparaître le jour, s'entrechoquaient avec tant de bruit, qu'ils semblaient devoir former un nouveau volcan dans les airs. Celle de 1760 après deux jours de tremblement de terre, s'ouvrit douze bouches à feu avec un fracas semblable à celui d'une batterie de gros canons, qui jetèrent dans l'air une quantité considérable de pierres énormes, de sables enflammés, des colonnes d'une fumée noire, mêlée de cendres et de feu. Après que le torrent de laves qui coulait de ces bouches eut parcouru un demi-mille, il s'ouvrit à cette distance trois nouvelles bouches, accompagnées d'une détonation aussi forte que les douze premières, ensuite la lave reprit son cours jusqu'à 5 milles de sa source, en dévastant tout le terrain cultivé par où elle passait. Les cendres et la fumée se portèrent à Capri, à 10 lieues du Vésuve, et du côté de Salerne, à 20 lieues. Le 4 janvier 1761, la cime de la montagne fut lancée dans les airs avec un fracas épouvantable; et ce ne fut qu'en 1765 que l'éruption recommença avec force, jetant des quartiers de pierres à une hauteur considérable. Celle de 1767 fut encore plus terrible. Le 19 octobre la détonation du volcan jeta l'alarme dans tous ses environs; elle fut suivie d'une pluie de feu, de cendres, de pierres calcinées, de quartiers de roc, accompagnée d'une noire fumée qui obscurcit le jour; le lendemain la lave coula avec une telle rapidité, qu'en une heure elle parcourut 7 milles. Vers minuit on entendit dans les entrailles de la montagne des mugissemens et un bruit semblable à une forte canonnade, terminé par l'éruption d'une lave inondant le vallon qui sépare l'ermitage de Saint-Salvador du Vésuve. Dans cette éruption, des énormes pierres furent lancées à une distance prodigieuse, la fumée obscurcit le jour, et les cendres furent poussées jusqu'à Gaëte, à 12 lieues de là. Toutes les autres éruptions furent plus ou moins fortes. Le 15 juin 1794, il s'ouvrit dans une éruption une nouvelle bouche sur le flanc de la montagne, et qui causa d'immenses dommages; elle ne cessa de jeter, comme les anciennes bouches, de la fumée et des flammes. Celle qui a eu lieu en 1806 jeta beaucoup de laves. Le 20 octobre 1822 (au moment où cet article est sous presse) il vient de se faire une nouvelle éruption. Au lever du soleil le Vésuve était encore tranquille, quoique les puits circonvoisins fussent entièrement taris depuis deux jours. A midi, la fumée accompagnée de lave fut plus abondante qu'à l'ordinaire, mais à 2 heures on entendit dans tout le voisinage un bruit horrible intérieur qui augmenta jusqu'à minuit; enfin, vers les trois heures du matin du 21, une terrible explosion commença du cône supérieur, précédée de secousses bruyantes et réitérées dans l'intérieur de la montagne. Ces secousses augmentèrent à chaque instant, et à deux heures après midi on aperçut un torrent de lave d'environ 1 mille de largeur, s'avançant jusqu'à 1 mille et demi entre le *case della Favorita* et *Resina*. L'épouvante des habitans du pays et des personnes qui dans cette saison se trouvaient dans leurs maisons de campagne, fut si grande que, sur la route de *Portici* à *Náples*, on ne rencontrait que des voitures transportant meubles et personnes. Quoique le temps fût serein, un nuage épais de cendres et de pierres obscurcit toute la partie gauche du cratère et présentait un coup d'œil pittorresque et effrayant; la montagne éprouvait les plus grandes convulsions. Le 23, le Vésuve fut terrible; le torrent de lave qui se dirigeait vers *Resina* couvrit cent arpens de terrain, la pluie de cendres obscurcit le ciel et tomba jusque dans les rues de *Náples*. Les pierres tombées à *Bosco-Trecase* s'élevaient à la hauteur de 5 palmes. Les éruptions de pierres étaient fréquentes et le retentissement de la montagne était épouvantable. Le 24, la pluie de cendres continuait, et il semblait qu'une nuit éternelle couvrait ce vaste lieu d'horreurs. Sur la fin d'octobre cette éruption s'apaisa, mais vers la *somma* la cendre y tombait en plus grande abondance. Les environs de la montagne sont d'une grande fertilité, les fruits d'un goût exquis et parfumés. Le lacryma Christi est un vin très-délicat que produisent ses environs. Des mulets conduisent les voyageurs de Portici à San Salvador. A une lieue et demie de chemin, pendant une heure, on est obligé d'aller à pied jusqu'à une pente roide qu'il faut gravir avec peine; de là il n'y a plus qu'environ un mille à faire au milieu du sable, dans un chemin désagréable, couvert de pierre ponce, de cendres, de sables, qui enfonce sous les pieds. La plate-forme du Vésuve était autrefois le sommet de la montagne, où se trouve le cratère ou bouche du volcan, d'où la flamme sort continuellement. Sa forme change tant de fois qu'on ne peut en décrire la figure.

Vetralla, petite ville de l'état du pape, dans le Patrimoine de saint Pierre, à 2 l. de Viterbe. Elle n'a rien de remarquable.

Viadana, petite ville très-commerçante du Mantouan, sur le Pô.

Viareggio, petit port de la Principauté, et à 5 l. O. de Lucques. Il est fort utile pour le commerce des Lucquois, à cause de sa communication avec leur capitale par une route commode et fréquentée. Près de cet endroit, du côté de Lucques, on voit le petit lac de *Macciuccoli;* la plaine aux environs est très-marécageuse. On peut s'embarquer à Viareggio et longer toute la côte jusqu'à Gênes, pour éviter le passage *della Magra* et de la montagne de *Lerici* qui sont difficiles en hiver.

VICENCE, forte, florissante, et l'une des plus belles villes de la Lombardie Vénitienne, agréablement située entre deux montagnes, sur la *Bacchiglione* qui la traverse. Elle fut fondée par les Gaulois Sénonois, 392 ans avant J. C. Les Goths la pillèrent; elle passa des Lombards aux rois d'Italie, se forma ensuite en république particulière, fut brûlée en 1240 par Frédéric II, eut ensuite pour seigneurs, les *Carrare*, les *Scaliger*, les *Galéas*, et enfin l'empereur Maximilien la céda en 1516 aux Vénitiens. Elle subit le sort des autres villes de l'Italie jusqu'en 1814, qu'elle passa sous la domination de l'empereur d'Autriche. Elle a environ 4 milles de circuit, et renferme plus de 30,000 habitans en y comprenant les faubourgs. C'est la patrie du fameux architecte *Palladio* qui l'a ornée de ses plus beaux ouvrages. On y voit la maison qu'il habitait, et qui est à la fois un modèle de simplicité et d'élégance. La place sur laquelle est situé le palais public, et la décoration extérieure de cet édifice, sont autant de monumens du talent de ce célèbre architecte. La grande salle ou basilique du palais, est ornée de plusieurs tableaux, parmi lesquels on admire le Jugement dernier du *Titien;* l'Histoire de Noé de *Bordone*, et une Vierge avec J. C. et d'autres personnages de Jacques *Bassan*. Les palais construits par *Palladio*, sont : le palais *Prefettizio*, et ceux des comtes *Chiericati*, *Barbarano*, *Orazio Porto*, *Tiene*, *Valmarana* et de Jérôme *Franceschini*. Dans le jardin du comte *Valmarana*, qui mérite d'être vu, est une belle galerie qu'on attribue aussi à cet artiste, ainsi que le beau portique qui conduit à la *Madonne del monte*, et l'arc de triomphe; cette église superbe est située sur une montagne à 2 milles de Vicence; on y va par un long portique couvert. De la hauteur on a une superbe vue snr la campagne. La fameuse rotonde du marquis Capra, que lord Burlington a fait imiter à *Chiswick*, et qui est située près de la ville, est encore un ouvrage de *Palladio*. Les palais *Coldogno*, *Capitaniato*, *Nievi* et *Trissino*, méritent aussi d'être vus; les deux derniers sont bâtis sur les dessins de *Scamozzi*, qui est aussi l'auteur de la façade orientale du palais *Prétorial*. Le palais vieux hors la porte, est aussi de belle architecture, et orné de fort belles peintures de *Luc Jordan*, de *Tiepolo*, *Salvator Rosa*, etc. Le chef-d'œuvre de *Palladio* est le théâtre olympique construit sur les dessins et d'après les proportions des anciens théâtres transmis par *Vitruve*. Hors de la ville on voit une vaste place appelée le Champ-de-Mars, à l'entrée de laquelle est une porte d'une belle architecture. La cathédrale d'un goût gothique n'a rien de remarquable : dans l'église de la Couronne on voit un beau tableau de *Paul Veronèse*, représentant l'Adoration des Mages, un saint Antoine de *Leandro Bassan*. Dans le réfectoire de Notre-Dame-du-Mont, un Jésus-Christ à table avec saint Grégoire de *Paul Veronèse*. Enfin, toutes les églises sont ornées de bonnes peintures de *Paul Veronèse*, de *Bellino*, de *Figolino*, du *Tintoret*, de *Campagna*, de *Bassan*, etc. Les machines à eau pour filer et tordre la soie ont été inventées à Vicence, où se fabriquent beaucoup de draps de soie, dont cette ville fait un commerce considérable avec l'Allemagne. Le Vicentin est si fertile qu'on l'appelait avec raison le jardin de Venise. Dans les environs de la ville, on trouve des pétrifications étonnantes, de belles pierres, et des traces de volcans éteints. Les naturalistes pourront visiter la grotte *dei Covoli* (*voyez* COVOLI LA GROTTE), les eaux minérales de *Recoaro*, les eaux tièdes de *Saint-Pancrace de Barbarano*, les collines de *Bretta*, et les montagnes au nord de la ville, qui leur offriront une quantité prodigieuse d'effets curieux de la nature ; les monts *Euganei* méritent aussi de fixer leur attention ; on y trouvera des pétrifications de testacées. Ces montagnes sont proches d'Arquata, où on visitera le tombeau de *Pé-*

trarque. En général les montagnes du Véronais et du Vicentin sont formées de pierres calcaires et fournissent de beaux marbres rouges, jaunes et de diverses couleurs; on y trouve des calcédoines et autres curiosités naturelles, ainsi que des insectes et des plantes rares. Le peuple est fier et sensible aux offenses. Il y a beaucoup de noblesse. On dit que Charles-Quint étant à Vicence, une quantité de riches bourgeois du pays le pressèrent de leur accorder le titre de comtes; Charles recula toujours; mais enfin, pour se soustraire à l'importunité, il dit à voix haute : *Oui, oui, je vous fais tous comtes, la ville et les faubourgs*. Les femmes y sont généralement belles et aimables. Vicence est la patrie de *saint Gaëtan*, d'André *Palladio* et du *Trissino*. Cette ville est à 8 l. N. O. de Padoue, 10 l. N. E. de Vérone, 15 O. de Venise, 94 l. N. de Rome. Long. 9. 13. 9. lat. 45. 31. 40.

VICENTIN (LE) est borné, N. par le Trentin et le Feltrin, E. par le Trévisan et le Padouan, S. par le Padouan, et O. par le Véronais. Il a environ 14 l. de long sur 11 de large. C'est un pays des plus agréables et des plus fertiles; on y compte environ 110,000 âmes. Il produit d'excellent vin, une quantité prodigieuse de mûriers, mines d'argent et de fer, et des carrières de pierres presque aussi belles que le marbre, coquillages, pétrifications, etc.

Vico-Acquense, ou Vico-di-Sorrento, petite ville du royaume de Naples, dans la Terre de Labour, près de la mer, à 2 l. N. E. de Sorrento : elle fut bâtie par Charles II, roi de Naples, sur les ruines d'Equa. Un tremblement de terre la ruina presque entièrement en 1694.

Vicovaro, petite ville de la Sabine, à 2 l. S. E. de Tivoli; on ignore son ancien nom.

Viesti, petite ville du royaume de Naples, dans la Capitanate. Elle est fort pauvre, et située au pied du mont Gargan, sur le golfe de Venise, à 10 l. N. E. de Manfredonia, 47 l. N. E. de Naples.

Vigevano, petite ville du Piémont, avec un fort château sur un rocher; elle est près du Tessin, et dans une très-agréable situation. Elle est fort commerçante; il y a des fabriques de rubans, et deux foires bien fréquentées pendant huit jours chacune, à la Saint-Joseph et le 15 août. A 5 l. S. E. de Novare. Long. 6. 31. 46. lat. 45. 18.

Vignola, gros bourg du Modenais, sur le Panaro, avec 1,200 habitans.

Villa-Guardia, riche bourg, près d'Oneille.

Villa-Nuova, gros bourg bien peuplé et bien commerçant du Montferrat, dans une plaine très-fertile. Le couvent des Cordeliers est remarquable.

Ville-Manuel, petite ville de l'île de Malte, bâtie par *Don Manuel Villena.*

Viterbe, ancienne et belle ville de l'état du pape, chef-lieu du Patrimoine de Saint-Pierre, fondée par *Didier*, dernier roi des Lombards. Elle est assez grande, et renferme une population d'environ 10,000 âmes. Sa situation est agréable, au pied du mont *Cimino*; la ville est entourée de murs flanqués de tours, qui de loin forment un beau coup d'œil; elle est environnée de jardins, ornée de superbes fontaines; elle renferme des maisons bâties avec élégance, et des églises dont les façades sont de belle architecture; ses rues sont pavées en entier de grands morceaux de lave de 4 à 8 pieds de long. Le voyageur doit remarquer particulièrement la place qui est régulière, ornée de portiques et d'édifices, qui annoncent quelque magnificence; le palais public, peint par *Balthasar Croce*, et entre autres églises, la cathédrale qui renferme de belles peintures, et les tombeaux des papes Jean XXI, Alexandre IV, Adrien V, et Clément VI; hors de la Porte Romaine, *Sainte-Rose*, où repose le corps de cette sainte, qu'on conserve en entier; le couvent des Dominicains, qu'habitait le frère *Ennius* de Viterbe, célèbre par ses impostures littéraires; l'église de Saint-François, où l'on admire un Christ mort, peint par *Sébastien del Piombo*, sur un dessin de *Michel-Ange*. Auprès de Viterbe, il y a une fontaine dont les eaux sont si chaudes qu'elles cuisent toutes les viandes qu'on y met. Il y a aussi un lac d'eau chaude à *Bullicani*, qui exhale une odeur sulfureuse, et dont l'eau semble continuellement bouillir. Viterbe est célèbre par ses eaux minérales; il y a deux sources, dont l'une purgative et diurétique a un goût de vitriol, et l'autre est acide. Viterbe est la patrie de Jean *Ennius*, et de Jean-François *Romanelli*. Son territoire est très-fertile, mais surtout en excellent vin. Elle est à 6 l. S. d'Orviette, 8 l. S. O. de Narni, 14 l. N. q. O. de Rome. Long. 9. 52. lat. 42. 24. 54.

VOGHERA, ville du Piémont de 10,000 habitans, sur la Staffera; sa situation est agréable et riante; la cathédrale est d'architecture moderne, et mérite d'être vue, à 5 l. S. O. de Pavie. Long. 6. 35. lat. 44. 59.

VOGOGNA. (*Voyez* UGOGNA.)

VOLCANO, une des îles de Lipari, entourée de rochers; tout y porte l'empreinte du feu qui l'a formée. Du cratère sort une fumée épaisse, blanche, sulfureuse et suffocante, qui la nuit paraît une flamme lumineuse. Elle est à 6 l. de la côte de Sicile, 3 et demie S. de Lipari.

VOLTAGGIO, petite ville fortifiée du Piémont, dans le duché de Gênes, sur le Lemo.

VOLTERRE, très-ancienne et considérable ville de la Toscane, au territoire de Pise; on y voit plusieurs monumens qui attestent son antiquité, principalement les murs, qui sont de construction étrusque. Le terrain aux environs est fertile, et abonde en eaux minérales. On y trouve de riches carrières de pierres dures très-recherchées, de charbon fossile, ou escarboucle, et beaucoup d'albâtre. On y travaille des vases et divers morceaux de sculpture sur des modèles étrusques déterrés dans les environs, et dont plusieurs particuliers possèdent des collections considérables. Cette ville avait autrefois une population de 100,000 âmes ; on n'en compte à présent que 4,000, dont les trois quarts travaillent aux carrières. C'est la patrie de *Perse*, du peintre *Péruzzi* et du pape *saint Lin ;* elle est sur une montagne, près du ruisseau *Zambra*, à 13 l. S. E. de Pise, 12 l. S. O. de Florence. Long. 8. 50. lat. 43. 22.

VOLTUMNO (LE), fleuve du royaume de Naples, qui prend sa source dans la Terre de Labour, passe à Capoue, et se jette dans la mer de Naples.

VOLTURARA, pet. ville du royaume de Naples, dans la Capitanate, au pied de l'Apennin, à 11 l. N. E. de Bénévent.

VOMANO, rivière du royaume de Naples, dans l'Abruzze ultérieure. Elle a son embouchure dans le golfe de Venise.

X.

Xacca ou Sacca, ville de la Sicile, avec un fort bon château, et un port sur la côte méridionale de l'île, au pied d'un mont, dans la vallée, et à 8 l. S. E. de Mazara. Long. 10. 44. lat. 37. 34.

Z.

Zaccarello, petite ville du Piémont, dans le duché de Gênes.

Zagularo, petite ville de l'état du pape, dans la Campagne de Rome.

Zaldo, bourg du Bellunèse. On trouve dans ses montagnes une grande quantité de fer.

Zante ou Zacynthus, une des îles Ioniennes, ayant 6 l. de long, sur 4 de large, avec une population de 45,000 habitans; la ville a un bon château et un bon port. L'île est sujette à de fréquens tremblemens de terre, et de temps en temps il se forme des petits volcans qui jettent du bitume et des cendres. Il n'y a qu'une seule rivière dans l'île, appelée *Camma*, dont les eaux sont salées; mais il y a au-dessous du château une source proche de la mer, et si abondante, que les vaisseaux viennent y faire eau. Cette île est une des plus fertiles de la

Grèce ; son principal revenu consiste en raisins secs, vins exquis, figues, oranges, et beauboup d'huile. La capitale de l'île a le même nom, avec une population de 12,000 habitans, et une forteresse sur une éminence. On voit dans l'île des sources de bitume et de poix noire. Elle est à 7 l. S. E. de Céphalonie. Long. 18. 40. lat. 37. 39.

Zara, ancienne, très-forte et considérable ville de la Dalmatie, capitale du comté de Zara, avec une bonne citadelle et un bon port. Cette ville est environnée de la mer de tous côtés, et n'est jointe au continent que par un pont-levis. Ladislas, roi de Naples, la vendit aux Vénitiens en 1409. Bajazet la leur enleva en 1498 ; mais ils la reprirent. Son marasquin est connu de tout l'univers. Elle a 6,000 habitans, et est dans une presqu'île formée par le golfe, et à 60 l. de Venise. Long. 13. 49. lat. 44. 27.

Zelo, bourg de la Polésine de Rovigo.

Zevio, petite ville du Véronais, près de Porto, sur le lac de Garde.

FIN.

DEUXIÈME PARTIE.

Instructions pour le voyageur; Règlemens pour le service en poste dans la France, dans l'Italie; Tarifs des postes; Tarif pour les chevaux de poste en Allemagne; Valeurs des monnaies d'Italie évaluées en argent de France; Tableau comparatif des mesures itinéraires; Douanes d'Italie; Hauteurs des points les plus élevés d'Italie.

Règlemens pour le service en poste dans la France.

1° Les cabriolets ou voitures à deux roues contenant une ou deux personnes, doivent avoir deux chevaux et un postillon. S'il y a trois personnes, ils doivent avoir trois chevaux. S'il y en a quatre, également trois chevaux, mais on paie 2 fr. par poste.

2° Les limonières ou voitures à quatre roues contenant une, deux ou trois personnes, doivent avoir trois chevaux. S'il y a quatre personnes, également trois chevaux, mais on paie 2 fr. par poste. On paiera 1 fr, 50 cent. par personne au-dessus du nombre de quatre.

3° Les berlines ou voitures à quatre roues montées sur deux fonds égaux et à timon, contenant une, deux ou trois personnes, doivent avoir quatre chevaux; s'il y a quatre ou cinq personnes, six chevaux; s'il y a six personnes, également six chevaux, mais on paie 1 f. 75 cent.

par poste. On paiera 1 fr. 50 c. par chaque personne au-dessus du nombre de six; il ne sera jamais attelé plus de six chevaux à chaque berline, qui est toujours conduite par deux postillons.

Un enfant de six ans n'est pas considéré comme voyageur; deux enfans au-dessous de six ans seront regardés comme un voyageur.

Le prix par cheval et par poste est de 1 fr. 50 c. (excepté dans les cas ci-dessus mentionnés), et 75 c. pour les guides; mais on leur donne habituellement 1 fr. 50 cent.

Règlemens pour le service en poste dans l'Italie.

Il y a deux manières de courir la poste en Italie; l'une ordinaire, qui est beaucoup plus coûteuse dans la Lombardie, le Piémont, le Milanais et les états ex-Vénitiens, que dans tout le reste de l'Italie; c'est par cette raison qu'on accorde en Lombardie la permission de prendre des chevaux de poste à un prix inférieur que celui fixé, mais avec quelques restrictions: comme de ne pouvoir obliger le postillon à galoper; de ne voyager après le coucher du soleil qu'en payant le prix entier de la poste; cette seconde manière de voyager s'appelle en italien, *andare in cambiatura*, ce qui s'obtient facilement en partant de la capitale de ces états. Si l'on se trouvait un peu éloigné des principales villes, il faudrait se procurer d'avance une permission, et se la faire expédier par un banquier dans la ville d'où l'on part.

Prix des chevaux de poste dans les différens pays de l'Italie.

Piémont et Ligurie.

Les maîtres de poste ne pourront donner de chevaux à aucun voyageur sans la présentation du *bolletone* délivré par le bureau de poste du lieu de son départ; lorsqu'il n'y aura pas de bureau de poste audit endroit, le maître de poste local et les suivans pourront servir le voyageur jusqu'au premier bureau de poste, où il se présentera pour obtenir le *bolletone*. Ceux qui venant de l'étranger voudront continuer leur voyage dans les états de S. M., seront soumis aux mêmes formalités.

Tarif. Le prix de courses en poste, à être payés en francs, est fixé:

Pour chaque cheval de trait ou de selle, à	1 fr.	50 c.
Pour la voiture, lorsqu'elle est fournie,	1	50
Pour la bonne main ou pour boire aux postillons,		75

Le montant de la course doit être payé aux maîtres de poste avant le départ de leurs stations, et la bonne main aux postillons, quand ils auront fait le service de la course. On attellera le nombre de chevaux fixé à chaque voiture selon le tableau suivant :

VOITURES.	NOMBRE de PERSONNES.	QUANTITÉ de CHEVAUX.	POSTILLONS de GUIDE.	PRIX PAR POSTE pour CHAQUE CHEVAL. fr. c.
1° *Cabriolets* montés sur deux roues et pouvant contenir jusqu'à quatre personnes. Les *chariots allemands* montés sur quatre roues sont compris dans cette classe lorsqu'ils sont couverts d'un tablier, qu'ils sont à soufflet, qu'ils ne sont pas chargés d'une vache, et qu'ils ne peuvent pas contenir au delà de deux personnes; ils doivent alors être attelés de deux chevaux.	1. 2.	2.	1.	1 50
	3.	3.	1.	1 50
	4.	3.	1.	2.
2° *Limonières* à quatre roues, ne sont pas à soufflet, n'ont pas deux fonds égaux, mais peuvent avoir un strapontin sur le devant.	1. 2. 3.	3.	1.	1 50
	4.	3.	1.	2
3° *Berlines* à quatre roues ont les deux fonds égaux, sont à flèche ou à timon. Les *chariots allemands* ou *calèches* rentrent dans la classe des *berlines* lorsqu'ils ne peuvent pas être assimilés aux *cabriolets* ou aux *limonières*.	1. 2. 3.	4.	2.	1 50
	4. 5.	6.	2.	1 50
	6.	6.	2.	1 75

Observations. Un enfant jusqu'à l'âge de six ans ne peut être considéré comme voyageur; deux enfans au-dessous de six ans en tiendront lieu.

Il sera payé 1 fr. 50 c. pour chaque personne excédant le nombre de quatre.

Pous les berlines il ne sera jamais attelé au delà de six chevaux; chaque personne excédant le nombre de six, paiera 1 fr. 50 c.

Chaque voiture peut être chargée d'une vache entière ou en deux parties, et d'une malle; il sera payé par chaque article de plus, 50 cent. par poste; néanmoins les voitures à deux roues ayant brancard, celles à quatre roues à un seul fond et ayant limonière, ne pourront être chargées sur le derrière de plus de cinq *rubs* de Piémont, et deux sur le devant. Il sera payé 25 centimes par poste pour chaque *rub* en plus.

Dispositions générales. Les maîtres de poste ne pourront exiger le paiement que pour le nombre de chevaux déterminé, d'après celui des personnes placées soit dans l'intérieur, sur le devant ou le derrière des voitures.

Sont toujours en vigueur les règlemens contre ceux qui changeraient de chevaux en route au préjudice des maîtres de poste.

Le présent règlement demeurera affiché à la porte des stations de poste, et les maîtres de poste, ainsi que les postillons, seront personnellement responsables de toute inexécution aux dits règlemens.

Royaume Lombard-Vénitien.

Règlement concernant le nombre de chevaux pour le service des voitures à deux ou à quatre roues, avec ou sans bagage.

1° Les voitures à deux ou à quatre roues avec deux voyageurs et une malle, ou trois voyageurs et un petit bagage, mais sans malle, seront servies avec deux chevaux.

2° Dans le cas où les routes seraient gâtées au point d'être fort difficiles, les maîtres de poste pourront le notifier à la direction générale, et demander l'autorisation d'atteler un troisième cheval; sans cette autorisation, qui devra être affichée à la station de poste conjointement avec ce règlement, les maîtres de poste ne pourront atteler plus de deux chevaux, selon le nombre des voyageurs et la quantité du bagage indiqué dans l'article I.

3° Lorsque les voyageurs excéderont le nombre de trois, ou si n'étant que deux et ayant deux malles de grandeur moyenne ou un bagage d'un poids semblable, les maîtres de poste pourront atteler un troisième cheval.

4° Si la voiture était d'un poids extraordinaire par elle-même (ce qui doit s'entendre quand elle appartient au voyageur) ou bien par sa charge, les maîtres de poste pourront atteler quatre chevaux, mais jamais plus.

Tarif *pour le royaume Lombard-Vénitien et les Duchés de Parme et de Modène.*

Une poste et avec deux chevaux,	5 fr.	50 c.
A chaque postillon,	1	50
Au maquignon,		25
Pour le louage d'une voiture découverte, à deux ou quatre roues,		40
Pour une voiture couverte,		80

Tarif du prix des postes dans le royaume Lombard-Vénitien et dans l'Italie.

NOMBRE de POSTES.	NOMBRE DE CHEVAUX.					POSTILLONS.		VOITURES.	
	2	3	4	5	6	1	2	DÉCOUVERTES.	COUVERTES.
	fr. c.	fr. c.	fr. c.	fr. c.	fr. c.	fr. c.	fr. c.	fr. c.	fr. c.
1	5 50	8 25	11	13 75	16 50	1 50	3	40	80
1 1/4	6 88	10 32	13 75	17 19	20 63	1 88	3 75	50	1
1 1/2	8 25	12 38	16 50	20 63	24 75	2 25	4 50	60	1 20
1 3/4	9 63	14 44	19 25	24 7	28 88	2 63	5 25	70	1 40
2	11	16 50	22	27 50	33	3	6	80	1 60
2 1/4	12 38	18 57	24 75	30 94	37 13	3 38	6 75	90	1 80
2 1/2	13 75	20 63	27 50	34 38	41 25	3 75	7 50	1	2
2 3/4	15 13	22 69	30 25	37 82	45 38	4 13	8 25	1 10	2 20
3	16 50	24 75	36	41 25	49 50	4 50	9	1 20	2 40

Duché de Parme et de Plaisance.

Règlemens des postes, établis par arrêt du 17 janvier 1816.

Articles 1, 2, 3, 4. (*Voyez* les règlemens pour le royaume *Lombard-Vénitien.*)

5° Lorsque les voyageurs en partant de *Parme* avec les chevaux de poste, arriveront au *Taro*, sur la route de *Rome*, et que ce torrent ne permettra pas de le passer, la nourriture des chevaux à l'auberge la plus proche sera à la charge des voyageurs s'ils veulent attendre le passage, ou bien ils paieront au maître de poste de *Parme* le prix d'une poste, s'ils préfèrent retourner à la ville.

6° Les voyageurs qui arriveront à la *Trebbia* venant de *Plaisance*, et ne pourront la passer sur-le-champ, paieront la nourriture des chevaux de poste à l'auberge le *Case di Rocce* s'ils veulent attendre le passage, ou bien ils paieront au maître de poste de *Plaisance* le prix d'une demi-poste s'ils aiment mieux revenir à la ville.

7° Il en sera de même à l'égard des voyageurs venant de *Castel-San-Giovani*, et allant à la *Trebbia;* dans le cas de retour, ils paieront le prix de la course au lieu de celui de la poste, à cause de la distance.

8° Depuis le mois de septembre de chaque

année jusqu'au dernier jour de mars suivant, le maître de poste de *Castel-San-Giovani* et celui de *Plaisance* ont la faculté d'atteler et de se faire payer le prix d'un troisième cheval, jusqu'à ce qu'on ait construit un pont sur la *Trebbia*. La poste suivante n'a pas le droit de continuer avec le troisième cheval. Le tarif du prix est le même que celui qui est en vigueur dans le royaume *Lombard - Vénitien*. Cependant les courses de *Firenzuola* à *Crémone* et de *Castel-San-Giovani* à *Pavie*, sont établies au prix de 7 fr. 50 cent. par poste.

Duché de Modène.

Le règlement pour les postes et le tarif sont les mêmes que ceux du royaume *Lombard-Vénitien*.

Grand-Duché de Toscane.

La poste en Toscane est communément de sept milles; si l'on dépasse cette mesure de trois milles, il y a une poste et demie.

Pour chaque attelage de deux chevaux on paie 10 paoli, excepté la poste royale de *Florence* où l'on paie 12 paoli.

Pour le troisième cheval et pour le cheval du courrier qui accompagne les chaises, 4 paoli. Pour tous les chevaux de selle, 5 paoli. Au guide, 3 paoli. Au valet d'écurie, un $\frac{1}{2}$ paoli; et pour chaque couple qui sera attelé un $\frac{1}{2}$ paoli.

Les chaises à deux roues qui n'excèdent pas la charge de trois personnes et cent livres d'équipages seront attelées de deux chevaux, à l'exception des postes suivantes, qui ont le privilége, pour raison de localité, d'atteler un cheval de plus aux chaises et carretelles, et un couple aux carrosses.

Sur la route de Rome.

La poste de Castiglioncello à Sienne.
La poste de Torrinieri à la Ponderina.
Celle de la Ponderina à Torrinieri.
Celle de Ricorsi à Radicofani.

Sur la route de Bologne.

La poste de Montecarelli à Corigliajo.

Une calèche à quatre roues, appelée communément carretelle, avec son soufflet, ouverte par devant, et n'ayant que deux personnes sans équipages, est attelée de deux chevaux, excepté aux susdites postes où l'on en attelle trois.

Lorsque la charge n'est pas au delà de deux cent cinquante livres d'équipages et trois personnes, ces voitures auront trois chevaux, et quatre aux susdites postes.

Dans le cas où ces voitures excéderaient le nombre de trois personnes et de deux cent cinquante livres d'équipages, elles seront considérées comme carrosses.

Un carrosse qui n'aura pas une charge au

delà de trois cent cinquante livres d'équipages et six personnes, devra être attelé de quatre chevaux; et de six aux susdites postes, s'ils excèdent cette charge tant en personnes qu'en équipages, on attellera six chevaux et huit aux susdites postes.

Il est défendu en Toscane de quitter la poste pour une voiture privée, ou avec celle-ci de courir la poste.

Cependant si un voyageur arrivait à une poste manquant de chevaux, sans espoir de leur prompt retour, alors il pourra se servir de chevaux de voiture jusqu'à la poste où il en trouverait; dans un pareil cas, le maître de poste où manquent les chevaux, devra faire une attestation de ce défaut, afin que le maître de poste suivant, vu ladite attestation, soit tenu de fournir les chevaux nécessaires.

Lorsque les chevaux manquent à une poste, le postillon est obligé d'aller jusqu'à la poste suivante, si elle est simple, mais il n'est pas obligé de faire la troisième poste, sans auparavant rafraîchir les chevaux.

A chaque poste il doit y avoir au moins une chaise pour la commodité des voyageurs, et même un carrosse à quatre places. Le louage d'une calèche est de 3 paoli, et pour un carrosse à quatre places 6 paoli.

État Romain.

Pour chaque attelage de deux chevaux, 10 paoli par poste.

Pour le troisième cheval, 4 paoli.

Pour le troisième et le quatrième couple, 8 paoli par poste.

Louage d'une chaise couverte que le maître de poste est obligé de fournir, 2 paoli.

Au guide pour *benandata*, 3 paoli ½.

Au valet d'écurie, un ½ paoli.

Chaque couple exige un postillon: le troisième, le cinquième ou autre cheval impair devra être sous la main du même, sans autre postillon.

Une *calèche* avec trois personnes et une malle de grosseur moyenne, sera attelée de deux chevaux; pareil nombre de chevaux servira pour deux personnes et deux malles; ayant une troisième malle ou une grosse valise, on sera tenu de prendre un troisième cheval; et pour tout autre malle, valise, paquet, etc., etc., on paiera 2 paoli par poste.

Les voitures et carrosses à quatre roues avec six personnes et une malle, seront attelées de quatre chevaux; s'il y a une personne, une malle ou une grosse valise de plus, on sera obligé de prendre six chevaux. Pour tout autre malle, valise, paquet, on paiera 2 paoli.

Pour *carretelles* ou *carretines* à l'allemande à quatre roues, avec deux personnes et une valise de 60 livres, il suffira de deux chevaux, en les considérant comme voiture à deux roues.

Ayant commencé le voyage par la poste, il n'est permis de le continuer par voiture qu'après trois jours de repos, et *vice versâ*.

ROYAUME DE NAPLES.

Par poste, pour chaque cheval, 5 carlins ½.
Benandata au postillon, 3 carlins.
Pour le *pertichino*, 1 carlin ½.

Si le *pertichino* est ôté en route, on paie pour le même 3 carlins.

Benandata, 1 carlin.

Un valet d'écurie qui est obligé de baigner les roues, un ½ carlin.

Louage d'une chaise à deux roues, 5 carlins.

Le double pour une voiture à quatre roues.

Un courrier ayant avec lui un passager, paie pour celui-ci 5 carlins ½.

Pour une chaise à deux roues avec une malle de deux cents livres, et pour une voiture pareille avec trois personnes, on prend deux chevaux.

Pour une voiture pareille, avec trois personnes et une malle, on prend trois chevaux.

Une petite voiture à quatre roues, appelée *canestrella* ou saute-fossé, avec deux personnes et un petit poids par derrière, sera attelée de deux chevaux.

Une voiture pareille, avec trois personnes et une malle de deux cents livres, sera attelée de trois chevaux.

La *canestra* ou carrosse à quatre places, avec cinq personnes et une malle de deux cents livres, aura quatre chevaux : avec six personnes et deux grosses malles, six chevaux.

En arrivant à une poste par voiture, on ne peut continuer le voyage par la poste que vingt-quatre heures après.

Les maîtres de poste intermédiaires ne peuvent pas atteler un plus grand nombre de chevaux que celui avec lesquels le voyageur y arrive; s'ils se croient lésés, ils porteront leurs plaintes à l'office royal du grand courrier contre les autres maîtres de poste, mais cependant sans pouvoir retenir les voyageurs.

Tarif pour les chevaux de poste en Allemagne.

Par poste on paie pour chaque cheval 1 florin effectif et 3 florins en papier; au postillon, un $\frac{1}{2}$ florin.

Valeur des Monnaies d'Italie évaluées en argent de France.

NATURE.	DÉNOMINATION DES PIÈCES.	VALEUR EN FRANCS.		
	AUTRICHE ET BOHÊME.	fr.	c.	m.
Or.	Ducat de l'empereur.	11	86	
	Ducat de Hongrie.	11	90	
	Souverain.	17	58	
	Demi-souverain.	8	79	
Argent.	Écu, ou risdale de convention, depuis 1753.	5	19	50
	Demi-risdale, ou florin.	2	59	75
	Vingt kreutzers.		86	50
	Dix kreutzers.		43	25
	SARDAIGNE.			
Or.	Carlin, depuis 1768.	49	33	
	Demi-carlin.	24	66	50
	Pistole.	28	45	
	Demi-pistole.	14	22	50
Argent.	Ecu, depuis 1768.	4	70	
	demi-écu.	2	35	
	Quart d'écu, ou une livre.	1	17	50
	Ecu neuf de 5 livres, 1816.	5		
	SAVOIE ET PIÉMONT.			
Or.	Sequin.	11	94	50
	Double neuve pistole de 24 livres.	30		
	Demi neuve pistole de 12 livres.	15		
	Carlin, depuis 1755.	150		
	Demi-carlin.	75		
	Pistole neuve de 20 liv. de 1816.	20		
Argent.	Ecu de 6 livres, depuis 1755.	7	7	
	Demi-écu.	3	53	50
	Un quart, ou 30 sous.	1	76	75
	Demi-quart, ou 15 sous.		88	37
	Ecu neuf de 5 livres.	5		

NATURE.	DÉNOMINATION DES PIÈCES.	VALEUR EN FRANCS.		
	GÈNES.	fr.	c.	m.
Or.	Sequin.	12	1	
	PARME.			
Or.	Sequin.	11	95	
	Pistole de 1784.	23	1	
	Pistole de 1786 à 1791.	21	91	50
	40 livres de Marie-Louise, depuis 1815.	40		
	20 livres, *idem*.	20		
Argent.	Ducat de 1784 et 1796.	5	18	
	Pièce de 3 livres, depuis 1790.		68	
	D'une livre de 10 sous, depuis 1790.		34	
	5 livres de Marie-Louise, depuis 1815.	5		
	2 livres, 1 livre, demi et quart de livre à proportion.			
	MILAN.			
Or.	Pistole.	19	77	
	Sequin.	11	94	
	Monnaies du royaume Lombard-Vénitien.			
	Pièce de 40 livres.	40		
	Pièce de 20 livres.	20		
Argent.	Ecu.	4	60	
	Demi-écu.	2	30	
	Pièce d'une livre vieille.		76	50
	Demi-pièce d'une livre vieille.		38	25
	Monnaies du royaume Lombard-Vénitien.			
	5 livres.	5		
	2 livres, une livre, demi et quart de livre à proportion.			
	Voyez la monnaie d'Autriche, qui y a cours.			

NATURE.	DÉNOMINATION DES PIÈCES.	VALEUR EN FRANCS.		
	VENISE.	fr.	c.	m.
Or.	Sequin.	12		
	Demi-sequin.	6		
	Oselle.	47	7	
	Ducat.	7	49	
	Pistole.	21	36	
Argent.	Ducat effectif de 8 livres piccoli.	4	18	
	Ecu à la croix.	6	70	
	Justine, ou ducaton.	5	91	
	Talaro.	5	32	
	Oselle.	2	7	
	Ducat courant de 6 un cinquième de livres piccoli, ou 124 sous, monnaie de compte.	3	23	95
	Livre piccola de 20 sous.		52	25
	L'argent du royaume Lombard-vénitien, dit argent d'Italie, et celui d'Autriche, y ont cours. *Voyez* Milan, Autriche.			
	MANTOUE.			
Argent.	La livre de Mantoue vaut		25	6
	BERGAME.			
Argent.	La livre vieille de Bergame vaut		53	
	CHIAVENNA.			
Argent.	La livre de Chiavenna vaut		60	
	VALTELINE.			
Argent.	La livre de la Valteline vaut		37	7

NATURE.	DÉNOMINATION DES PIÈCES.	VALEUR EN FRANCS.		
		fr.	c.	m.
	MODÈNE.			
Argent.	La livre de 20 sous à 12 deniers vaut		38	4
	Idem de Reggio.		25	6
	GRAND-DUCHÉ DE TOSCANE.			
Or.	Ruspone, ou trois sequins aux lis.	36	4	
	Un tiers de ruspone, ou 1 sequin aux lis.	12	1	33
	Demi-sequin.	6		67
	Sequin à l'effigie.	12	1	33
	Rosine.	21	54	
	Demi-Rosine.	10	77	
Argent.	Francescono de 10 pauls, livournine, piastre à la rose, talaro, léopoldine, et écu de 10 pauls.	5	61	
	Pièce de 5 pauls.	2	80	50
	Id. de 2 pauls.	1	12	20
	Id. d'un paul.		56	10
	ÉTATS DU PAPE.			
Or.	Pistole de Pie VI et de Pie VII.	17	27	50
	Demi-pistole.	8	63	75
	Sequin de 1769, Clément XIV et ses successeurs.	11	80	
	Demi-sequin.	5	90	
Argent.	Écu de 10 pauls, ou 100 bajocchi, nommé piastre.	5	38	50
	Teston de trente bajocchi.	1	62	
	Cinquième de piastre, ou papetto, de 20 bajocchi.	1	8	
	Un dixième d'écu, ou paul, de 10 bajocchi.		54	
	ROYAUME DE NAPLES.			
Or.	Le titre du ducat est trop variable pour lui donner une évaluation.			

NATURE.	DÉNOMINATION DES PIÈCES.	VALEUR EN FRANCS.		
		fr.	c.	m.
Or.	Once nouvelle de 3 ducats, depuis 1818.	12	99	
	Quintuple de 15 ducats, depuis 1818.	64	95	
	Décuple de 30 ducats, depuis 1818.	129	90	
Argent.	12 carlins de 120 grains, depuis 1804.	5	10	
	Ducat de 10 carlins de 100 grains, 1784.	4	25	
	2 carlins, depuis 1804.		85	
	1 carlin, depuis 1804.		42	50
	Ducat de dix carlins, de 1818.	4	25	
	SICILE.			
Or.	Once, depuis 1748.	13	73	
Argent.	Ecu de 12 tarins.	5	10	
	RAGUSE.			
Or.	Néant.			
Argent.	Talaro, dit ragusino.	3	90	
	Demi-talaro.	1	95	
	Ducat.	1	37	
	12 grossetti.		41	
	6 grossetti.		20	50
	Nota. L'argent de France a cours dans toute l'Italie.			

TABLEAU

Comparatif des mesures itinéraires.

Italie.

La poste dans tout ce pays est à peu près de huit milles géographiques. Le nouveau mille est de mille mètres ; le mètre est la dix millionième partie du quart de cercle du méridien terrestre.

Royaume de Naples.

Le mille de Naples est de 7000 palmes napolitaines, 1091 toises de France. Il est de 166 toises plus long que le mille anglais. Il équivaut presque à un mille et un tiers romain, ou à un mille de Piémont de 50 au degré; deux milles de Naples ne font guère moins d'une lieue de 25 au degré.

État Romain.

Le mille romain était beaucoup plus court que celui de Toscane; mais on le regarde comme le mille commun d'Italie, et il ne diffère pas beaucoup de l'ancien mille des Romains. On le calcule en raison de 75 au degré du méridien. Il correspond à 775 toises de France, c'est-à-dire qu'il est de 50 toises plus court que le mille anglais.

Toscane.

Les postes sont de sept milles de 67 au degré. Le mille est évalué à mille pas géométriques; il équivaut à 5000 pieds de France ou à 2887 brasses mercantiles de Florence, et correspond à 825 toises de France.

Piémont et Gênes.

Le mille est de 800 trabucchi, le trabuccho est de 6 pieds de Piémont, le pied de Piémont est de 20 pouces anglais; d'où il résulte que le mille de Piémont, selon l'ancienne mesure, correspond à 2688 verges 10 pouces, ou bien à un mille et demi anglais, plus 48 verges 10 pouces. Il équivaut à environ 1300 toises de France.

Les postes de Piémont ont été réglées en raison de deux lieues de France de 25 au degré. La lieue de France équivaut à deux milles de Piémont, mesure ancienne; ainsi quatre milles de Piémont correspondent à une poste, mesure moderne.

États de Parme et de Plaisance.

En entrant dans ces états, on commence à compter par milles communs d'Italie, qu'on évalue à 6 verges, un pied plus longs que le mille anglais.

Royaume Lombard-Vénitien.

Le mille de Venise s'approche de celui de Toscane, on le calcule en raison de 66 ou 67 milles au degré.

France.

La petite lieue de France est de 2000 toises.
La lieue moyenne, 2450
La grande lieue, 3000

La lieue moyenne de France étant de 2450 toises ou 15670 pieds anglais, ou environ 5225 verges, en raison de trois milles anglais, se trouve plus courte de 25 toises, ou 170 pieds anglais ou 57 verges.

La petite lieue de France, qui est la lieue commune, étant de 2000 toises, équivaut à deux milles et demi anglais, moins 62 toises.

La grande lieue de France étant de 3000 toises, correspond à trois milles et deux tiers d'Angleterre, moins 25 toises.

Le mille anglais est de 1760 yars ou verges d'Angleterre, faisant 5280 pieds anglais ou 825 toises de France environ.

Il faut 69 milles anglais au degré du méridien, ou 2475 toises.

Trois milles anglais sont plus longs que la lieue moyenne de France de 57 verges, 170 pieds anglais, ou 25 toises de France.

Allemagne.

Le mille d'Allemagne, selon l'astronome Chappe, est évalué à 3804 toises de France. En comparaison de quatre milles et demi anglais, il est plus court de 92 toises. En comparaison de deux petites lieues de France, il est plus court de 196 toises. Il correspond à une lieue et deux tiers de 25 au degré. Il faut quinze milles d'Allemagne au degré.

Russie.

Le verste de Russie est de 500 sazen (toises).

Les sazen équivalent à 3 aunes de Russie ou à sept pieds anglais.

Le verste fait à peu près deux tiers du mille anglais, et un peu plus qu'un quart de la petite lieue de France, correspondant à 547 toises de France.

Sept verstes de Russie forment un mille d'Allemagne.

ESPAGNE.

La lieue commune d'Espagne, du moins aux environs de Madrid, est de 3300 toises de France, 21120 pieds anglais. Elle correspond à une lieue moyenne et un tiers de France, plus 33 toises, et à 4 milles anglais.

Douanes. La douane est extrêmement rigoureuse dans plusieurs états de l'Italie, mais principalement dans le royaume *Lombard-Vénitien*. C'est pourquoi, pour la commodité du voyageur, il vaut mieux qu'il fasse plomber ses malles aux frontières, parce qu'habituellement on n'y est pas si strict que dans l'intérieur. Les passe-ports sont de toute rigueur dans le royaume *Lombard-Vénitien*.

La manière la plus économique de voyager en Italie, est de s'arranger avec des *voiturins* qui prennent à leur charge les dépenses du repas, du coucher, ainsi que des autres frais de voyage; sans cela l'étranger paierait beaucoup plus cher: on a en même temps l'agrément de pouvoir mieux examiner la beauté du pays que l'on parcourt.

Hauteurs au-dessus du niveau ordinaire de la mer Méditerranée, prises des points les plus élevés d'Italie, mesurés en pieds anglais avec le baromètre du chevalier Shuckbourg en 1775, et par d'autres, en plusieurs temps, en toises de France.

	Toises de France.	Pieds anglais.
Mont-Blanc, la plus haute montagne de l'Europe, dans le Faussigny, en Savoie.	. . .	15662
Selon M. Fazio de Duiller.	2426	
Selon M. de Luc.	2334	13302 1/2
En prenant la mesure moyenne, on peut juger sa hauteur perpendiculaire sur le niveau de la mer.	2400	
Mont-Cenis à la poste.	. . .	6261
Les rochers autour de la plaine où est située la maison de poste.	. . .	9261
Selon La Condamine, Bouguer et autres, la partie la plus élevée du Mont-Cenis, a une hauteur perpendiculaire sur le niveau de la mer de.	1490	
La partie en plaine ou gorge du Mont-Cenis, environ.	1000	
Grande Croix.	. . .	6023
Novalèse	. . .	2741
Turin.	. . .	941
Montviso en Piémont, d'où le Pô prend sa source.	. . .	9997
Bologne.	. . .	399
Mont Radicoso, près de Pietra Mala, l'une des cimes des Apennins, où il existe un volcan, et par où passe la grande route de Bologne à Florence.	. . .	1901
Florence aux rives de l'Arno.	. . .	190
Sienne.	. . .	1066
Radicofani, à la poste.	. . .	2470
Le sommet de la montagne supérieure où était la forteresse.	. . .	3060
Viterbe.	. . .	1259
Monte Rosi, mesuré géométriquement par le père Beccaria.	. . .	15084
Rome, dans le Cours.	. . .	94
Le Tibre à Rome.	. . .	33
La pointe de la croix de Saint-Pierre à Rome, et au-dessus de la base de l'obélisque du Vatican	. . .	502
Le Capitole, à l'extrémité de l'ancienne roche Tarpéienne.	. . .	151
Le Mont Vésuve, selon M. de Saussure.	. . .	3094
Monte Nuovo ou Monte Canere, mesuré en 1778, par plusieurs personnes.	. . .	472
Mont Etna, selon le chevalier Shuckbourg.	. . .	10954
Selon M. de Saussure.	. . .	10700 3/4
Le grand Saint-Bernard à l'hospice, selon M de Saussure.	. . .	8074
Le Saint-Gothard, selon le même.	. . .	6799

TABLEAUX DES ROUTES.

No 1er.

1re Route. De PARIS à LYON, par Auxerre et Autun.

58 postes trois quarts, 117 l. et demie (1).

NOMS DES RELAIS.	POSTES.
De Paris	
à Charenton.	1.
Villeneuve-Saint-Georges.	1 un quart.
Lieusain.	1 trois quarts.
Melun.	1 trois quarts.
Châtelet.	1 un quart.
Panfou.	1.
Fossard.	1 trois quarts.
Villeneuve-la-Guiard.	1.
Pont-le-Roi.	1 et demie.
Sens.	1 et demie.
Villeneuve-le-Roi.	1 trois quarts.
Villevallier.	1.
Joigny.	1.
Bassou.	1 et demie.
Auxerre.	2.
Saint-Bris.	1.
Vermanton.	2.
Lucy-le-Bois.	2. un quart.
Avallon.	1.

Auberges.—(1) Quoique les premiers voyages soient hors d'Italie, nous avons mis les itinéraires des routes pour satisfaire les voyageurs, qui la plupart commencent le voyage d'Italie en partant de Paris. Sur les grandes routes de France on trouve partout de bonnes auberges, et on paie ordinairement trois francs pour le souper et la chambre.

NOMS DES RELAIS.	POSTES.
à Rouvray	2.
La Roche-en-Breny	1.
Saulieu	1 et demie.
Pierre-Écrite	1 un quart.
Chisey	1 et demie.
Autun	2 et demie.
Saint-Émilan	2.
Saint-Léger	1 et demie.
Bourgneuf	1.
Châlons-sur-Saône	1 et demie.
Senecey	2.
Tournus	1 et demie.
Saint-Albin	2.
Mâcon	2.
La Maison-Blanche	2.
Saint-Georges de Rognains	1 trois quarts.
Anse	1 trois quarts.
Limonest	1 et demie.
Lyon	1 et demie.

N° 2.

2e Route. De PARIS à LYON, par Nevers et Moulins.

59 postes et demie, 119 l.

NOMS DES RELAIS.	POSTES.
De Paris	
à Villejuif	1.
Fromenteau	1 un quart.
Essonne	1 et demie.
Ponthierry	1 un quart.
Chailly	1.
Fontainebleau	1 un quart.
Nemours	2.

NOMS DES RELAIS.	POSTES.
à Croisière	1 et demie.
Fontenay	1.
Montargis	2.
La Commodité	1 un quart.
Nogent-sur-Vernisson	1.
La Bussière	1 et demie.
Briare	1 et demie.
Neuvy-sur-Loire	2.
Cosne	1 trois quarts.
Pouilly	1 trois quarts.
La Charité	1 et demie.
Pougues	1 et demie.
Nevers	1 et demie.
Magny	1 et demie.
Saint-Pierre-le-Moutier	1 et demie.
Saint-Imbert	1 un quart.
Villeneuve-sur-Allier	1 et demie.
Moulins	1 et demie.
Bessay	2.
Varennes	2.
Saint-Gérand-le-Puy	1 et demie.
La Palisse	1 un quart.
Droiturier	1 un quart.
Saint-Martin-d'Estréaux	1.
La Pacaudière	1.
Saint-Germain-l'Espinasse	1 et demie,
Roanne	1 et demie.
Saint-Symphorien-de-Lay	2.
Pain-Bouchain	1 et demie.
Tarare	1 et demie.
aux Arnas	1 et demie.
à Salvagny	2.
Lyon	1 trois quar

N° 3.

ROUTE DE PARIS à GENÈVE (1), par Dijon.

63 postes, 126 l.

NOMS DES RELAIS.	POSTES.
De PARIS	
à Charenton.	1.
Grosbois.	1 et demie.
Brie-Comte-Robert.	1.
Guignes.	2.
Mormant.	1.
Nangis.	1 et demie.
La Maison-Rouge.	1 et demie.
Provins.	1 et demie.
Nogent-sur-Seine.	2.
Pont-sur-Seine.	1.
aux Granges.	1 et demie.
aux Grès.	1 trois quarts.
à Troyes.	2 un quart.
Saint-Parre-les-Vaudes.	2 un quart.
Barre-sur-Seine.	1 et demie.
Mussy-sur-Seine.	2 et demie.
Châtillon-sur-Seine.	2.
Saint-Marc.	2 et demie.
Ampilly.	1.
Chanceaux.	1 trois quarts.
Saint-Seine.	1 et demie.
Val-de-Suzon.	1 un quart.
Dijon.	2.
Genlis.	2.
Auxonne.	1 trois quarts.
Dôle.	2.

Auberges. — (1) *Voyez* la note du n° 1.

NOMS DES RELAIS.	POSTES,
à Mont-sous-Vaudrey.	2 et demie.
Poligny.	2 un quart.
Montrond.	1 et demie.
Champagnole.	1 et demie.
Maison-Neuve.	1 et demie.
Saint-Laurent.	1 et demie.
Morez.	1 et demie.
aux Rousses.	1 et demie.
à La Vatty.	1 trois quarts.
Gex.	2.
Genève (1).	2.

(1) Ville très-riche, et bien peuplée, qui renferme un nombre considérable de négocians, de marchands, manufactures de tout genre, et de belles fabriques de montres et de bijouteries. Cette ville est située dans la Suisse, et précisément à l'endroit où le Rhône sort du lac de Genève. Une grande machine hydraulique, mise en mouvement par la rivière, sert à distribuer l'eau dans toutes les parties mêmes les plus élevées de la ville. Genève passait chez les Anciens pour une des plus fameuses villes des Alpes; ses bâtimens sont superbes, et ses promenades charmantes. Les étrangers ne manquent pas de passer à Ferney, retraite de Voltaire, et une promenade sur le lac. On va visiter aussi le Mont-Blanc, la plus haute montagne d'Europe, en Savoie; des neiges couvrent toujours son sommet. La population de Genève est de 24,000 habitans, la ville est bien fortifiée du côté du Piémont, et ouverte du côté de la France. La religion dominante est le calvinisme. C'est la patrie de Bonnet, des Turretins, de Chouet, Le Clerc, Casaubon, Jean-Jacques Rousseau, Tronchin, Spanheim, Pictet, de Saussure, Necker, Marat, Clavière, etc. Les meilleures auberges sont la Valence et l'Écu de France.. Genève est à 145 l. S. E. de Paris. Long. 4. 15. lat. 46. 12.

N° 4.

Route de LYON à CHAMBÉRY (1).

14 postes et demie, 29 l.

NOMS DES RELAIS.	POSTES.
De Lyon	
à Bron.	1 un quart.
Saint-Laurent-des-Mûres.	1.
Verpillière.	1 et demie.
Bourgoin.	1 et demie.
La Tour-du-Pin.	2.
au Gaz.	1.
Pont-de-Beauvoisin.	1 un quart.
aux Échelles-de-Savoie.	2.
à Saint-Thibault-de-Coux.	1 et demie.
Chambéry (2)	1 et demie.

(1) Les auberges ne sont pas mauvaises sur la route.

(2) Chambéry est la ville la plus considérable de la Savoie, avec une population de 10,000 habitans, dans une belle situation. Les rues sont étroites, ce qui rend la ville triste; les maisons sont bien bâties, mais avec une pierre de couleur foncée. La promenade publique de *Vernay* est très-fréquentée. On voit le reste d'un palais qui, en 1645, fut consummé par le feu. L'hôtel-de-ville, le tir de l'arquebuse, et la place du marché, méritent aussi l'attention. Il y a une rue ornée de portiques, qu'on appelle la rue Découverte. Chambéry est baignée par deux petites rivières la *Laise* et l'*Alban*, et est ornée de beaucoup de fontaines. La vallée dans laquelle la ville est située, est large et agréable; les campagnes fleuries et bordées de montagnes, offrent un coup d'œil très-varié. C'est la patrie de Saint-Réal, de Vaugelas, etc. L'auberge de la poste est la meilleure. Elle est à 22 l. S. E. de Lyon, 38 N. O. de Turin. Long. de Paris 3. 35. lat. 45. 32.

N° 5.

Route de LYON à MARSEILLE (1).

43 postes trois quarts, 87 l. et demie.

NOMS DES RELAIS.	POSTES.
De Lyon	
à Saint-Fons	1.
Saint-Symphorien-D'Ozon	1.
Vienne	1 et demie.
Auberive	2.
au Péage-de-Roussillon	1.
à Saint-Rambert	1 et demie.
Saint-Vallier	1 et demie.
Tain	1 trois quarts.
Valence	2 et demie.
La Paillasse	1 et demie.
Loriol	1 et demie.
Derbières	1 et demie.
Montélimart	1 et demie.
Donzère	2.
La Palud	2.
Mornas	1 et demie.
Orange	1 et demie.
Sorgues	2.
Avignon	1 et demie.
Saint-Andiol	2 un quart.
Orgon	1 un quart.
Pont-Royal	2.
Saint-Carlat	2.
Aix	2.
au Pin	2.
à Marseille	2.

Auberges. — (1) *Voyez* la note du n° 1.

N° 6.

ROUTE DE LYON à ANTIBES (1).

61 postes trois quarts, 123 l. et demie.

NOMS DES RELAIS.	POSTES.
De LYON à AIX. (*Voyez* le n° 5)	39 trois quarts.
D'AIX	
aux Bannettes	1 trois quarts.
à La Grande-Pugère	1 et demie.
Tourves	2 et demie.
Brignolles	1 et demie.
Flassans	1 trois quarts.
au Luc	1.
à Vidauban	1 trois quarts.
au Muy	1 trois quarts.
à Fréjus	2.
Lestrelles	2.
Cannes	3.
Antibes (2)	2.

N° 7.

ROUTE DE CHAMBÉRY à TURIN.

33 postes un quart, 66 l. et demie.

NOMS DES RELAIS.	POSTES.
De CHAMBÉRY (3)	
à Montmélian	2.

(1) Les auberges sont passables.

(2) Petite, mais ancienne ville maritime de France. On y voit plusieurs traces du séjour que les Romains y ont fait. Ses fortifications sont l'ouvrage de *Vauban*. Le port, qui est presque rond, est d'une circonférence de 600 toises, et il est bien défendu. Cette ville est célèbre par le siége opiniâtre qu'elle soutint en 1746. La campagne est un jardin délicieux. Les promenades sont agréables sur le bord de la mer. Il y a de bonnes auberges.

Auberges —(3) La Poste; Saint-Jean-Baptiste; les Quatre-Nations.

NOMS DES RELAIS.	POSTES.
à Maltaverne	1 et demie.
Aiguebelle (1)	1 et demie.
La Chapelle	2.
Saint-Jean-de-Maurienne (2)	2 et demie.
Saint-Michel	2.
Modane	2 et demie.
Verney	2.
Lans-le-Bourg	2.
Mont-Cenis	3.
Molaret	3.
Suze (3)	2.
Saint-George	1 et demie.
Saint-Antonin (4)	1.
Avigliano	1 et demie.
Rivoli	1 et demie.
Turin (5)	1 trois quarts.

N° 8.

ROUTE D'ANTIBES à GÊNES par le Col de Tende.

40 postes un quart.

NOMS DES RELAIS.	POSTES.
D'ANTIBES	
à Nice (6)	2 et demie.
Scarena	2 un quart.
Sospello	2 un quart.
Breglio	2 un quart.
Tende	2 un quart.

Auberges. — (1) La Poste. (2) Saint-George. (3) La Poste. (4) La Poste. (5) L'Univers; l'Hôtel d'Italie; la Bonne Femme; l'Europe et les deux Bœufs-Rouges. (*Voyez* la description de Chambéry au nº 4.)

Auberges. — (6) Le Dauphin; les Quatre-Nations.

NOMS DES RELAIS.	POSTES.
à Limone.	3.
Borgo-S.-Dalmazio.	1.
Coni (1).	1.
Centale.	1.
Savigliano.	2.
Racconiggi.	1.
Poirino.	3.
Ducino.	1.
Gambetta.	1.
Asti (2).	1.
Annone.	1 et demie.
Felizzane.	1 et demie.
Alexandrie (3).	2 un quart.
Novi (4).	3.
Voltaggio (voy. BOCCHETTA, *Dict.*).	2.
Campomarone (5).	2.
Gênes (6).	1 et demie.

215 milles géographiques.
242 milles italiens.
248 milles anglais.

N° 9.

ROUTE D'ANTIBES à GÊNES par la rivière de l'Ouest.

19 postes et demie, 39 l.

NOMS DES RELAIS.	POSTES.
D'ANTIBES	
à Nice (7).	1 et demie.

Auberges. — (1) La Poste. (2) La Rose rouge et le Lion d'or. (3) Les trois Rois; l'Auberge d'Italie. (4) L'Auberge royale, rue *Gherardenghi*, et la Poste hors de la ville sur la route de Gênes. (5) La Poste. (6) La Croix de Malte; l'Auberge de Londres; le Cerf, etc.

Auberges. — (7) Le Dauphin et les Quatre-Nations.

NOMS DES RELAIS.	POSTES.
à Villefranche	1.
Monaco	1.
Mentone	1.
Ventimiglie	1.
S.-Remi	1.
Porto-Maurice	1.
Oneille	1.
Alassio	1.
Albenga	1.
Finale	1.
Noli	1.
Savone	1.
Varaggio	1.
Arezzano	1.
Voltri	1.
Sestri di Ponente	1.
Gênes (1)	1.

164 milles géographiques.
183 milles italiens.
188 milles anglais.

N° 10.

Route d'ANTIBES à TURIN par Savigliano.

25 postes.

NOMS DES RELAIS.	POSTES.
D'Antibes à Racconigi. (*Voyez* d'Antibes à Gênes, n° 8)	20 et demie.
Carignano	2 un qua
Turin (2)	2 un quart.

114 milles italiens.

Auberges.—(1) La Croix de Malte, l'Auberge de Londres, le Cerf.

Auberges. — (2) *Voyez* le n° 7.

N° 11.

Route de CHAMBÉRY à GENÈVE.

11 postes trois quarts.

NOMS DES RELAIS.	POSTES.
De Chambéry (1)	
à Aix-les-Bains (2)	2.
Albens	1 et demie.
Rumily (3)	1 un quart.
Mionas	1 et demie.
Frangy (4)	1 et demie.
Luiset	2.
Genève (5)	2.

41 milles italiens.

N° 12.

Route de GENÈVE à MILAN, par le Simplon.

48 postes et demie, 97 l.

NOMS DES RELAIS.	POSTES.
De Genève	
à Dovaine.	
Thonon.	2 et demie.
Évian.	2.
Saint-Gingoux.	1 et demie.
Vionnaz.	2 et demie.
Saint-Maurice.	2 un quart.
Martigny.	2 un quart.
Riddes	2 un quart.
Sion (voyez le *Dictionnaire*).	2 un quart.
Sierre.	2 un quart.
	2 un quart.

Auberges. — (1) La Poste; Saint-Jean-Baptiste; les Quatre-Nations. (2) La Ville de Genève. (3) Les Trois Rois. (4) Le Palais. (5) La Balance; l'Écu de France; la Couronne; l'Ecu de Genève.

NOMS DES RELAIS.	POSTES.
à Tourtemagne	2 un quart.
Viége.	2 un quart.
Glise, ou Brigue.	1 et demie.
Berisaal.	3
au Simplon (voyez *le Dictionnaire.*)	3
Isella.	1 et demie.
Domo Dossola.	2 et demie.
Vogogna.	1 un quart.
Baveno.	2
Belgirate.	1.
Sesto-Calende.	1 et demie.
Cascina.	2.
Rho.	1 et demie.
Milan.	1 un quart.

N° 13.

ROUTE DE TURIN À MILAN.

17 postes trois quarts.

NOMS DES RELAIS.	POSTES.
De TURIN	
à Settimo.	1 et demie.
Chivasco	2 un quart.
Cigliano.	3 trois quarts.
Saint-Germano	1 trois quarts.
Verceil (1).	1 et demie.
Orfengo.	1 un quart.
Novarre (2).	2.
Bufalora	1.

Auberges.— (1) Le Lion d'or; les Trois Rois. (2) Les Trois Rois; le Poisson d'or; le Faucon.

NOMS DES RELAIS.	POSTES.
à Sedriano	1 et demie.
Milan (1).	1 et demie.

94 milles italiens.
98 milles anglais.

N° 14.

Route de GÊNES à MILAN.

13 postes trois quarts.

NOMS DES RELAIS.	POSTES.
De Gênes	
à Campomarone (2).	1 et demie.
Voltaggio	2.
Novi (3).	2.
Tortone (4).	2.
Voghera (5).	1 et demie.
Pancarana.	1.
Pavie (6).	1.
Bianasco.	1 un quart.
Milan (7).	1 et demie.

72 milles géographiques.
96 milles italiens.
83 milles anglais.

Auberges.—(1) L'Auberge de la ville ; l'Auberge royale ; l'Auberge impériale; celles de la Croix de Malte ; de la Grande-Bretagne, jadis l'auberge d'Italie ; de l'Écrevisse et du Puits où l'on trouve des voitures de retour pour toute l'Italie et la France, etc.

Auberges.— (2) La Poste. (3) L'Auberge royale, rue *Gherardenghi* et la Poste hors la ville. (4) La Poste. (5) Le Mauro. (6) La Poste ; la Croix blanche. (7) *Voyez* le n° 13.

N° 15.

Route de VIENNE à MILAN, par Saltzbourg et Trente.

66 postes un quart.

NOMS DES RELAIS.	POSTES.
De Vienne (1)	
à Burskersdorf	1 et demie.
Sigharskircher	1.
Perschling	1.
Saint-Polten	1.
Malk	1 et demie.
Kemelbach	1 et demie.
Amstadten	1 et demie.
Strengberg	1 et demie.
Enns	1.
Lintz (2)	1 et demie.
Neuban	1.
Wells	1.
Lambach	1.
Waklabruk	1 et demie.
Frankenmarkt	1.
Neumark	1 et demie.
Saltzbourg (3)	1 et demie.
Unken	2.
Weidering	1 un quart.
Saint-Jean	1.
Elman	1.
Worgel	1 un quart.
Rattemberg	1 un quart.
Schwaz	1 un quart.

Auberges. — (1) Toutes les auberges sont très-bonnes, surtout celles du Cigne; du Sauvage; du Bœuf d'or, etc. (2) La Poste. (3) La Vigne; Le Cerf

NOMS DES RELAIS.	POSTES.
à Voldens.	1.
Inspruck (1).	1.
Schomberg.	1.
Stainach.	1.
Prenner	1.
Sterzing.	1.
Mitterwald.	1.
Bressanone (2).	1.
Kollman.	1.
Deutschen.	1.
Bolzano. (3).	1.
Bronzol.	1.
Egna.	1.
Salurn.	1.
Lavis.	1 un quart.
Trento (4)	1.
Roveredo.	2.
Alla.	1.
Peri.	1 un quart.
Volargne.	1 un quart.
Vérone (5).	1 et demie.
Castel-Nuovo.	1 et demie.
Desenzanno.	1 et demie.
Pont-Saint-Marc.	1.
Brescia (6).	1 et demie.
L'Ospedaletto.	1.
Chiari.	1.
Antignate.	1.
Caravaggio.	1.

Auberges. — (1) Le Lion d'or; l'Aigle; la Rose. (2) La Poste. (3) La Poste. (4) L'Europe. (5) La Tour; les Deux Tours. (6) La Tour; l'Écrevisse; la Poste.

NOMS DES RELAIS.	POSTES.
à Cassano.	I.
Colombirolo.	I.
Milan (1).	I et demie.

N° 16.

ROUTE DE MILAN à VIENNE par Trévise et Ponteba.

63 postes un quart.

NOMS DES RELAIS.	POSTES.
De MILAN	
à Colombirolo	I et demie.
Cassano.	I.
Caravaggio.	I.
Antignate.	I.
Chiari.	I.
L'Ospedaletto.	I.
Brescia.	I.
Ponte-S.-Marco.	I et demie.
Desenzano.	I.
Castel-Nuovo.	I et demie.
Vérone.	I et demie.
Caldiero	I.
Montebello.	I et demie.
Vicence.	I un quart.
Cittadella	I trois quarts.
Castelfranco.	I un quart.
Trevise.	I trois quarts.
Spesiano.	I.
Conégliano.	I.
Sacile.	I et demie.
Pordenone	I.
Codroipo.	I trois quarts.

(1) *Voyez* le n° 13.

NOMS DES RELAIS.	POSTES.
à Udine	1 trois quarts.
Collalto	1 un quart.
Ospitaletto	1 un quart.
Rescinta	1 et demie.
Ponteba	1 et demie.
Tarvis	1 et demie.
Arnoldstein	1 et demie.
Villack	1.
Velden	1.
Klagenfurt	1 et demie.
Saint-Veith	2.
Prisach	1.
Neumark	1.
Unsmarkt	1 et demie.
Judenburg	1 et demie.
Krittelfeld	1.
Kraubath	1.
Leoben	1 un quart
Bruck	1.
Maëzhofen	1.
Krïeglach	1.
Märzhuschlag	1.
Schottwien	1 et demie.
Neükirchen	1.
Neustadt	1 et demie.
Günseldorf	1.
Neüdorf	1.
Vienne	1 et demie.

N° 17.

Route de TURIN à GÊNES, par Alexandrie.

19 postes trois quarts.

NOMS DES RELAIS.	POSTES.
De Turin	
à Trufarello	1 et demie.

NOMS DES RELAIS.	POSTES.
à Poirino	1 et demie.
100 milles italiens.	
117 milles anglais.	

(*Voyez* le nº 8 d'Antibes à Gênes.)

Nº 18.

ROUTE DE TURIN à ALEXANDRIE, par Casal.

14 postes.

NOMS DES RELAIS.	POSTES.
De TURIN	
à Settimo	2.
Chivasco	1 et demie.
Crescentino	2 un quart.
Trino	2 un quart.
Casal (1)	2 un quart.
Saint-Salvadore	2 un quart.
Alexandrie (2)	1 et demie.
60 milles italiens.	
65 milles anglais.	

Nº 19.

ROUTE D'ALEXANDRIE à GÊNES, par Tortone.

17 postes et demie.

NOMS DES RELAIS.	POSTES.
D'ALEXANDRIE	
à Tortone	2.
La Bettola	2.
Serravalle	1.
Gavi	3.

Auberges. — (1) Les Trois Rois. (2) Les Trois Rois; l'Auberge d'Italie.

NOMS DES RELAIS.	POSTES.
à Voltaggio	2.
Campomarone	4.
Gênes (1)	3 et demie.

60 milles italiens.

N° 20.

ROUTE DE TURIN à PLAISANCE, par Alexandrie et Tortone.

25 postes un quart.

NOMS DES RELAIS.	POSTES.
De TURIN	
à Trufarello	1 et demie.
Poirino	1 et demie.
Dusino	1 et demie.
la Gambetta	1 et demie.
Asti (2)	1 et demie.
Annone	1 et demie.
Felizzano	1 et demie.
Alexandrie (3)	2 un quart.
Tortone (4)	3 un quart.
Voghera (5)	2 un quart.
Casteggio	1 un quart.
Broni	1 trois quarts.
Castel San-Giovanni	2.
Plaisance (6)	2.

112 milles italiens.

127 mille anglais.

Auberges. — (1) La Croix de Malte ; l'Auberge de Londres ; le Cerf.

Auberges. — (2) La Rose Rouge ; le Lion d'or. (3) Les Trois Rois ; l'Auberge d'Italie. (4) La Poste. (5) Le Maure. (6) Saint-Marc ; la Croix blanche.

N° 21.

Route de PLAISANCE à BOLOGNE.

(*Voyez* le n° 25.)

N° 22.

Route de MILAN à VÉRONE et à VENISE.

23 postes.

NOMS DES RELAIS.	POSTES.
De Milan	
à Colombarolo.	1 et demie.
Cassano.	1.
Caravaggio.	1.
Antignate.	1.
Chiari.	1.
L'Ospedaletto.	1.
Brescia (1).	1.
Pont Saint-Marc.	1 et demie.
Desenzano.	1.
Castel-Nuovo.	1 et demie.
Vérone (2).	1 et demie.
Caldiero.	1.
Montebello.	1 et demie.
Vicence (3).	1 un quart.
Aslesega.	1 un quart.
Padoue (4).	1.
Dolo.	1 et demie.
Fusina.	1 et demie.
Venise (5).	1.

Il y a 5 milles ou une poste par eau.

184 milles italiens.

135 milles anglais.

Auberges. — (1) La Tour; l'Écrevisse; la Poste. (2) Les Deux Tours; la Tour. (3) Le Chapeau rouge; l'Écu de France. (4) l'Étoile d'or, sur la place de Noli; l'Aigle d'or. (5) Le Grand Paris le Lion blanc; les Trois Rois; l'Écu de France; la Reine d'Angleterre la Reine de Hongrie.

N° 23.

Route de MILAN aux ILES BORROMÉES et des ILES BORROMÉES à MILAN, par Côme.

13 postes.

NOMS DES RELAIS.	POSTES.
De Milan	
à Saronno	2.
Varèse (1)	2.
Laveno	2.
L'Ile-Belle, en bateau.	
L'Ile-Mère, *idem.*	
Laveno, *idem.*	
Varèse	2.
Côme (2)	2.
Barlassina	1 et demie.
Milan	1 et demie.

88 milles italiens.
100 milles anglais.

N° 24.

Route de MILAN à MANTOUE.

12 postes trois quarts.

NOMS DES RELAIS.	POSTES.
De Milan	
à Marignano	1 et demie.
Lodi (3)	1 un quart.
Casal-Pusterlengo	1 et demie.
Pizzighittone	1.
Acquanera	1.

Auberges. — (1) L'Étoile d'or; l'Ange. (2) L'Ange; la Couronne. (3) Le Soleil; les Trois Rois.

NOMS DES RELAIS.	POSTES.
à Crémone (1)	1.
Cicognolo	1.
Piadena	1 un quart.
Bozzolo (2)	trois quarts.
Castelluchio	1 et demie.
Mantoue (3)	1.

95 milles italiens.

N° 25.

ROUTE DE MILAN à BOLOGNE.

18 postes un quart.

NOMS DES RELAIS.	POSTES.
De MILAN	
à Marignano	1 et demie.
Lodi (4)	1 un quart.
Casal-Pusterlengo	1 et demie.
Plaisance (5)	2.
Firenzola (6)	2.
Borgo-Saint-Donino	1.
Castel-Guelfo	1.
Parme (7)	1.
Saint-Hilaire	1.
Reggio (8)	1.
Rubiera	1.
Modène (9)	1.
la Samoggia	1 et demie.
Bologne (10)	1 et demie.

133 milles italiens.

Auberges. — (1) La Colombine ; le Chapeau. (2) La Poste. (3) La Poste ou l'Auberge royale de Canossa ; la Croix verte et le Lion d'or.

Auberges. — (4) Le Soleil ; les Trois Rois. (5) Saint-Marc ; les Trois Ganaches. (6) La Poste. (7) La Poste ; l'Auberge de Toscane ; le Paon. (8) La Poste et le Lis. (9) La Grande auberge. (10) L'Auberge royale ; le Pelerin ; le Grand Paris ; le Chapeau rouge, etc.

N° 26.

ROUTE DE MANTOUE à BOLOGNE, par Carpi, et Modène.

8 postes un quart.

NOMS DES RELAIS.	POSTES.
De MANTOUE (1)	
à St.-Benedetto (2).	1 et demie.
Novi (3).	1 et demie.
Carpi (4)	1.
Modène (5).	1 un quart.
la Samoggia (6).	1 et demie.
Bologne (7).	1 et demie.
73 milles italiens.	84 milles anglais.

N° 27.

ROUTE DE MANTOUE à TRENTE.

10 postes un quart.

NOMS DES RELAIS.	POSTES.
DE MANTOUE (8)	
à Roverbella.	1.
Vérone (9).	2 et demie.
Volarni	1 et demie.
Peri.	1.
Alla.	1.
Roveredo.	1 un quart.
Caliano.	1.
Trente (10).	1.
84 milles italiens.	97 milles anglais.

Auberges. — (1) Les Trois Couronnes; la Croix verte; le Lion d'or (2) La Poste. (3) La Poste. (4) L'Auberge. (5) La Grande Auberge. (6) La Poste. (7) Le Pelerin; l'Auberge royale et la ville de Paris.

Auberges. — (8) La Poste; l'Auberge royale; la Croix verte et le Lion d'or. (9) Les Deux Tours et l'Auberge dans la rue de la Porte Neuve. (10) L'Hôtel d'Europe.

N° 28.

Route de MANTOUE à BRESCIA.

6 postes.

NOMS DES RELAIS.	POSTES.
De Mantoue (1)	
à Goito	1 un quart.
Castiglione (2)	1 trois quarts.
Pont-St.-Marc	1 et demie.
Brescia (3)	1 et demie.

N° 29.

Route de MANTOUE à VENISE.

13 postes.

NOMS DES RELAIS.	POSTES.
De Mantoue	
à Castellaro	1 et demie.
Sanguinetto	1.
Legnano	1.
Montagnana	1 un quart.
Este	1 un quart,
Monselice	1 et demie.
Padoue (4)	1 et demie,
Stra	1.
Alla Mira	1.
Mestre	1.
Venise (5)	1.

De Mestre à Venise il y a 5 milles par eau.

90 milles italiens. 100 milles anglais.

Nota. De Padoue à Venise on peut partir tous les jours, à huit heures du soir, dans une barque dite *la Corriera*, et de Venise revenir à Padoue par le même moyen, et on ne paie que 5 livres.

Auberges. — (1) La Poste ou l'Auberge royale ; la Croix verte et le Lion d'or. (2) La Poste. (3) La Tour et l'Écrevisse.

Auberges. — (4) L'Aigle d'or et l'Étoile d'or. (5) Le Grand Paris ; la Scala ; la Reine d'Angleterre ; Dary près du Rialto ; les Trois Rois ; le Lion blanc.

N° 30.

ROUTE DE TRENTE à VÉRONE,

6 postes trois quarts.

Voyez le n° 27, de Mantoue à Trente.

58 milles italiens.

61 milles anglais.

N° 31.

ROUTE DE VENISE à TRENTE, par Bassano.

13 postes.

NOMS DES RELAIS.	POSTES.
DE VENISE	
à Mestre (par eau 5 milles)	1.
Trevise (1)	1 et demie.
Castelfranco	1 trois quarts.
Bassano (2)	1 trois quarts.
Primolano	2.
Borgo di Valsugana	2.
Pergine	1 et demie.
Trente (3)	1 et demie.

93 milles italiens.

106 milles anglais.

N° 32.

ROUTE DE VENISE à TRIESTE, par Palma-Nuova.

15 postes trois quarts.

NOMS DES RELAIS.	POSTES.
DE VENISE	
à Mestre (par eau 5 milles)	1.
Trevise (4)	1 et demie.

Auberges. — (1) La Poste. (2) La Lune hors de la porte de la ville. (3) L'Europe et la Rose.

Auberges. — (4) La Poste.

NOMS DES RELAIS.	POSTES.
à Conegliano.	2.
Sacile.	1 et demie.
Pordenone.	1.
Codroipo.	1 trois quarts.
Palma-Nuova (1).	2 un quart,
Romans.	1.
Montefalcone.	1 un quart.
Santa-Croce.	1 et demie,
Trieste (2).	1.

112 milles italiens.

117 milles anglais.

N° 33.

ROUTE DE VENISE à PONTEBA (3).

12 postes et demie.

NOMS DES RELAIS.	POSTES.
DE VENISE	
à Mestre (par eau 5 milles).	1.
Trevise.	1 et demie.
Conegliano.	2.
Sacile.	1 et demie.
Saint-Vogadro.	1.
Spilemberg.	1.
L'Ospitaletto.	1.
Venzone	1.
La Chiusa.	1.
Ponteba.	1 et demie.

94 milles italiens.

99 milles anglais.

Auberges. — (1) La Poste. (2) La Poste.

Auberges. — (3) Sur toute cette route on va aux auberges de la poste pour être bien logé.

N° 34.

ROUTE DE TRIESTE à UDINE.

6 postes.

NOMS DES RELAIS.	POSTES.
DE TRIESTE	
à Santa-Croce.	1.
Goritzia (1).	2.
Gradisca.	1.
Nogaredo.	1.
Udine (2).	1.

65 milles italiens.
78 milles anglais.

D'Udine on peut aller à Venise, en passant par Codroipo

N° 35.

ROUTE DE VENISE à ANCONE, par Ravenne et Rimini.

24 postes.

NOMS DES RELAIS.	POSTES.
DE VENISE (3)	
à Chiozza (par eau, 3 heures de temps).	2.
Le Fornaci.	2.
La Mesola.	2.
Goro.	1.
Porto di Volana.	1.
Magnavacca.	2.
Porto-Primaro.	1 et demie.
Ravenne (4).	1.
Savio.	1.

Auberges. — (1) La Poste. (2) La Poste.

Auberges. — (3) Le Grand Paris; Dary près du Rialto; le Lion blanc; l'Écu de France, etc. (4) L'Épée.

NOMS DES RELAIS.	POSTES.
à Cesenatico	1.
Rimini (1)	2.
Alla Catolica	1 et demie.
Pesaro (2)	1.
Fano (3)	1.
Alla Marotta	1.
Sinigaglia (4)	1.
Alle Case-Brucciate	1.
Ancône (5)	1.
182 milles italiens.	
190 milles anglais.	

N° 36.

Route de BOLOGNE à VENISE.

14 postes et demie.

NOMS DES RELAIS.	POSTES
De Bologne (6)	
à Capodargine	1.
Malalbergo	1.
Ferrare (7)	1 et demie.
Ponte-Lagoscuro	une demie.
Polosella	1 et demie.
Rovigo (8)	1 et demie.
Monselice	2.
Padoue (9)	1 et demie.
Dolo	1 et demie.

Auberges. — (1) La Poste. (2) L'Auberge de Parme. (3) La Poste. (4) la Poste. (5) La Poste; le Coq, etc.

Auberges. — (6) La Ville de Paris; l'Auberge royale; le Pèlerin. (7) Les Trois Maures; les Trois Couronnes. (8) La Poste. (9) L'Étoile d'or et l'Aigle d'or.

NOMS DES RELAIS.	POSTES.
à Fusina.	1 et demie.
Venise (par eau).	1.

111 milles italiens.

115 milles anglais.

De Ferrare on peut s'embarquer à peu de frais pour aller à Venise.

N° 37.

Route de BOLOGNE à MANTOUE, par la Mirandole.

11 postes.

NOMS DES RELAIS.	POSTES.
De Bologne (1)	
à la Samoggia (2).	1 et demie.
Modène (3).	1 et demie.
Buonporto.	1.
la Mirandole (4).	1.
la Concordia.	2.
Quistello.	1.
Governolo.	1 et demie.
Mantoue (5).	1 et demie.

95 milles italiens.

97 milles anglais.

N° 38.

Route de BOLOGNE à MANTOUE, par Ferrare.

10 postes.

NOMS DES RELAIS.	POSTES.
De Bologne	
à Teco.	1.
Malalbergo.	1.

Auberges. — (1) Le Pèlerin; le Phénix; l'Auberge royale. (2) La Poste. (3) Le Grand Auberge. (4) La Poste. (5) L'Auberge royale; la Croix verte, et le Lion d'or.

NOMS DES RELAIS.	POSTES.
à Ferrare (1)	1 et demie
Bondeno	1 trois quarts.
Sermide	1 trois quarts.
Governolo	1 et demie.
Mantoue (2)	1 et demie.

92 milles italiens.
97 milles anglais.

N° 39.

Route de BOLOGNE à FANO.

11 postes et demie.

NOMS DES RELAIS.	POSTES.
De Bologne (3)	
à Saint-Nicolas	1 un quart.
Imola (4)	1 un quart.
Faenza	1.
Forli	1.
Cesena	1 et demie.
Savignano	1.
Rimini (5)	1.
alla Cattolica	1 et demie.
Pesaro (6)	1.
Fano (7)	1.

92 milles italiens.
100 milles anglais.

Auberges. — (1) Les Trois Noires ; les Trois Couronnes. (2) Le Lion d'or ; la Croix verte, et l'Auberge royale.

Auberges. — (3) L'Auberge royale ; le Pelerin ; le Phénix. (2) La Poste. (5) La Fontaine. (6) L'Auberge de Parme. (7) La Poste.

Nº 40.

ROUTE DE FANO à ROME, par il Furlo, Foligno.

32 postes et demie (1).

NOMS DES RELAIS.	POSTES.
DE FANO	
à Calcinelli	1.
Fossombrone	1.
Acqualagna (*voyez* Furlo, *Dict.*)	1.
Cagli	trois quarts.
Cantiano	trois quarts.
Scheggia	1.
Sigillo	1.
Gualdo	1 trois quarts.
Nocera	1 trois quarts.
Ponte-Centesimo	1 trois quarts.
Foligno	1 trois quarts.
Vene	1 trois quarts.
Spoletto	1 trois quarts.
Strettura	1 trois quarts.
Terni	1 et demie.
Narni	1 et demie.
Otricoli	1 et demie.
Borghetto	1 et demie.
Civitta-Castellana	1 un quart.
Nepi	1.
Baccano	1 trois quarts.
La Storta	1 trois quarts.
Rome (2)	2.

180 milles italiens. 189 milles anglais.

(1) Sur cette route on loge presque toujours à la Poste. Les meilleures auberges sont à Fano, à Foligno, à Spolette, à Narni et à Civita Castellana. (2) Il y a à Rome beaucoup d'auberges, très-bien servies surtout, près de la place d'Espagne, entre autres, celles de Dupré, Benoît, Franz, Pic, Marguerite, Damon, madame Stewart, madame Smith, la Barcaccia, etc.

N° 41.

Route de FANO à ROME, par Ancône.

35 postes (1).

NOMS DES RELAIS.	POSTES.
De Fanno	
alla Marotta.	1.
à Sinigaglia.	1.
alle Case Brucciate.	1.
à Ancône.	1.
Osimo.	1 et demie.
Lorette.	1.
Racanati.	trois quart
Sambuchetto.	trois quart
Macerata.	1.
Tolentino.	1 et demie.
Valcimara.	1.
Ponte alla Trave.	1.
Serravalle.	1.
Case-Nuovo.	1.
Foligno.	1 trois quarts.
Rome (2).	18 trois quarts.

192 milles italiens.
202 milles anglais.

N° 42.

Route de GÊNES à FLORENCE.

24 postes.

NOMS DES RELAIS.	POSTES.
De Gênes (3)	

(1) Sur cette route on loge presque toujours à la Poste. (2) *Voyez* le n° 40.

Auberges. — (3) L'Auberge de Londres; la Croix de Malte; les Quatre-Nations; les Deux Tours; le Cerf. Sur la route jusqu'à Pise on loge à la Poste.

NOMS DES RELAIS.	POSTES.
à Recco.	2.
Rapallo.	1.
Chiavari.	2.
Bracco.	2.
Malterrana.	1 et demie.
Borghetto.	1.
La Spezzia.	1 et demie.
Sarzane.	1.
Lavenza.	1.
Massa di Carrara (*V.* Carrara, *Dict.*).	1.
Pietra-Santa.	1.
Viareggio.	1.
La Torretta.	1.
Pise (1).	1.
alle Fornacette.	1.
à Castel-del-Bosco.	1.
La Scala (2).	1.
L'Ambrogiana (3).	1.
Lastra	1.
Florence (4).	1.

170 milles italiens.
177 milles anglais.

N° 43.

Route de MODÈNE à FLORENCE.

13 postes trois quarts.

NOMS DES RELAIS.	POSTES.
De Modene (5)	
à Formigine.	trois quarts.
St.-Venanzio.	trois quarts.

Auberges. — (1) Les Trois Donzelles. (2) La Poste. (3) La Poste. (4) Nuova Yorck; les Quatre-Nations; Schneider, ou Auberge d'Angleterre.

Auberges. — (5) La Grande Auberge.

NOMS DES RELAIS.	POSTES.
à La Serra.	1.
Paolo.	trois quarts.
Monte-Cenere.	trois quarts.
Birigazza.	1.
Pieve di Pelago.	1.
Boscolongo.	1.
Piano Asinatico.	trois quarts.
St.-Marcello.	1.
alle Piastre.	1.
Pistoja (1).	1.
Prato.	1 et demie.
Florence (2).	1 et demie.

92 milles italiens.
97 milles anglais.

N° 44.

ROUTE DE FLORENCE à BOLOGNE.

9 postes.

NOMS DES RELAIS.	POSTES.
De FLORENCE (3)	
à Fontebuona.	1.
Cafaggioli.	1.
Montecarelli.	1.
Cavigliajo.	1.
Filigare.	1.
Lojano.	1.
Pianoro.	1 et demie.
Bologne (4).	1 et demie.

73 milles italiens.
70 milles anglais.

Auberges. — (1) La Poste. (2) Nuova Yorck, Auberge d'Angleterre; les Quatre-Nations; le Cheval marin. Sur la route on loge à la Poste.

Auberges. — (3) *Voyez* le n° 43. (4) Le Pèlerin; l'Auberge royale; le Phénix.

N° 45.

ROUTE DE FLORENCE à LIVOURNE.

8 postes.

NOMS DES RELAIS.	POSTES.
De FLORENCE	
à Lastra	1.
L'Ambrogiana (1)	1.
La Scala (2)	1.
Castel-del-Bosco	1.
alle Fornacette	1.
Pise (3)	1.
Livourne (4)	2.

62 milles italiens.
65 milles anglais.

N° 46.

ROUTE DE LIVOURNE à FLORENCE, par Lucques et Pistoja.

10 postes et demie.

NOMS DES RELAIS.	POSTES.
De LIVOURNE	
à Pise	2.
Lucques (5)	2.
Borgo-Buggiano	2.
Pistoja (6)	1 et demie.
Prato (7)	1 et demie.
Florence	1 et demie.

67 milles italiens.
70 milles anglais.

Auberges. — (1) La Poste. (2) La Poste. (3) Les Trois Donzelles; le Hussard. (4) La Croix d'or et la Croix de Malte.

Auberges. — (5) La Panthère. (6) La Poste. (7) La Poste.

N° 47.

ROUTE DE FLORENCE à PARME, par Pontremoli.

23 postes.

NOMS DES RELAIS.	POSTES.
De FLORENCE	
à Pise (1) (*voy.* le n° 45 de Florence à Livourne).	6.
La Torretta.	1.
Viareggio.	1.
Pietra-Santa.	1.
Massa di Carrara.	1.
Lavenza.	1.
Sarzane (2).	1.
Terrarossa	2.
Borgo della Nonziata	2.
Berceto.	2.
S.-Terenzo.	2.
Fortnuovo.	1.
Parme (3).	2.

168 milles italiens.
170 milles anglais.

N° 48.

ROUTE DE FLORENCE à ROME, par Acquapendente.

39 postes trois quarts.

NOMS DES RELAIS.	POSTES.
De FLORENCE (4)	
à Saint-Casciano (5).	1 trois quarts.

Auberges — (1) Les Trois Donzelles; le Hussard. (2) La Poste. (3) La Poste; l'Auberge de Toscane; le Paon.

Auberges.—(4) Nuova Yorck, Auberge d'Angletorre; les Quatre-Nations; le Pélican; l'Écu de France. (5) La Campana.

NOMS DES RELAIS.	POSTES.
aux Tavernelles.	1 trois quarts.
Poggibonsi (1).	1 trois quarts.
Castiglioncello.	1 trois quarts.
Sienne (2).	2.
Montaroni.	2.
Buonconvento.	1 trois quarts.
Torrinieri.	1 trois quarts.
la Poderina.	1 trois quarts.
Ricorsi.	1 trois quarts.
Radicofani (3).	1 trois quarts.
Pontecentino.	2.
Acquapendente (4).	1 un quart.
Saint-Lorenzo-Nuovo (5).	1 un quart.
Bolsena.	1 et demie.
Montefiascone.	1 et demie.
Viterbe (6).	2.
la Montagne de Viterbe.	1 et demie.
Ronciglione (7).	1 trois quarts.
Monterosi.	2.
Baccano.	1 et demie.
la Storta.	1 trois quarts.
Rome (8).	2.

176 milles italiens.

190 milles anglais.

Auberges. — (1) La Poste. (2) Les Trois Rois. (3) La Poste à un mille du château. (4) La Poste. (5) La Poste. (6) L'Auberge royale; les Trois Rois ou la Poste. (7) La Poste, mauvaise auberge. (8) Bonnes auberges tenues par Dupré, Benoît, Franz, Pie, Marguerite, Damon, madame Stewart, madame Smith, la Barcaccia, etc.

N° 49.

ROUTE DE FLORENCE à ROME, par Perugia et Foligno.

33 postes trois quarts.

NOMS DES RELAIS.	POSTES.
De FLORENCE (1)	
à l'Incisa	2.
alle Levane	2.
à Arezzo (2)	2.
Camuccia (3)	2.
Toricella	2.
Perugia ou Pérouse (4)	2.
alla Madona degli Angeli	1 et demie.
Foligno (5)	1 et demie.
Rome. (*Voyez* le n° 40, de Fano à Rome.)	18 trois quarts.

183 milles italiens.
192 milles anglais.

N° 50.

ROUTE DE ROME à TERRACINE, par les Marais Pontins.

15 postes trois quarts.

NOMS DES RELAIS.	POSTES.
De ROME	
à Torre di Mezza-Via	2.
Albano	1 et demie.
Genzano	trois quarts.
Velletri (6)	1 et demie.

Auberges. — (1) Nuova Yorck, Schneider ou Auberge d'Angleterre; l'Europe; le Pélican; les Quatre-Nations. (2) La Poste. (3) La Poste. (4) L'Auberge Ercolani. (5) La Poste.

(6) Dans cette route les auberges sont mauvaises, les plus supportables sont à *Velletri* et à *Terracine* où l'on vient d'en construire une très-belle près de la mer.

NOMS DES RELAIS.	POSTES.
à Cisterna	1 trois quarts.
Torre di Tre-Ponti	2 un quart.
Bocca di Fiume	1 et demie.
Mesa	1 et demie.
Ponte-Maggiore	1 et demie.
Terracine	1 et demie.

70 milles italiens.
75 milles anglais.

N° 51.

Route de ROME à TERRACINE, par Marino et Piperno.

13 postes.

NOMS DES RELAIS.	POSTES.
De Rome	
à Torre-di-Mezza-Via	2.
Marino	1.
Fajola	1.
Vellettri	1.
Sermonetta	2.
Case-Nuove	2.
Piperno	1.
Maruti	1 et demie.
Terracine	1 et demie.

69 milles italiens.
73 milles anglais.

A présent cette route est peu fréquentée : bonnes auberges à *Torre-di-Mezza-Via* ; à *Velletri* et à *Piperno* auberges médiocres.

N° 52.

Route de TERRACINE à NAPLES.

10 postes.

NOMS DES RELAIS.	POSTES.
De Terracine	
à Fondi	1.

NOMS DES RELAIS.	POSTES.
à Itri.	1.
Mola di Gaeta.	1.
Garigliano.	1.
Sainte-Agathe.	1.
Torre-Fioralisi.	1.
Capoue.	2 et demie.
Aversa.	1.
Naples(1).	1 et demie.

83 milles italiens.

89 milles anglais.

N° 53.

Route de NAPLES à BARI.

19 postes.

NOMS DES RELAIS.	POSTES.
De Naples	
à Marigliano.	1 et demie.
Cardinalo.	1 et demie.
Avellino.	1 et demie.
Dentecane.	1 et demie.
Grotta-Minarda.	1 et demie.
Ariano.	1.
Savignano.	1.
Ponte di Bovino.	1.
Ordona.	1 et demie.
Cirignola.	1 et demie.
S.-Casciano.	1.
Barletta.	1.
Bisceglia.	1.

Auberges. — (1) Sur cette route elles sont très-mauvaises, mais à Naples il y a l'auberge des Ambassadeurs; la Ville de Venise; la Grande-Bretagne; les Crocelles; la Ville de Londres à Sainte Lucie, Magatti, etc., etc.

NOMS DES RELAIS. POSTES.

à Giovenazzo. . . . . 1.
Bari. . . . . 1 et demie.
54 milles italiens.
160 milles anglais.
Mauvaises auberges sur la route, elles sont presque toutes à la poste.

N° 54.

ROUTE DE BARI à TARENTE.

6 postes.

NOMS DES RELAIS. POSTES.

De BARI
à Carbonaja. . . . . 1.
Ceglie. . . . . 1.
Casa Massima. . . . . 1.
Gioja. . . . . 1.
Tarente. 2.
52 milles italiens.
55 milles anglais.

N° 55.

ROUTE DE BARI à BRINDES.

9 postes et demie.

NOMS DES RELAIS. POSTES.

De BARI
à Mola. . . . . 1 et demie.
Monopoli. 1 et demie.
Fasano. . . . . 1.
Ostuni. . . . . 1 et demie.
S.-Vito. 1 et demie.
Mesagne. 1 et demie.
Brindes. 1.
80 milles italiens.
85 milles anglais.

N° 56.

Route de BRINDES à OTRANTE.

7 postes.

NOMS DES RELAIS.	POSTES.
De Brindes	
à Mesagne	1.
Cellino	1 et demie.
Lecce	1 et demie.
Martano	1 et demie.
Otrante	1 et demie.

50 milles italiens.
53 milles anglais.

N° 57.

Route de NAPLES à MESSINE.

40 postes.

NOMS DES RELAIS.	POSTES.
De Naples	
à la Torre-della-Nunziata	1 et demie.
Nocera-dei-Pagani	1 et demie.
Salerne	1 et demie.
Vicenza	1 et demie.
Eboli	1 et demie.
La Duchessa	1 et demie.
Auletta	1 et demie.
Sala	1 et demie.
Casal-Nuovo	1 et demie.
Lago-Nero	1 et demie.
Lauria	1 et demie.
Castelluccio	1 et demie.
L'Osteria-della-Rotunda	1.
Castrovillari	1.
Matina d'Alto-Monte	1 et demie.
Celso	1 et demie.
S.-Antoniello	1 et demie.

NOMS DES RELAIS.	POSTES.
à Cosenza	1 et demie.
Rogliano	1.
Scigliano	1.
Nicastro	1.
Fondico del Fico	1 et demie.
Monteleone	1 et demie.
S.-Pietro di Mileto	1 et demie.
Drosi	1 et demie.
Seminara	1.
Passo de Solani	1.
Fiumara di Muro	1.
Villa-S.-Giovanni	1.
Messine (par eau)	1.

260 milles italiens. 275 milles anglais.

Les auberges sur cette route sont rares et mal servies, les plus passables sont à *Salerne*, à *Lauria*, à *Cosenza*; à *Monteleone* et à *Messine*.

N° 58.

ROUTE DE MESSINE À PALERME.

12 postes.

NOMS DES RELAIS.	POSTES.
De MESSINE	
à Sainte-Lucie	2.
Tindaro	2.
Patti (*Voy.* ILES DE LIPARI, *Dict.*)	1.
San-Marco	1.
Caldonia	1.
Tosa	1.
Roccella	1 et demie.
Solanto	1 et demie.
Palerme	1.

105 milles italiens. 106 milles anglais.

TABLE DES ROUTES.

TABLE DES ROUTES.

BIBLIOTHÈQUE ROYALE

FIN DE LA TABLE.

A B

Contraste insuffisant

NF Z 43-120-14

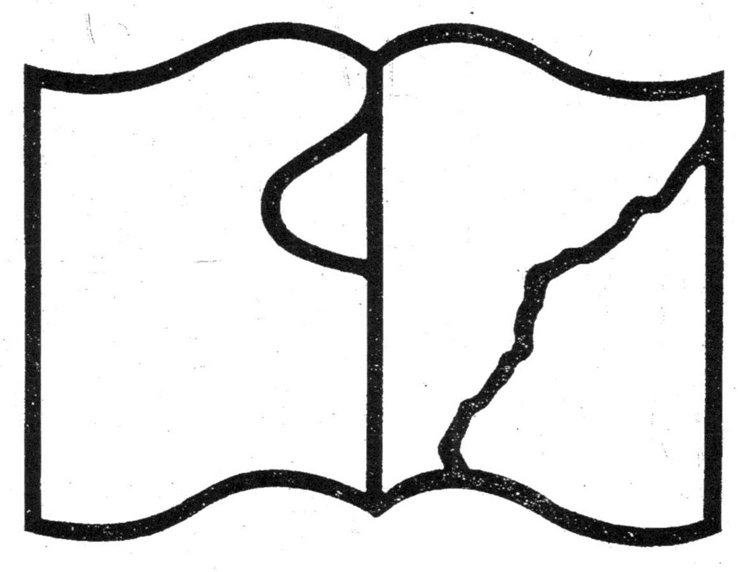

Texte détérioré — reliure défectueuse

NF Z 43-120-11

www.ingramcontent.com/pod-product-compliance
Ingram Content Group UK Ltd.
Pitfield, Milton Keynes, MK11 3LW, UK
UKHW020307200726
13857UKWH00001B/106

9 782012 859814